會計學基礎

石雄飛　主編

前 言

會計學是經濟與管理類專業的基礎課程。在現代經濟社會裡，不瞭解和掌握會計知識、不能有效利用會計信息的人，是很難從事經濟管理工作的；特別是單位的高層管理人員，應善於借助會計信息進行經濟決策。隨著科學技術與經濟的快速發展，會計學的理論與實踐不斷深化發展。本書以新頒布的會計準則和應用指南為依據，廣泛借鑑國內外先進教材的經驗，系統介紹了會計學的基本概念、基本原理和基本方法。

本書在闡述借貸記帳法原理的基礎上，以工業企業為例，系統介紹企業生產經營過程的會計處理方法；介紹填制和審核憑證、登記帳簿、編制財務報表的完整過程。本書既注重理論性，又注重可操作性，結合函授教育特點，注重實例的運用和知識更新。本書內容豐富，結構合理，邏輯性強。本書既可作為會計學、財務管理等經濟管理類專業函授大專、本科生教學的教材，也可以作為經濟管理工作人員的培訓教材或學習參考書。

本教材由石雄飛主編，負責全書總纂、修改和定稿。本教材各章分工如下：石雄飛執筆第一章、第二章、第三章；李文成執筆第四章、第五章、第六章、第七章；尹建榮執筆第八章、第九章。

本教材在編寫過程中廣泛參考了國內外有關專家、教授編著的會計學教材和專著，在此表示衷心的感謝。鑒於會計理論與實踐的發展日新月異，而編者學識有限，教材中如有不當之處，敬請各位讀者批評指正。

編 者

目錄

第一章　總論 …………………………………………………………（1）
　　第一節　會計的產生和發展 ………………………………………（3）
　　第二節　會計的職能、目標 ………………………………………（8）
　　第三節　會計方法 …………………………………………………（13）
　　第四節　會計核算的基本前提和會計信息質量要求 ……………（15）

第二章　會計要素與會計等式 ………………………………………（24）
　　第一節　會計對象 …………………………………………………（25）
　　第二節　會計要素的含義及內容 …………………………………（27）
　　第三節　會計要素的確認與計量屬性 ……………………………（34）
　　第四節　會計等式 …………………………………………………（37）

第三章　帳戶與復式記帳 ……………………………………………（47）
　　第一節　會計科目 …………………………………………………（48）
　　第二節　帳戶 ………………………………………………………（55）
　　第三節　借貸記帳法 ………………………………………………（59）

第四章　會計憑證 ……………………………………………………（76）
　　第一節　會計憑證的意義和種類 …………………………………（79）
　　第二節　原始憑證 …………………………………………………（81）
　　第三節　記帳憑證 …………………………………………………（88）
　　第四節　會計憑證的傳遞與保管 …………………………………（97）

第五章　帳簿 …………………………………………………………（100）
　　第一節　帳簿的含義和分類 ………………………………………（102）
　　第二節　帳簿的內容、啟用和記帳規則 …………………………（105）
　　第三節　帳簿的設置和登記 ………………………………………（108）

第四節　對帳和結帳 …………………………………………（120）
　　第五節　錯帳更正方法 ………………………………………（124）

第六章　製造業主要經濟業務的核算 …………………………（131）
　　第一節　資金籌集業務的核算 ………………………………（132）
　　第二節　採購業務的核算 ……………………………………（137）
　　第三節　產品生產業務的核算 ………………………………（144）
　　第四節　銷售業務的核算 ……………………………………（150）
　　第五節　財務成果的核算 ……………………………………（154）

第七章　財產清查 ………………………………………………（163）
　　第一節　財產清查的意義和種類 ……………………………（164）
　　第二節　財產清查的程序、方法和內容 ……………………（167）
　　第三節　財產清查的帳務處理 ………………………………（173）

第八章　財務報告 ………………………………………………（179）
　　第一節　財務報告概述 ………………………………………（180）
　　第二節　資產負債表 …………………………………………（183）
　　第三節　利潤表 ………………………………………………（190）
　　第四節　現金流量表 …………………………………………（193）
　　第五節　所有者權益變動表 …………………………………（197）
　　第六節　附註 …………………………………………………（199）

第九章　會計工作組織與管理 …………………………………（202）
　　第一節　會計工作組織與管理概述 …………………………（203）
　　第二節　會計機構與會計人員 ………………………………（205）
　　第三節　會計法律規範 ………………………………………（208）
　　第四節　會計職業道德 ………………………………………（210）
　　第五節　會計檔案管理 ………………………………………（212）

第一章　總論

學習目標

1. 瞭解會計發展歷程；
2. 掌握會計基本職能；
3. 掌握會計基本特點；
4. 掌握會計基本概念；
5. 掌握會計的目標；
6. 瞭解會計方法；
7. 掌握會計核算的基本前提；
8. 瞭解會計信息質量要求。

案例：

你能夠用400元或不足400元的資金成功創辦一個企業嗎？不管你相信與否，你的確能夠。周敏是北京一所著名的美術學院的學生。和其他大學生一樣，她也常常為了補貼日常花銷而不得不去掙一些零用錢。現在她正為購買一臺具有特別設計功能的計算機而煩惱。儘管她目前手頭僅有400元，可她還是決定於2013年12月開始創辦一個美術培訓部。她支出了120元在一家餐廳請朋友坐一坐，幫她出出主意。得益於她有過在一家美術培訓部服務兼講課的經驗，她首先向她的一個師姐借款4,000元，以備租房等使用。她購置了一些講課所必備的書籍和物品，並支出一部分錢用於裝修畫室。她為她的美術培訓部取名為「周圍」。周敏支出100元印刷了500份廣告傳單，用100元購置了信封、郵票等。8天後她已經有了17名學員，規定每人每月學費1,800元，並且找到了一位具有較強能力的同學做合夥人。她與合夥人分別為「周圍」的發展擔當著不同的角色（合夥人做「周圍」的會計和講課教師）並獲取一定的報酬。至2014年1月末，她們已經招收了50個學員，除了歸還師姐的借款本金和利息共計5,000元、抵銷各項必須費用外，各獲得講課、服務等淨收入30,000元和22,000元。她們用這筆錢又繼續租房，擴大了畫室面積。為了擴大招收學員的數量，她們甚至聘請了非常有經驗的教授、留學歸國學者開展了兩次免費講座，為「周圍」的下一步發展奠定了非常好的基礎。

四個月下來，她們的「周圍」平均每月共招收學員39位，獲取收入共計24,000元。她們還以每小時200元的講課報酬雇用了4位同學做兼職教師。至此，她們核算了一下，除去房租等各項費用共獲利67,800元。這筆錢足夠她們各自購買一臺心儀的計

算機並且還有一筆不小的結餘。更重要的是，她們通過四個月的鍛煉，掌握了許多行銷技巧，也懂得了應該怎樣與人合作和打交道，學到了不少有關財務的知識，獲得了比財富更為寶貴的工作經驗。

案例要求：

1. 會計在這裡扮演了什麼樣的角色？
2. 從中你是不是瞭解有關會計方面的許多術語，如投資、借款、費用、收入、盈餘、投資人投資以及獨資企業、合夥企業和公司，等等。

案例提示：

首先，周敏需要考慮怎樣組織她的企業（美術培訓部）。「周圍」是一個獨資企業，即只有一個人擁有的企業，周敏是企業唯一的所有者。隨後由於她同學的加入，「周圍」便成了一個合夥企業。如果周敏畢業後仍繼續經營「周圍」，她還可以組建公司。這就是現代企業的三種形式，即獨資企業、合夥企業和公司制企業。

其次，周敏儘管只是一名學生，可她卻懂得創辦企業必定要有一些前期投入，如請朋友坐下來幫她出主意的花銷。這就是本課程中將會講到的開辦費。

再次，周敏怎樣才能知道企業的全部收入？怎樣瞭解企業曾經產生的各項費用？企業會計記錄提供了這些數據，否則她只能估計收入。收入、費用等概念是人們日常對話中經常使用的會計術語。本課程會向你對收入、費用這樣的概念以及它們的特稱做出精確的解釋。

最後，「周圍」在四個月左右的時間裡，共獲得 67,800 元的盈餘。什麼是盈餘？一般來講，我們說四個月「周圍」賺了 67,800 元。這就是說，在扣除了所有費用支出後，該企業獲得利潤 67,800 元。盈餘和利潤在會計上是同義詞，它是會計學上的一個非常重要的會計名詞。我們在本課程中會向你介紹許多諸如「利潤」等重要概念，並且會幫助你學會企業常用的會計報表的編制方法。

會計在許多方面都影響著人們的日常行為，在此之前，也許你已經知道一些有關會計方面的術語，但本課程將會通過會計記帳程序和會計工作方式讓你對會計的理解來得更為清晰。隨著課程的深入，你一定會恍然大悟：啊！原來這就是會計！

　　會計是經濟社會的一種普遍現象，是現代經濟發展必不可少的一個重要組成部分。每一個單位，包括以盈利為目的的企業組織和不以盈利為目的的非企業組織，比如政府機構、學校和醫院，都必須設置會計機構和會計人員。那麼，會計究竟是什麼？它是怎樣產生和發展的？在現代社會中發揮怎樣的作用？其研究的內容如何？面對錯綜複雜的社會經濟環境，會計採用怎樣的方法，遵循怎樣的規則來對其所處的社會經濟環境做出合理的判斷？本章將對其相關內容做一一介紹。

第一節　會計的產生和發展

一、會計的產生與發展

　　會計是為適應社會發展和加強經濟管理、提高經濟效益而產生並發展的。人們進行生產活動時，總是力求以盡可能少的勞動耗費，取得盡可能多的勞動成果，做到所得大於所費，提高經濟效益。如果生產所得超過了生產中的消耗，就有經濟效益，就有多餘的資料可供消費；如果生產所得抵償了消耗，恰恰足敷生活消費之用，生產就只能照原來的規模重複進行；如果生產所得抵償了消耗，還不夠生活消費之用，那麼要重複生產，勢必只能在縮小的規模上進行了；唯有在生產所得抵償了消耗，供生活消費之用後還有剩餘，生產才能在擴大的規模上重複進行。而再生產的規模能不能擴大，是社會能不能發展的關鍵。所以，就必須在不斷改革生產技術的同時，採用一定方法對勞動耗費和勞動成果進行記錄、計算，並加以比較和分析。

　　由上可知，會計是伴隨著人類的生產實踐和經濟管理的客觀需要而產生的一種活動，它是為管理好生產力起作用的。會計產生之初從屬於生產職能，就是在生產活動之外，附帶抽出一部分時間把生產的成果和耗費以及它們發生的日期等做成記錄。隨著生產的發展，會計逐漸從生產職能中分離出來，成為獨立的、特殊的、由專門人員從事的職能。

　　在原始社會，人類社會生產實踐活動極其簡單，生產水平極其低下，主要是通過採集野果、狩獵等簡單的生產活動謀生，勞動產品幾乎無剩餘，這時僅靠人腦記憶和計算即可滿足需要，因此，沒有發現有任何記錄的遺跡留下。人類社會出現了第一、第二次大分工之後，社會生產有所發展，勞動產品開始出現剩餘，有了交換勞動產品的條件。於是便出現了伏羲時期的結繩記事、刻記、黃帝、堯舜時期和原始社會後期的書契等簡單的記錄和計算方法，這就是最原始的、處於萌芽狀態的會計記錄與計量行為。據有關考古發掘證實，距今18,000多年的北京山頂洞人時代，就有了這種刻契記事的會計萌芽行為。

　　「會計」一詞在中國最早出現是夏代。《史記・夏本紀》《周禮》和《孟子》中也曾出現過「會計」一詞。但中國著名的會計史學家郭道揚教授則認為，以上兩個時期雖然字面上說的是「會計」，但並不是真正對會計的命名，真正從會計意義上給會計命名的應是西周時代。隨著會計的不斷發展，人們對會計的認識程度也在不斷加深，但對其定義總是難以取得完全統一。

　　在西方國家，20世紀初人們將會計視為一門藝術，到了20世紀中後期，認為會計應當是一個信息系統，這些信息將以財務會計報告的形式，提供給有關決策者作為決策依據。

(一) 中國會計的產生和發展

　　隨著封建社會生產力的不斷發展，會計技術方法也有了進步。秦、漢時期廣泛採

用了以「入」「出」為記帳符號，以「入-出=餘」為基本計算公式的簡明會計記錄法，用比較固定單一的會計記錄格式取代了文字敘述式的、繁瑣的會計記錄方法。自西漢始，人們將會計記錄與統計記錄分開，把記錄會計事項的簡冊稱為「簿」「簿書」或「計簿」，而把記錄統計事項的簡冊稱為「籍」。自此，中國的會計帳簿便有了較明確的命名。到了處於封建社會鼎盛時期的唐宋，農業、手工業和商業都呈現出空前的繁榮，反應到會計的方法和技術方面，其突出的成就是發明了「四柱清冊」的結帳與報帳方法。通過「舊管（期初結存）+新收（本期收入）=開除（本期支出）+實在（期末結存）」的平衡公式進行結帳，具體地算清並交待了經管財物的責任。到了明末清初，由於商業和手工業繼續呈現繁榮景象，於是比「四柱清冊」更加完備的「龍門帳」便應運而生了。在這種會計核算方法下，把全部帳目按「進」（相當於「全部收入」）、「繳」（相當於「全部支出與費用」）、「存」（相當於「財產及債權」）、「該」（相當於「投資和負債」）四項分類，並分別編製「進繳表」和「存該表」，運用「進-繳=存-該」的關係式雙向計算盤虧，在兩表上計算得出的盈虧數應當相等，稱為「合龍門」，以此鉤稽全部帳目的正誤。到了清代，商品貨幣經濟進一步發展，資本主義經濟關係逐漸萌芽，又產生了「天地合帳」。在這種方法下，一切帳項，無論是現金出納、商品購銷還是內外往來等，都要在帳簿上記錄兩筆，既登記「來帳」，又登記「去帳」，以反應同一帳項的來龍去脈。這種帳簿採用垂直書寫，直行分上下兩格，上格記收，稱為天；下格記付，稱為地。上下兩格所記數額必須相等，即所謂「天地合帳」。「四柱清冊」「龍門帳」和「天地合帳」顯示了中國歷史上各個時期傳統中式簿記的特色。

近代，特別是清朝中晚期，資本主義經濟輸入中國後，資本主義會計也隨之輸入中國，會計出現了「中式簿記」與「西式簿記」並存的局面。

新中國成立後，國家在財政部設置了主管全國會計事務的機構，稱為會計制度司。會計制度司基於有計劃地進行大規模社會主義建設的需要，先後制定出多種會計制度，強化了對會計工作的組織和指導。1985年頒布《中華人民共和國會計法》，中國會計工作從此進入法治階段。為了適應中國社會主義市場經濟的需要，1992年財政部頒布了《企業會計準則》，規定企業統一採用借貸記帳法。2000年6月21日國務院發布了《企業財務會計報告條例》，同年12月29日財政部頒布了《企業會計制度》。為了適應中國經濟在過去十幾年裡的飛速發展及相關領域法律條款的調整，滿足中國企業會計發展的自身需要，也是基於中國會計準則與國際接軌的迫切需要，財政部於2006年2月15日發布了包括1項基本準則和38項具體準則的企業會計準則體系，規定自2007年1月1日起在上市公司範圍內實行，鼓勵其他企業執行。新會計準則體系的建立，順應了中國經濟快速市場化和國際化的需要，以提高會計信息質量為核心，強化了為投資者和社會公眾提供決策有用信息的理念，構建了與中國社會主義市場經濟相適應、與國際準則趨同、涵蓋企業各項經濟業務、可獨立實施的企業會計準則體系，並為改進國際財務報告準則提供了有益借鑑，實現了中國企業會計準則建設新的跨越和歷史性突破。

(二) 西方會計的產生和發展

西方會計源於歐洲，至今已有幾千年的歷史。據馬克思考證，在「原始的規模小的印度公社」裡，已經有了「一個記帳員，登記農業帳目，登記和記錄與此有關的一切事項」。後來隨著歐洲大陸商品經濟的發展，出現了商業及政府記帳。公元 13～15 世紀，處於封建時代的義大利，其地中海沿岸的某些城市，如威尼斯、熱那亞、佛羅倫薩等，手工業、商業和金融業較為發達，產生了資本主義生產的最初萌芽，成為推動會計發展的重要因素，出現了較為科學的早期的借貸復式記帳法。1494 年，義大利傳教士、數學家、會計學家盧卡·帕喬利在威尼斯出版了一部耗費了 30 年心血的世界名著──《算數·幾何·比及比例概要》。其中對義大利威尼斯簿記和借貸復式記帳法進行了全面、系統的描述和總結，是第一部會計理論專著，被稱為近代會計發展史上的第一個里程碑，標誌著近代會計的開端。盧卡·帕喬利也被尊稱為「近代會計之父」。

18 世紀後期發生的工業革命，極大地促進了西方社會生產力的發展和產業組織的變化。到了 19 世紀，英、美兩國的公司得到廣泛發展，成為具有代表性的企業組織形式。1853 年，英國在蘇格蘭成立了世界上第一個註冊會計師專業團體──愛丁堡會計師協會，並於 1854 年被授予皇家特許證，允許它的會計師冠予「特許會計師」的標誌，從此，會計開始成為一種社會性的專門職業和通用的商務語言，這被稱為會計發展史上的第二個里程碑。同時，公司的發展使企業生產迅速擴大，投資者顯著增加，從而有力地推動了公司將簿記擴展為會計，會計知識得到了廣泛的傳播和普及。在此期間，出現了成本計算。此外，為防止公司經營者的舞弊行為，保護投資者的利益，逐步產生了外部審計和獨立的執業會計師審計。20 世紀 30 年代以後，為了使會計工作規範化，提高會計報表的真實性和可比性，西方各國先後研究並制定了會計原則（即會計準則），進一步把會計理論和方法提高到了一個新的水平。

20 世紀 50 年代以後，由於信息論、控制論、系統論、現代數學、行為科學等被引入會計領域，尤其是管理會計的出現，極大地豐富了會計學的內容。1952 年，世界會計學會正式批准使用「管理會計」一詞，由此將會計一分為二，形成現代會計的兩大門類（分支）：財務會計和管理會計。這被稱為會計發展史上的第三個里程碑。其後，電子計算技術進入會計領域，使會計信息的搜集、分類、處理、反饋等操作程序擺脫了手工操作，實現了自動化、電子化。隨著國際經濟交往與合作的廣泛開展，以及經濟全球化進程的加快，會計日益成為「國際通用的商業語言」，出現了前所未有的繁榮景象。

(三) 會計產生和發展的客觀依據

綜上所述，會計的產生和發展經歷了相當長的時間。它是隨著社會生產的發展和加強經濟管理的要求而產生，並隨著社會經濟，特別是市場經濟的發展和科學技術的進步而不斷完善、提高的。

1. 會計在社會生產實踐中產生

人類社會的生產活動決定著人類其他一切活動，也是人類會計行為產生的根本前提，因此，人類的會計行為是社會生產發展到一定階段的產物。在原始社會，會計只

是生產職能的附帶部分，當社會生產發展到一定水平、出現了私人佔有財產以後，人們為了保護私有權和不斷擴大其私有財產，在生產過程中逐步產生了用貨幣形式進行計量和記錄的方法，並使會計逐漸從生產職能中分離出來，成為獨立的職能。

2. 會計隨著社會經濟的發展而發展

從人類會計方法的演進過程中可以看到，隨著社會經濟的發展和管理要求的不斷提高，會計的地位和作用，會計核算的內容、範圍以及所要達到的目的和要求，都在不斷發展和變化。這也使會計的目標、應用原則，以及會計信息的披露內容、範圍等隨之不斷變化，日趨完善。總之，生產越發展，作為經濟管理重要組成部分的會計就越重要。

3. 會計的功能隨現代科技的發展而擴展

隨著現代科學技術的發展和經濟體制改革的深化，現代會計管理科學也得到了進一步的推廣，特別是電子計算機技術在會計上的應用，對會計的發展產生了更大的影響。會計在經濟管理中的作用日益顯著，會計在原有核算和監督功能的基礎上，又進一步擴展到預測經濟前景、參與經濟決策、考核和分析計劃執行情況等領域，這對於加強經濟管理，提高經濟效益有著重要的意義。

二、會計的概念

會計是以貨幣為主要計量單位，以提高經濟效益為主要目標，運用專門方法對企業、機關、事業單位和其他組織的經濟活動進行全面、綜合、連續、系統的核算和監督，並隨著經濟的日益發展，逐步開展預測、決策、控制和分析的一種經濟管理活動。

從會計的定義可以看出：

（1）會計首先是一種經濟計算。它要對經濟過程中利用貨幣為主要計量尺度進行連續、系統、全面、綜合的計算。經濟計算是指人們對經濟資源（人力、物力、財力）、經濟關係（等價交換、所有權、分配、信貸、結算等）和經濟過程（投入、產出、收入、成本、效率等）所進行的數量計算的總稱。經濟計算既包括對經濟現象靜態狀況的存量計算，也包括對其動態狀況的流量計算；既包括事前的計劃計算，也包括事後的實際計算。會計是一種典型的經濟計算，經濟計算除包括會計計算外，還包括統計計算和業務計算等。

（2）會計是一個經濟信息系統。它將一個企業分散的經營活動轉化成一組客觀的數據，提供有關企業的業績、問題，以及企業資金、勞動、所有權、收入、成本、利潤、債權、債務等的信息。同時，它向有關方面提供有關信息諮詢的服務，任何人都可以通過會計提供的信息瞭解企業的基本情況，並作為其決策的依據。可見，會計是以提供財務信息為主的經濟信息系統，是企業經營的記分牌，因而，會計又被稱為「商業語言」。

（3）會計是一項經濟管理工作。在非商品經濟條件下，會計直接對財產物資進行管理；在商品經濟條件下，由於存在商品生產和商品交換，經濟活動中的財產物資都是以價值形式表現的，會計是利用價值形式對財產物資進行管理的。如果說會計是一個信息系統，這主要是對企業外部的有關信息使用者而言的；那麼說會計是一項經濟

管理活動，則主要是對企業內部來說的。從歷史的發展和現實狀況來看，會計是社會生產發展到一定階段的產物，是為了適應生產發展和管理的需要而產生的。尤其是隨著商品經濟的發展和市場競爭的出現，要求通過管理對經濟活動進行嚴格的控制和監督。同時，會計的內容和形式也在不斷地完善和變化，由單純的記帳、算帳，主要辦理帳務業務、對外報送會計報表，發展為參與事前經營預測、決策，對經濟活動進行事中控制、監督，開展事後分析、檢查。可見，無論是過去、現在或將來，會計都是人們對經濟進行管理的活動。

三、會計的特點

（一）以貨幣為主要計量單位

會計從數量方面反應經濟活動，可以使用三種量度，即實物量度、勞動量度和貨幣量度。運用實物量度（如重量、長度等），只可以分別反應不同物質數量，但不能用來匯總各種不同類別的物資，更不能綜合反應各種不同的經濟活動。運用勞動量度（如勞動日、工時等），雖然可以反應經濟活動中耗用的工作時間，計算某一經濟活動過程中的勞動量耗費，但在商品貨幣經濟條件下，再生產過程所耗費的勞動量，還不能廣泛用勞動計量單位進行計算，仍要利用價值形式來表現。只有借助於統一的貨幣量度，才能計算出各項財產物資的費用、成本、利潤等綜合性經濟指標，才能全面核算和比較生產經營中的耗費及其成果。而貨幣量度是用來綜合計算各種不同經濟事項所採用的統一量度單位。因此，這就決定了在三種計算量度中，會計要以貨幣作為主要的計量尺度。

（二）以會計憑證為依據

會計的任何記錄和計量都必須以會計憑證為依據，從而使會計信息具有真實性和可驗證性。只有經過審核無誤的原始憑證才能據以編制記帳憑證，登記帳簿並進行加工處理。這一特徵也是其他經濟管理活動所不具備的。

（三）對經濟活動的財務收支進行連續、系統、全面、綜合的記錄和計算

會計對企業的經濟業務，要按照其發生的先後順序，不分大小、不分主次，進行無遺漏的核算，做到會計核算具有連續性、系統性、全面性和綜合性。所謂「連續性」，是指對經濟活動中每一個具體事項，必須按其發生的時間順序，自始至終不間斷地予以反應；所謂「系統性」，就是對各種經濟活動進行會計處理時，必須採取一套專門的方法進行互相聯繫的記錄和科學的分類，最終提供系統化的數據和資料；所謂「全面性」，就是指對一切經濟業務都要無遺漏地登記入帳，予以反應和監督；所謂「綜合性」，就是通過統一的貨幣量度，以求得各種總括的價值指標，考核企業經濟效益。

（四）核算職能和監督職能相結合

會計核算是會計的首要職能，也是全部會計管理工作的基礎。任何經濟實體要進行經濟活動，都要求會計提供真實的、正確的、完整的、系統的會計信息，這就需要

對經濟活動進行記錄、計算分類、匯總,將經濟活動的內容轉換成會計信息,成為能夠在會計報告中概括並綜合反應各單位經濟活動狀況的會計資料。

會計監督是會計的另一個基本職能。任何經濟活動都要有既定的目的,都要按一定的法規制度來運行。會計監督就是通過預測、決策、控制、分析、考評等具體方法,保證經濟活動按照規定的要求運行,以達到預期的目的。

會計的核算職能與監督職能是相輔相成的,只有在對經濟活動進行正確核算的基礎上,才可能為監督提供可靠的資料;同時,也只有搞好會計監督,按照會計監督的要求進行核算,並且達到預期的目的,才能發揮會計的核算作用。

綜合會計的特點,對會計的本質的認識可概括為:會計是以貨幣為計量單位,核算和監督企業、事業、機關、團體等營利和非營利組織經濟活動的一種經濟管理工作,同時,它又是一個以提供財務信息為主的經濟信息系統。

對這個定義我們可以從幾個方面來理解:①會計是一項經濟管理活動或經濟信息系統,這屬於管理的範疇;②其對象是特定單位的經濟活動;③會計的基本職能是核算和監督,即對發生的經濟業務以會計語言進行描述,並在此過程中對經濟業務的合法性和合理性進行審查;④會計以貨幣為主要計量單位,各項經濟業務以貨幣為統一的計量單位才能夠匯總和記錄,但貨幣並不是唯一的計量單位。

第二節　會計的職能、目標

一、會計的職能

會計的職能是指會計本身所固有的功能,即會計在企業和行政事業單位的經濟管理中能做什麼,起什麼作用。它是伴隨著會計的產生而同時產生的,也必將隨著會計的發展而發展。正確認識會計的職能,對於正確提出會計工作應擔負的任務,確定會計人員的職責和權限,充分發揮會計工作應有的作用,都有重要的意義。

理論界對會計職能的研究一直沒有間斷過,並提出了很多看法,比較有代表性的觀點有:反應與控制,反應與監督,反應、監督與分析,考核與評價等。儘管存在很多爭議,但會計的核算職能和監督職能這兩大基本職能大家還是比較認同的。

(一) 會計的核算職能

會計核算職能也稱會計反應職能。會計核算貫穿於經濟活動的全過程。它是指會計以貨幣為主要計量單位,通過確認、計量、記錄、報告等環節,對特定對象(或稱特定主體)的經濟活動進行記帳、算帳、報帳,為各有關方面提供會計信息的功能。任何經濟實體單位要進行經濟活動,都要對經濟活動信息進行記錄、計算、分類、匯總,將經濟活動信息轉換成客觀準確的會計信息,會計核算就是使經濟活動信息轉換為會計信息,從而進行確認、計量、記錄並提供報告的工作。會計的核算職能有以下幾個方面的特點:

(1) 會計以貨幣為主要計量單位。會計在對各單位經濟活動進行反應時,主要是

從數量而不是從質量的方面進行反應。也就是說會計核算是對各單位的一切經濟業務，以貨幣計量為主，進行記錄、計算，以保證會計記錄的可比性和完整性。

（2）會計反應具有連續性、系統性和全面性。會計反應的連續性，是指對經濟業務的記錄是連續的，逐筆、逐日、逐月、逐年，不能間斷；會計反應的系統性，是指對會計對象要按科學的方法進行分類，進而系統地加工、整理和匯總，以便提供管理所需要的各類信息；會計反應的全面性，是指對每個會計主體所發生的全部經濟業務都應該進行記錄和反應，不能有任何遺漏。

（3）會計核算應對各單位經濟活動的全過程進行反應。隨著商品經濟的發展，市場競爭日趨激烈，會計在對已經發生的經濟活動進行事中、事後的記錄、核算、分析，反應經濟活動的現實狀況及歷史狀況的同時，已發展到事前核算、分析和預測經濟前景的階段。

（二）會計的監督職能

會計監督職能，是指會計具有按照一定的目的和要求，利用會計核算職能所提供的經濟信息，對企業和行政事業單位的經濟活動進行控制，使之達到預期目標的功能。會計的監督職能主要具有以下特點：

（1）會計監督主要通過價值指標進行。會計核算通過價值指標綜合地反應經濟活動的過程及其結果，會計監督的主要依據就是這些價值指標。為了便於監督，有時還需要事先制定一些可供檢查、分析使用的價值指標，用來監督和控制有關經濟活動，以避免出現大的偏差。由於基層單位進行的經濟活動都伴隨著價值運動，表現為價值量的增減和價值形態的轉化，因此會計監督與其他各種監督相比，是一種更為有效的監督。會計監督通過價值指標可以全面、及時、有效地控制各個單位的經濟活動。

（2）會計監督具有完整性。會計監督不僅體現在已經發生或已經完成的業務方面，還體現在業務發生過程中及尚未發生之前，包括事前監督、事中監督和事後監督。事前監督是指會計部門或會計人員在參與制定各種決策以及相關的各項計劃或費用預算時，就依據有關政策、法規、準則等的規定對各項經濟活動的可行性、合理性、合法性和有效性等進行審查，它是對未來經濟活動的指導；事中監督是指在日常會計工作中，隨時審查所發生的經濟業務，一旦發現問題，及時提出建議或改進意見，促使有關部門或人員採取措施予以改正；事後監督是指以事先制定的目標、標準和要求為依據，利用會計反應取得的資料對已經完成的經濟活動進行考核、分析和評價。會計事後監督可以為制訂下期計劃、預算提供資料，也可以預測今後經濟活動的發展趨勢。

（三）兩職能的關係

核算職能是監督職能的基礎，沒有核算職能提供的可靠、完整的會計信息，監督就沒有客觀依據；監督職能是核算職能強有力的保證，沒有監督職能進行控制，提供有力的保證，就不可能提供真實可靠的會計信息，也就不能發揮會計管理的能動作用，會計核算也就失去了存在的意義。因此，核算職能和監督職能緊密結合，密不可分，相輔相成，辯證統一。

二、會計的目標

(一) 會計目標的定義

所謂會計目標是指會計想要達到的境地或想要得到的結果。有人又稱它為會計目的。會計目標主要明確為什麼要提供會計信息，向誰提供會計信息，提供哪些會計信息等問題。只有會計目標明確了，才能進一步明確會計應當收集哪些會計數據，從而為會計信息的使用者提供有用的會計信息。有了會計目標，就意味著向會計提出了它應當達到的要求。當然會計目標的提出，不是隨意提出來的，不能超越會計的本質功能，只能在會計的職能範圍內提出。會計目標是會計理論體系的基礎，有了會計目標，就為會計工作指明了方向。

(二) 會計目標的兩種學術觀點

1. 決策有用觀

決策有用觀是20世紀70年代美國註冊會計師協會出資成立的特魯彼拉特委員會在對會計信息使用者進行了大量的實證調查研究後得出的結論。決策有用觀是在資本市場日漸發達的歷史背景下形成的。在此條件下，投資者進行投資需要有大量可靠而相關的會計信息，從傳統的關注歷史信息轉向關注未來信息，要求披露的信息量和範圍也不斷擴大，不僅要求披露財務信息、定量信息和確定信息，還要求更多地披露非財務信息、定性信息和不確定信息。而這些信息的提供總是要借助於會計系統，因此，會計信息的提供必須以服務於決策為目標取向。決策有用觀強調相關性甚於可靠性。在會計確認上不僅要確認實際發生的經濟事項，還要確認那些雖未發生但對企業有重要影響的事項。

決策有用觀的優點主要體現在：①堅持決策有用觀有利於提高會計信息的質量；②在會計計量模式上採用多種計價方式並存，反應了配比原則；③堅持決策有用觀有利於規範和發展資本市場，促進社會資本的流動性和社會資源的有效利用。其局限性體現在兩個方面：①對「有用」的評價太主觀，可操作性低；②「決策有用」與審計目標的不協調。從審計產生的背景看，審計的產生在於受託責任，而不是「決策有用」，如果會計目標定位於「決策有用」，審計就可能達不到目的。

2. 受託責任觀

受託責任觀產生的經濟背景是企業所有權與經營權相分離，並且投資人與經營者之間有明確的委託與受託關係。在受託責任觀下，信息的使用者主要是財產的委託人、投資者、債權人以及其他需要瞭解和評價受託責任履行情況的利害關係人，並且這些使用者是現存的，而不是潛在的。由於是對受託責任的履行結果的評價，使用者所需的信息側重歷史的、已發生的信息，因此要求提供盡可能客觀可靠的會計信息。資產計價傾向於採用歷史成本計量方式。在會計處理上，強調可靠性勝過相關性。

受託責任觀的主要優點是企業採用受託責任觀，有助於外部投資者和債權人評價企業的經營管理責任和資源使用的有效性。其局限性主要體現在：①受託責任觀強調真實地反應過去，主要關注企業的歷史信息，而很難反應未來事項；②在會計處理上，

用現時收入與歷史成本計量的費用進行配比，難以體現真實性的原則；③在會計信息方面，受託責任觀很少會顧及委託者以外的信息需求，忽略潛在投資者的利益和要求，因而難以進一步提高會計信息的質量；④在適用環境方面，受託責任觀產生的經濟背景是企業所有權與經營權相分離，並且投資人與經營者之間有明確的委託與受託關係，而在現代社會中，兩權不分離的個人獨資企業、合夥企業普遍存在，而且，在現代社會中，委託方並不總是明確的。

3. 兩種觀點的關係

從上述介紹可以看出，受託責任觀重在向委託者報告受託者的受託管理情況，主要是從企業內部來談的，而決策有用觀是從企業會計信息的外部使用者來談的。實際上，兩者並不矛盾，都不約而同地提到了「會計信息觀」，即會計目標是提供信息。在受託責任觀下，會計目標是向資源委託者提供信息；在決策有用觀下，會計目標是向信息使用者提供決策有用的信息。信息的使用者不僅包括資源委託者也包括債權人、政府等和企業有密切關係的信息使用者。同時，兩者側重的角度不同，受託責任觀是從監督角度考慮，主要是為了監督受託者的受託責任；決策有用觀側重於信號角度，即會計信息能夠傳遞信號，向信息使用者提供決策有用的信息。兩者相互聯繫，相互補充。

(三) 中國的會計目標

2007年1月1日，中國新的《企業會計準則》開始實施，其基本準則對會計目標進行了明確定位，指明會計的目標就是向財務報告使用者提供與企業財務狀況、經營成果和現金流量等有關的會計信息，反應企業管理層受託責任履行情況，有助於財務報告使用者做出經濟決策。從基本準則對會計目標定位這段話中我們可以清晰地看到此目標明確回答了會計目標要解決的三個問題，即為什麼要提供會計信息、向誰提供會計信息、提供哪些會計信息。

1. 為什麼要提供會計信息

為什麼要提供會計信息呢？這是基於受託經濟責任的要求。現代企業制度強調企業所有權和經營權相分離，企業管理層是受委託人之託經營管理企業及其各項資產，負有受託責任。即企業管理層所經營管理的企業各項資產基本上均為投資者投入的資本（或者留存收益作為再投資）或者向債權人借入的資金所形成的，企業管理層有責任妥善保管並合理、有效地運用這些資產。企業投資者和債權人等也需要及時或者經常性地瞭解企業管理層保管、使用資產的情況，以便於評價企業管理層的責任情況和業績，並決定是否需要調整投資或者信貸政策，是否需要加強企業內部控制和其他制度建設，是否需要更換管理層等。因此，財務報告應當反應企業管理層受託責任的履行情況，以有助於外部投資者和債權人等評價企業的經營管理責任和資源使用的有效性。

2. 向誰提供會計信息

向誰提供會計信息呢？簡單一句話，就是會計信息的使用者。會計信息的使用者包括投資人、債權人、政府部門、社會公眾、企業員工、企業管理當局等。

(1) 投資人。基本準則為了保護投資者利益，把能夠滿足投資者進行投資決策的信息需求放在了突出位置。近年來，中國企業改革持續深入，產權日益多元化，資本市場快速發展，機構投資者及其他投資者隊伍日益壯大，對會計信息的要求日益提高，在這種情況下，投資者更加關心其投資的風險和報酬，他們需要會計信息來幫助其做出決策，比如決定是否應當買進、持有或者賣出企業的股票或者股權，他們還需要信息來幫助其評估企業支付股利的能力等。因此，基本準則將投資者作為企業財務報告的首要使用者，凸現了投資者的地位，體現了保護投資者利益的要求，是市場經濟發展的必然結果。

(2) 債權人。企業在經營過程中，會經常不斷地發生舉債行為。例如：企業貸款人、供應商等債權人通常十分關心企業的償債能力和財務風險，他們需要信息來評估企業能否如期支付貸款本金及其利息，能否如期支付所欠購貨款等。銀行和其他金融機構等債權人為了使自己的利益不受損害，能及時收回本金及利息，一般會要求貸款企業在接受貸款時和貸款後，提供其會計信息，以便隨時掌握企業的償債能力。另外，潛在的債權人會根據企業對外提供的會計信息和其他信息，做出是否向企業提供貸款的決策。

(3) 政府部門。政府及其有關部門作為經濟管理和經濟監管部門，通常關心經濟資源分配的公平、合理，市場經濟秩序的公正、有序，宏觀決策所依據信息的真實可靠等，他們需要依據信息來監管企業的有關活動（尤其是經濟活動）、制定稅收政策、進行稅收徵管和國民經濟統計等。

(4) 社會公眾。對於身處企業周圍的公眾及其代表組織來講，企業的環境行為將直接使他們受害或受益，他們有瞭解企業環境信息的強烈意願。另外，從更廣泛的意義上講，社會公眾的態度對於企業具有更深遠的影響。一個企業的環境形象，將會影響到企業的勞動力供應，影響到企業的正常營運、銷售等一系列環節。甚至可以說，社會公眾的態度將決定著他們是否接受一個企業的存在。企業有必要採取一定的方式，為公眾做出相關和真實的環境披露。

(5) 企業員工。企業員工與企業是密切相關的，企業經營的好壞，直接影響員工個人的利益。企業員工最關心的是企業為其所提供的勞動報酬高低，職工福利好壞，企業財務狀況是否足以提供長久、穩定的就業機會等方面的情況。他們所要求企業提供的是有關企業財務結構和獲利能力等方面的信息。利用會計信息可幫助企業員工分析企業的財務狀況和經營能力，以便其做出擇業決策。

(6) 企業管理當局。企業是一個自主經營、自負盈虧的商品生產者和經營者，為了使其資本保值增值，提高經濟效益，要加強企業管理。特別是隨著企業規模的擴大，經營管理者也不可能瞭解企業的全部經濟活動，因此，企業管理當局、各職能部門和各級管理人員也需要通過會計信息全面瞭解企業的經營活動情況，也需要運用會計信息，對日常的經營活動進行控制，進行各種經營決策，例如，制訂企業的計劃和預算，進行理財決策和投資決策，對採購、生產、銷售等環節進行管理與控制等。

(7) 其他。除上述所列投資人、債權人、政府部門、社會公眾、企業職工、企業管理當局外，與企業存在利害關係的其他單位和個人，也會關注企業的會計信息，如

供貨單位、銷貨單位、財務分析與諮詢機構等。

3. 提供哪些會計信息

會計信息的使用者可以劃分為兩類：一類是企業外部的會計信息使用者，包括政府部門、投資人、債權人、客戶和社會公眾，他們需要根據企業提供的會計信息，做出相應的決策，對這類會計信息使用者來講，一般提供與企業財務狀況、經營成果和現金流量等有關的會計信息；另一類是企業內部的會計信息使用者，主要是企業管理當局，他們需要企業經營管理的相關信息，對這類會計信息使用者來講，一般是根據不同企業的不同管理要求來提供不同的會計信息。不同類型的會計信息使用者，可能會對會計信息的要求不一致，會計應滿足大部分使用者的需求，提供各方普遍關心的信息。

會計目標要求滿足會計信息使用者決策的需要，體現為會計目標的決策有用觀；會計目標要求反應企業管理層受託責任的履行情況，體現為會計目標的受託責任觀。由此可見，中國會計目標的特點是兼顧了「決策有用觀」和「受託責任觀」。

第三節 會計方法

一、會計方法的定義和組成

會計方法是用來核算和監督會計對象、發揮會計職能、實現會計目標的手段。會計由會計核算、會計分析和會計檢查三個部分組成，這三個部分既有密切聯繫，又相對獨立，所使用的方法也不盡相同。因此，會計方法也可以分為會計核算的方法、會計分析的方法和會計檢查的方法。

二、會計核算方法

會計核算方法就是對企業的經濟交易或者事項進行確認、計量、記錄和報告，以核算和監督企業經濟活動的方法，包括設置帳戶、復式記帳、填制和審核憑證、登記帳簿、成本計算、財產清查和編制會計報表七種專門方法。

（1）設置帳戶。設置帳戶，是對會計對象的具體內容進行確認、歸類和監督的一種專門方法，其實質是對會計要素進一步的科學分類。會計要素是對會計對象具體內容的基本分類，是第一個層次的類別。由於企業的經濟活動是複雜多樣的，各項經濟業務所涉及會計對象基本要素的具體存在形式各有所不同，這就需要對會計要素做進一步的合理分類，並賦予一定的結構形式，才能使複雜多樣的經濟業務得以分門別類的登記和歸集，產生各種類別的財務會計指標。所以設置帳戶是會計記錄和匯總的前提。

（2）復式記帳。復式記帳，是記錄經濟業務的一種方法。這種方法的特點是對每一項經濟業務都要以相等的金額，同時在兩個或兩個以上的相關帳戶中進行登記。採用復式記帳，既可以通過帳戶的對應關係瞭解有關經濟業務的全貌，又可以通過帳戶

的平衡關係檢查有關經濟業務的記錄是否正確。因此，復式記帳是一種比較完善、科學的記帳方法，為世界各國所普遍採用。目前中國企業會計核算採用的借貸記帳法就是一種復式記帳方法。

（3）填製和審核會計憑證。會計憑證是記錄經濟業務，明確經濟責任的書面證明，是會計信息資料的最初載體，是登記帳簿的依據。填製和審核會計憑證是為了保證會計資料完整、可靠，審查經濟業務是否真實、合理合法而採用的一種專門方法。對於任何一項經濟業務都要按照實際情況填製會計憑證，而且必須有專門的部門和人員對這些憑證進行審核，只有審核無誤的憑證才能作為登記帳簿的依據。通過對會計憑證的填製和審核，才能保證會計資料的真實、完整，保證會計信息的質量。

（4）登記帳簿。會計帳簿是用來記錄各項經濟業務的簿籍，是加工和保存會計資料的重要工具。登記帳簿就是在帳簿上全面、系統、連續地記錄和反應企業經濟活動的一種專門方法。登記帳簿把復式記帳和設置帳戶融為一體，它以會計憑證為依據，利用帳戶和復式記帳的方法，對所有經濟業務分門別類而又相互連續地加以全面反應，以便提供完整而又系統的會計信息資料。在帳簿上，既要將所有經濟業務按照帳戶加以歸類記錄，進行分類核算，又要將全部或部分經濟業務按其發生時間的先後，序時記錄，進行序時核算；登記帳簿既要提供總括的核算指標，又要提供明細核算指標，為編製會計報表提供必要的資料。登記帳簿是會計核算工作的主體部分。

（5）成本計算。成本計算是對企業在生產經營活動中發生的全部費用，按照一定的對象和標準進行歸集和分配，借以計算確定各個對象的總成本和單位成本，以及企業的總成本費用的一種專門方法。通過成本計算，可以正確地對會計核算對象進行計價，核算和監督生產經營活動中所發生的各項費用是否符合節約原則，以便採取措施，挖掘潛力，減少消耗，節約費用，不斷降低成本，提高經濟效益。

（6）財產清查。財產清查是通過盤點實物、核對帳目來查明各項財產物資、債權債務、貨幣資金實有數額，並進行帳實核對，檢查帳實是否相符的一種專門方法。為了加強會計記錄的準確性，保證帳實相符，必須定期或不定期地對各項財產物資、往來款項進行清查、盤點和核對。在清查中如果發現帳實不符，應當分清原因，明確責任，並調整帳簿記錄，使其帳實完全一致。通過財產清查，還可以查明物資儲備是否能夠保證生產經營活動的需要，有無超儲、積壓和呆滯的情況；物資保管和使用是否妥善合理，有無損失、浪費、霉爛、丟失的情況；各項人欠、欠人款項是否及時結算，有無長期拖欠不清的情況。所以，財產清查既對保證會計信息的客觀真實性有積極作用，又具有監督財產物資安全完整與合理使用的重要作用。

（7）編製財務報表。編製財務報表是定期總括反應企業的財務狀況、經營成果和現金流量情況以及所有者權益變動情況，並提供系統的會計信息的一種專門方法。會計報表是以一定格式的表格，對一定會計期間內帳簿記錄內容的總括反應，它是會計數據加工的最終成果，是企業輸出會計信息的主要載體。平時，有關的會計數據是分散在各個會計帳戶中記錄的，為了滿足會計信息用戶的需要，就要求會計人員定期將帳戶資料加工成為規範化的會計信息，通過會計報表輸送出去。企業對外會計報表主要包括資產負債表、利潤表、現金流量表和所有者權益變動表。

三、會計分析方法

會計分析方法是指依照會計核算提供的各項資料及經濟業務發生的過程，運用一定的專門方法，對企業的經營過程及其成果進行定性或定量分析的一種方法。如果說會計核算就是記帳、算帳和報帳的話，那麼會計分析則是用帳。所以，在會計核算的基礎上，進一步利用會計核算資料進行分析，對於更好地發揮會計的作用、提高企業的經營管理水平具有重要的意義。

會計分析所採用的方法主要有比較分析法、比率分析法、趨勢分析法、因素分析法等。會計分析方法將在後續課程「財務報表分析」中介紹。

四、會計檢查方法

會計檢查是指會計人員依據會計準則和其他有關制度法規，對會計資料的合法性、合理性、真實性和準確性進行的審查和稽核。會計檢查是對經濟活動和財務收支所進行的一種事後監督，是會計工作的重要組成部分。通過會計檢查，能夠起到查錯防弊、強化監督的作用，對於更好地完成會計任務、發揮會計作用具有重要的意義。會計檢查方法將在後續課程「審計學」中介紹。

第四節 會計核算的基本前提和會計信息質量要求

一、會計核算的基本前提

組織會計核算工作之前，需要具備一定的前提條件。會計核算基本前提又稱會計基本假設，是企業會計確認、計量和報告的前提，是對會計核算所處的時間、空間環境等所做的合理的設定。會計對象的確定、會計政策和方法的選擇都要以會計核算的基本前提為依據。目前，中國會計理論界比較公認的會計基本假設有四個：會計主體、持續經營、會計分期和貨幣計量。

(一) 會計主體

會計主體是指會計為之服務的對象，或者說是對會計對象、會計工作的空間範圍所作的界定以及會計工作人員應採取的立場。會計主體假設對會計工作提出了以下基本要求：

(1) 區分會計主體與法律主體

會計主體和人們通常所說的法律主體不是同一個概念，兩者是有區別的。作為法律主體，一般來說，應該是會計主體，但並不是所有會計主體都得是法律主體。如獨資企業、合夥企業等，它們不具有法人資格，但是在會計核算上必須將其作為會計主體。

(2) 區別會計主體與主體所有者

會計只限於對會計主體服務，即對會計主體所發生的經濟業務進行會計處理，而

不對會計主體所有者所發生的經濟業務或經濟活動進行會計處理。這樣，有利於區分會計主體的經濟資源和主體所有者的經濟資源，以便各自享有相應的權利和承擔相應的義務。

(3) 遵循會計主體假設，處理會計主體之間的經濟業務

在錯綜複雜的市場經濟條件下，會計主體之間通常要發生頻繁的經濟往來，而一項經濟業務可以從兩個方面來考慮。至於從哪個方面來考慮，就應遵循會計主體假設，即從會計人員為之服務的會計主體方面去確認、計量、記錄、報告這些經濟業務事項，而不是從企業的投資者或所有者、其他企業或經濟主體方面來處理這些經濟業務事項。

(二) 持續經營

持續經營假設又稱之為繼續經營假設或經營連續性假設，它是指會計主體的生產經營活動將在可以預見的未來，按照既定的目標持續下去，不會面臨清算和破產等。會計主體假設是對會計工作範圍在空間上的一種界定，而持續經營假設則是對會計工作範圍在時間上的一種界定。

企業是否持續經營，在會計原則、會計方法的選擇上有很大差別。一般情況下，明確這個基本假設，就意味著會計主體將按照既定用途使用資產，按照既定的合約條件清償債務，會計人員就可以在此基礎上選擇會計原則和會計方法。持續經營假設對會計工作提出了以下幾點要求：

(1) 會計主體經濟資源的計價應建立在正常條件下

會計主體經濟資源的計量，在不同的會計環境中其計量方法有所不同。如資產的計價，在正常條件下，一般按歷史成本計價；在破產清算條件下，按重置價格或清算價格計價。

(2) 會計處理工作應按照公認的會計原則和會計制度連續進行

在激烈的市場競爭中，一些企業關、停、並、轉屬於正常現象，也就是總是存在企業不能持續經營的可能性。所以，企業需要定期對其持續經營假設進行分析判斷。如果可以判斷企業不能持續經營，就應當改變會計核算的原則與方法。如上述在破產清算條件下，企業資產按照重置價格或清算價格計價。如果一個企業在不能持續經營時還假定企業能夠持續經營，並仍按持續經營基本假設選擇會計確認、計量和報告原則與方法，就不能客觀地反應企業的財務狀況、經營成果和現金流量，會誤導會計信息使用者的經濟決策。

(三) 會計分期

會計分期，是指將一個企業持續經營的生產經營活動劃分為一個個連續的、長短相同的期間。會計分期的目的，在於通過會計期間的劃分，將持續經營的生產經營活動劃分成連續、相等的期間，據以計算盈虧，按期編制財務報告，從而及時向財務報告使用者提供有關企業財務狀況、經營成果和現金流量的信息。一般來說，會計期間通常為1年，又稱為會計年度。會計年度的起訖日期，世界上大多數國家都採用公曆年制，中國也不例外，即公曆1月1日至12月31日。但是，也有一些國家為了遵循民族習慣，會與上述起訖時間不一致。如美國、伊朗、日本、泰國、新加坡、加拿大、

孟加拉國、澳大利亞、埃及等。會計分期假設對會計工作提出了以下三方面要求：

(1) 區別會計主體營業週期與會計期間

企業通常以一年作為劃分會計期間的標準，也可以以半年度、季度或月度劃分會計期間，這種短於一個完整會計年度的期間，又稱會計中期。營業週期是指在生產經營過程中，生產資金從投入到收回，完成一次週轉所間隔的時間期限。會計期間可能大於也可能小於、等於會計主體營業週期，這取決於會計主體的生產類型和生產規模。因此，會計主體財務報表揭示的不一定是會計主體在一個營業週期內的經營業績。

(2) 定期出具財務會計報告

會計除了在年度末要及時出具財務會計報告外，還應該及時按月度、季度、半年度出具財務會計報告，也稱為月報、季報、半年報。企業年度結帳日為公歷年度每年的 12 月 31 日；半年度、季度、月度結帳日分別為公歷年度每半年、每季度、每月的最後一天。企業結帳日不得提前或者延遲。年度、半年度財務會計報告應當包括：會計報表、會計報表附註、財務情況說明書三大部分；季度、月度財務會計報告通常僅指會計報表，會計報表至少應當包括資產負債表和利潤表。上述規定雖然對於手工會計來說，給其增加了不少的會計工作量，但是，對於電算化會計，就顯得易如反掌。

(3) 處理好各會計期間之間的經營業績與經營責任

一般來說，會計期間的長短對會計主體當期損益將產生一定的影響。會計期間愈短，反應會計主體經營成果的信息就愈不可靠。但是，會計期間也不可能太長，否則，不能滿足信息使用者的要求。因此，在進行會計工作時，要按照公認的會計原則和政策法規，採用規定的程序和方法，處理好相鄰會計期間（包括小的會計期間）的經營業績和經營責任。

(四) 貨幣計量

貨幣計量是指會計主體在會計核算過程中採用貨幣為主要的計量單位，計量、記錄、報告會計主體的財務狀況、經營成果和現金流量。用貨幣反應會計主體經濟業務是會計核算的基本特徵，是會計核算的又一個基本假設條件。貨幣作為會計計量的統一尺度，是市場經濟的基本要求，是實現會計核算職能的根本條件之一。貨幣計量假設對會計工作提出了以下要求：

(1) 幣值穩定

幣值穩定，即假定用作計量單位的貨幣的購買能力是穩定不變的。雖然在現實生活中，貨幣的購買能力會隨著經濟的通貨膨脹或緊縮發生變化，但是，如果沒有這個假設就無法產生可靠的、穩定的、具有可比性的會計計量、記錄和報告等。幣值穩定並不是否認貨幣堅挺或疲軟的客觀存在，從長期來看，貨幣堅挺和疲軟相抵後，其值基本上能夠反應實際情況，由此而產生的財務信息失真度不會太大，能夠為信息使用者所接受。

(2) 確定記帳本位幣

一國發生的經濟業務，難免涉及多國貨幣，因此，在會計工作中，必須對入帳的計量貨幣做統一規定。如中國是以人民幣作為記帳本位幣，業務收支以外幣為主的企

業和境外企業也可設定某種外幣作為記帳本位幣，但在編制財務報表時應折算為人民幣予以反應。

上述會計核算的四項基本前提，具有相互依存、相互補充的關係。會計主體確立了會計核算的空間範圍，持續經營與會計分期確立了會計核算的時間長度，會計分期是對持續經營的補充，而貨幣計量則為會計核算提供了必要手段。沒有會計主體，就不會有持續經營；沒有持續經營，就不會有會計分期；沒有貨幣計量，就不會有現代會計。

二、會計信息質量要求

會計信息質量要求是對企業財務報告中所提供的會計信息質量的基本要求，是為保證所提供的會計信息對信息使用者決策有用而要求其應具備的基本特徵，主要包括可靠性、相關性、可理解性、可比性、實質重於形式、重要性、謹慎性和及時性等。其中，可靠性、相關性、可理解性、可比性是會計信息的首要質量要求，是會計信息應具備的基本質量特徵；實質重於形式、重要性、謹慎性和及時性是會計信息的次級質量要求，是對首要質量要求的補充和完善。

（一）可靠性

可靠性，又稱為客觀性或真實性，可靠性要求企業應當以實際發生的交易或事項為依據進行確認、計量和報告，如實反應符合確認和計量要求的各項會計要素及其他相關信息，保證會計信息真實可靠、內容完整。

財務會計報告的目標是向會計信息使用者提供對其決策有用的信息，這是會計工作的首要職責。當然，有用的信息首先應當是真實的，如果會計信息不能保證其真實性，會計工作就失去了存在的意義。因此，會計人員應當以能證明經濟業務發生的合法憑證為依據進行會計確認、計量和報告；同時，還要在符合重要性和成本效益原則的前提下，保證會計信息的完整性；同時，財務報告中的會計信息應是中立的、無偏頗的，不能為達到事先設定的結果或效果，通過選擇或列示有關會計信息以影響決策和判斷。

（二）相關性

相關性要求企業提供的會計信息應當與財務報告使用者的經濟決策需要相關，有助於財務會計報告使用者對企業過去、現在或者未來的情況做出評價或者預測。

相關性是會計工作和會計信息本質的體現，因為會計的目標就是向信息使用者提供會計信息。只有對信息使用者決策有用的信息，才是會計應當披露的信息。因此，相關性要求的相關，是指與信息使用者的決策相關，需要企業在確認、計量和報告會計信息的過程中，充分考慮使用者的決策模式和信息需要。但是，相關性是以可靠性為基礎的，會計信息應在可靠性的前提下，盡可能地做到相關性，以滿足會計信息使用者的決策需要。

（三）可理解性

可理解性又稱明晰性，可理解性要求企業提供的會計信息應當清晰明了，便於財

務會計報告使用者理解和使用。

  會計信息是專業人員按照會計的專門方法，對大量的經濟業務數據進行系統加工整理的結果。會計信息使用者具備的會計知識往往是有限的，如果提供的會計信息不能讓信息使用者正確理解，會計信息就失去了使用價值。按照可理解性要求，會計人員提供的會計信息應做到會計記錄清晰，文字使用規範、簡潔，財務會計報告項目完整、關係清楚、數字準確。

(四) 可比性

  可比性要求企業提供的會計信息應當相互可比。

  可比性包含兩層含義：一是同一企業不同時期可比。即要求同一企業不同時期發生的相同或者相似的交易或者事項，應當採用一致的會計政策，不得隨意變更；確需變更的，應當在附註中說明。二是不同企業相同會計期間可比。即要求不同企業同一會計期間發生的相同或者相似的交易或者事項，應當採用規定的會計政策，確保會計信息口徑一致，相互可比。實際上，可比性既要求同一企業不同會計期間的會計信息縱向可比，也要求不同企業在同一會計期間的會計信息橫向可比。

  要使同一企業在不同會計期間提供的會計信息能夠進行縱向比較，企業必須在會計核算過程中，對不同地點、不同時間發生的相同或類似的會計事項採用統一的會計處理方法和程序，以便於會計信息使用者通過分析會計信息瞭解企業的過去、現在和未來發展趨勢。要使不同企業在同一會計期間所提供的會計信息能夠進行橫向比較，就要求不同企業共同遵守中國《企業會計準則》等相關條例，對發生的相同或類似的會計事項採用統一的會計處理方法和程序，以便於會計信息使用者對不同企業的會計信息進行比較、分析和匯總，從而有助於信息使用者做出正確決策。

  需要說明的是，會計信息的可比不是絕對可比，而是相對可比，因為在《企業會計準則》中，對同一項會計事項的處理方法可有多種選擇。如發出存貨的計價方法有先進先出法、加權平均法和個別計價法三種，企業選擇不同的方法，則期末存貨成本就會出現不同的結果。可比性要求同一企業使用的會計處理程序和方法應當盡可能使前後各期保持一致，不得隨意變更，但並不絕對禁止會計政策的變更。

  中國《企業會計準則第 28 號——會計政策、會計估計變更和差錯更正》中規定，滿足下列條件之一時，可以變更會計政策：①法律、行政法規或者國家統一的會計制度等要求變更；②會計政策變更能夠提供更可靠、更相關的會計信息。

(五) 實質重於形式

  實質重於形式要求企業應當按照交易或者事項的經濟實質進行會計確認、計量和報告，不應僅以交易或者事項的法律形式為依據。

  在實際工作中，交易或事項的外在法律形式或人為形式並不總能完全反應其實質內容。所以，會計信息要想反應其所擬反應的交易或事項，就必須根據交易或事項的實質和經濟現實，而不能僅僅根據它們的法律形式進行會計確認、計量和報告。如企業按照銷售合同銷售商品但又簽訂了售後回購協議，雖然從法律形式上看實現了收入，但如果企業沒有將商品所有權上的主要風險和報酬轉移給購貨方，沒有滿足收入確認

的各項條件，那麼，即使簽訂了商品銷售合同或者已將商品交付給購貨方，也不應當確認銷售收入。

(六) 重要性

重要性要求企業提供的會計信息應當反應與企業財務狀況、經營成果和現金流量等有關的所有重要交易或者事項。

在會計確認、計量和報告的過程中，應根據不同交易或事項的重要程度差異而採用不同的會計處理程序和方法。具體來說，對影響會計信息使用者決策的重要交易或事項，應當分別核算、單獨反應，並在財務會計報告中重點說明；對會計信息使用者決策影響不大的交易或事項，在財務會計報告中可簡化或合併反應。但是，交易或事項是否重要以及重要程度都是相對的，需要會計人員進行職業判斷。如企業發生的某些支出，金額較小的，從支出受益期來看，可能需要若干會計期間進行分攤，但根據重要性要求應一次性計入當期損益。

(七) 謹慎性

謹慎性要求企業對交易或者事項進行會計確認、計量和報告時應當保持應有的謹慎，不應高估資產或者收益、低估負債或者費用。

由於企業的經濟活動存在著不確定因素，會計人員在進行會計處理時要採取謹慎的態度，應充分估計風險與損失，既不高估資產或者收益，也不低估負債或者費用。

謹慎性要求在會計實務中有很多體現，如固定資產的加速折舊法、計提資產減值準備、確認預計負債等。這些會計方法有利於企業化解風險，保護投資者與債權人的權益，增強企業的市場競爭力。當然，謹慎性應用並不意味著企業可以設置秘密準備，故意低估資產或者收入、高估負債或者費用，這樣做不符合會計信息的可靠性和相關性的要求，也不符合會計準則的要求，會對會計信息使用者的決策產生誤導。

(八) 及時性

及時性要求企業對於已經發生的交易或者事項，應當及時進行會計確認、計量和報告，不得提前或者延後。

會計信息的價值在於幫助所有者或者其他信息使用者做出經濟決策，具有時效性。即使是可靠的、相關的會計信息，如果不及時提供，也會失去時效性，對於使用者的效用將大大降低，甚至不再具有實際意義。在市場環境變化莫測的今天，信息使用者對於信息及時性的要求越來越高，甚至希望獲得實時的會計信息。根據及時性要求，會計人員應做到：及時收集會計數據；及時對所收集的會計數據進行會計處理；及時編製財務會計報告；及時將會計信息提供給信息使用者。

三、會計核算基礎

(一) 會計核算基礎的定義

會計核算基礎是指在確認和處理一定會計期間的收入和費用時，選擇的處理原則和標準，其目的是對收入和支出進行合理配比，進而作為確認當期損益的依據。運用

的會計核算基礎不同，對同一企業，同一期間的收入、費用和財務成果，會計核算出現的結果也不同。

(二) 設定會計核算基礎的原因

在企業的經濟活動過程中，會大量地、頻繁地發生各種各樣的交易或事項。在這些交易或事項中，有屬於本期的，有不屬於本期而為跨期的。企業在一定會計期間為進行生產經營活動而發生的費用和收入有以下幾種情況：

可能在本期付出了費用，收到了貨幣資金；可能付出了費用，未收到貨幣資金；也可能未付出費用，收到了貨幣資金，這就形成了本期實際得到的收入可能與本期支付的費用有關，也可能與本期支付的費用無關。同樣，本期支付的費用可能與本期收入有關，也可能與本期收入無關，如何把收入和費用在時間上加以配合呢？這就是處理會計業務的出發點，即會計核算基礎，只有確定了這種出發點才能正確計算本期盈虧。

(三) 會計核算基礎的內容

會計核算基礎有收付實現制和權責發生制兩種。

1. 收付實現制

收付實現制，又稱為實收實付制或現金收付基礎。它以款項的實際收付作為確定本期收入、費用的基礎。在收付實現制下，凡是在本期實際以現款付出的費用，不論其應否在本期收入中獲得補償，均應作為本期的費用；凡是在本期實際收到的現款收入，不論其是否屬於本期均應作為本期的收入處理。反之，凡是本期還沒有以現款收到的收入和沒有以現款支付的費用，即使歸屬於本期，也不能作為本期的收入和費用。

2. 權責發生制

權責發生制是與收付實現制相對應的一種會計基礎。權責發生制，又稱為應收應付制，或應計基礎。它是以款項的應收、應付作為確認本期收入、費用的基礎。根據權責發生制的要求，收入的歸屬期間應該是創造收入的會計期間，費用的歸屬期間應該是費用所服務的期間。在權責發生制下，凡是當期已經實現的收入和已經發生或應當負擔的費用，不論款項是否收付，都應當作為當期的收入和費用；凡是不屬於當期的收入和費用，即使款項已在當期收付，也不應當作為當期的收入和費用；權責發生制會計核算基礎要求合理劃分收益性支出與資本性支出。

現金收付基礎和應計基礎是對收入和費用而言的，都是會計核算中確定本期收入和費用的會計處理方法。但是現金收付基礎強調款項的收付，應計基礎強調應計的收入和為取得收入而發生的費用相配合。採用現金收付基礎處理經濟業務對反應財務成果欠缺真實性、準確性，主要是行政事業單位採用。採用應計基礎比較科學、合理，被大多數企業普遍採用。因此，中國《企業會計準則》規定，企業會計的確認、計量和報告應當以權責發生制為基礎。

3. 權責發生制和收付實現制的區別

根據上述內容，權責發生制和收付實現制的區別，可以通過表1-1予以比較。

表 1-1　　　　　　　　權責發生制和收付實現制的區別

區別	權責發生制	收付實現制
別稱	應收應付制	實收實付制
收入確認時間	創造收入的會計期間	實際收到現款的期間
費用確認時間	費用所服務的會計期間	實際付出現款的期間
科目	存在預提、待攤類科目	不存在預提、待攤類科目
適用範圍	企業、民間非營利組織等	政府會計等
側重點	側重資產負債表和利潤表，盈虧計算準確	側重現金流量表，盈虧計算不準確
複雜程度	複雜	簡單

為了便於對權責發生制和收付實現制進行理解，下面舉例說明權責發生制和收付實現制的區別，如表 1-2 所示。

表 1-2　　　　　　　　權責發生制和收付實現制的比較

交易或事項	權責發生制	收付實現制
企業某年 12 月份銷售一批商品，當年 12 月 31 日尚未收到貨款，次年 1 月收到款項	當年確認收入和應收帳款	當年不確認收入和應收帳款，次年 1 月確認
企業某年 1 月 1 日從銀行借入 2 年期貸款，到期一次還本付息	當年末和次年末均確認貸款利息費用，即預提利息費用	次年末實際支付本息時，確認 2 年的利息費用
企業某年 12 月份支付次年全年的費用	當年確認待攤費用，但不計入當年費用	計入當年費用

本章小結

隨著社會生產的發展和經濟的進步，會計也從產生、發展直至逐步完善。會計是以貨幣為主要計量單位，採用一系列的專門方法對企業、行政事業單位的經濟活動進行連續、系統、全面和綜合的核算和監督，並向信息使用者提供決策有用信息的一項經濟管理活動。會計的目標是向會計信息使用者提供與企業財務狀況、經營成果和現金流量等有關的會計信息，反應企業管理層受託責任履行情況，有助於財務會計報告使用者做出經濟決策。

會計具有核算和監督兩大基本職能。為了發揮會計的職能作用，實現會計的目標，會計必須具備一定的前提條件。會計核算的基本前提又稱為會計假設，具體包括會計主體、持續經營、會計期間、貨幣計量。其中，會計主體確立了會計核算的空間範圍，持續經營與會計分期確立了會計核算的時間長度，會計分期是對持續經營的補充，而貨幣計量則為會計核算提供了必要手段。

為了保證會計信息的質量，會計核算應當遵循一定的要求，這些要求包括可靠性、

相關性、可理解性、可比性、實質重於形式、重要性、謹慎性和及時性。

　　會計在確認和核算一定期間的收入和費用時，為了對收入和支出進行合理配比，正確確認當期損益，應選擇一定的處理原則和標準，這些處理原則和標準就是指會計基礎。會計基礎有權責發生制和收付實現制。權責發生制是以權利和責任是否轉移或發生來確認收入和費用的歸屬期間；收付實現制是以實際收到或支付款項為依據來確認收入和費用的歸屬期間。中國《企業會計準則》規定，企業會計的確認、計量和報告應當以權責發生制為基礎。

　　會計方法是實現會計任務，完成會計職能的手段。會計方法通常包括會計核算方法、會計分析方法、會計檢查方法、會計預測方法、會計決策方法及會計控制方法等。其中，會計核算方法是最基本、最主要的方法。會計核算方法包括設置會計科目和帳戶、復式記帳、填制和審核會計憑證、登記帳簿、成本核算、財產清查、編制會計報表七種專門方法。各種方法相互聯繫、密切配合，構成一個完整的會計核算方法體系。

思考題

　　1. 什麼是會計？會計有哪些特點？
　　2. 在會計發展的歷史上曾經經歷了三個里程碑，這三個里程碑的產生時間和標誌是什麼？
　　3. 會計核算方法主要有哪幾種？它們之間的關係如何？
　　4. 什麼叫會計的職能？會計的基本職能有哪些？它們之間的關係是什麼？
　　5. 會計基本假設有哪些？它們之間的關係是什麼？
　　6. 簡述會計信息質量要求。
　　7. 簡述會計核算基礎。

第二章　會計要素與會計等式

學習目標

1. 掌握會計對象的概念；
2. 瞭解企業資金運動的過程；
3. 掌握會計要素的概念及分類；
4. 掌握各類會計要素的概念、特點和構成內容；
5. 瞭解會計要素確認；
6. 瞭解會計要素計量屬性；
7. 掌握會計等式。

案例：

　　朋友是做雜貨生意的，他向你提供了如下有關他企業的信息資料，旨在瞭解企業在年末的經營狀況和當年的經營業績。

單位：元

有關訊息	金額
支付給雇工的工資	3,744
年末貨車價值	4,800
銷售成本	70,440
年末商店和土地的價值	62,100
錢櫃裡和存入銀行的現金	110,820
電、水、電話等各項雜費	26,100
年末欠供應商款項	2,400

　　從朋友處你還獲知當年該地區的地產已經升值。但是，由於房屋經過一般修繕後又被損壞了，所以總的來說它的價值仍維持在一年前的相同水平上。另外，貨車一年前價值6,000元，但是，現在經過一年的折舊，價值比以前減少了。

案例要求：

1. 評價該雜貨商一年來的經營業績。
2. 告訴雜貨商年末的財務狀況。
3. 如果不計算折舊在內，該雜貨商一年的淨收益應該是多少？

案例提示：

該雜貨商一年來的經營業績是比較好的。

其淨收益：

110,820-3,744-(6,000-4,800)-70,440-26,100=9,336（元）

該雜貨商年末的財務狀況如下：

資產：4,800+62,100=66,900（元）

負債：2,400（元）

業主權益：66,900-2,400=64,500（元）

如果不計算折舊，該雜貨商年末的淨收益：

9,336+1,200=10,536（元）

會計要素是會計核算的基礎，會計要素在數量上存在特定的平衡關係，這種平衡關係用等式來表示就是會計等式，會計等式是設置帳戶、復式記帳和編制會計報表的理論依據。本章主要介紹會計要素的定義、內容、特點、確認條件和會計等式及其經濟業務的發生對會計等式的影響和經濟業務的類型。

第一節　會計對象

一、會計的一般對象

（一）會計一般對象的含義

會計對象是會計管理的客體，是會計核算和監督的內容，是經濟社會中能以貨幣表現的具有數量特徵的經濟活動。前面已述，會計是以貨幣為主要計量單位，對一定會計主體的經濟活動進行核算與監督。因此，凡是特定會計主體的能夠以貨幣表現的經濟活動都是會計的對象。

所以，會計的一般對象就是社會再生產過程中能夠用貨幣表現的經濟活動即資金運動，這是會計對象的共性；會計對象的個性表現為各會計主體的經濟活動相異而形成的具體資金運動的差異。如工業企業的會計對象是工業企業在供、產、銷過程中的資金運動；而商品流通企業的會計對象是商品流通企業在購、存、銷過程中的資金運動；行政事業單位的會計對象則是這些單位的預算資金和其他資金的運動。

（二）企業的資金運動

企業的資金運動包括資金的投入、資金循環與週轉和資金退出等過程。

1. 資金的投入

企業資金的投入包括所有者投入資金和債權人投入資金兩部分。前者屬於企業的所有者權益，形成權益資本，後者屬於企業的債權人權益，形成負債資本。所有者和債權人投入企業的資金可以是實物財產，比如設備、房屋和原材料等，也可以是貨幣

資金，比如現金、銀行存款等；可以是有形的財產物資，比如房屋建築物、機器設備，也可以是無形的財產，比如專利權、專有技術等。

2. 資金的循環與週轉

無論是所有者投入的資金，還是債權人投入的資金，一旦進入企業，就構成了企業的法人資金，這些法人資金總是處於不斷的運動中。在企業再生產過程中，企業的資金從貨幣資金形態開始，順次通過購買、生產、銷售等環節，分別表現為固定資產、原材料、在產品、產成品等實物形態，然後又回到貨幣資金形態。這種從貨幣資金形態開始，經過若干階段也回到貨幣資金形態的運動過程，就是企業的資金循環，周而復始的循環就是資金的週轉。他們不僅是會計核算的對象，而且也是形成企業利潤的源泉。

企業資金運動是企業生產經營過程中的財產物資的不斷運動，其價值形態不斷發生著變化。

（1）購買過程中的資金運動。企業用貨幣資金購買勞動對象，發生材料買價、運輸費用、裝卸費等材料採購費用，貨幣資金轉化為存貨儲存資金；同時，企業也要購買機器設備等勞動手段，由貨幣資金轉化為固定資產；企業還可以購買股票、債券等有價證券，將貨幣資金轉化為投資資產。

（2）生產過程中的資金運動。企業在生產過程中，投入原材料、勞動力和機器設備，生產出產品，在這個過程中，發生了材料耗費、固定資產折舊費、工人的工資以及各種生產和管理費用，使得企業的資金從儲備資金形態轉化為生產資金和產成品資金。

（3）銷售過程中的資金運動。企業在銷售環節中將其產品銷售出去，發生有關銷售費用並收回貨款、繳納稅金等，完成了實物資金向貨幣資金的轉化。企業取得的銷售收入扣除各項成本費用後就形成利潤，並進行利潤的分配。

銷售過程的完結標誌著本次資金運動的結束，下次資金運動的開始。

3. 資金的退出

企業資金的退出是指一部分資金離開本企業，退出了企業的資金循環與週轉。它包括償還各種債務、上交各項稅金、向投資者分配利潤等內容。

二、會計的具體對象——會計要素

會計要素是對會計對象進行的基本分類，是構成會計客體的必要因素，是會計對象的具體化。會計必須對資金運動過程中所確認的會計事項按不同的經濟特徵進行歸類，並為每一個類別取一個相應的名稱，這就是會計要素，它是會計核算的具體內容，也是會計報表的基本項目。中國的《企業會計準則——基本準則》列示了六類會計要素，即資產、負債、所有者權益、收入、成本費用和利潤。按照他們各自反應的內容可分為兩類，一類是從靜態方面反應企業財務狀況的會計要素——資產、負債和所有者權益，它們構成資產負債表的基本框架，所以又稱為資產負債表要素；第二類是從動態方面反應企業經營成果的會計要素——收入、成本費用和利潤，它們是構成利潤表的基本框架，因此又稱為利潤表要素。

第二節　會計要素的含義及內容

一、資產

(一) 資產含義及特徵

資產是企業過去的交易或者事項形成的、由企業擁有或控制的、預期會給企業帶來經濟利益的資源。資產具有以下幾個特徵：

（1）資產的本質特徵是能夠預期給企業帶來經濟利益的資源。預期會給企業帶來經濟利益，是指直接或者間接導致現金和現金等價物流入企業的潛力，這種潛力在某些情況下可以單獨產生淨現金流入，而某些情況則需要與其他資產結合起來才能在將來直接或間接地產生淨現金流入。按照這一基本特徵判斷，不具備可能給企業帶來未來經濟利益流入的資源，便不能確認為資產。

（2）作為企業資產的資源必須為企業現在所擁有或控制。這是指企業享有某項資源的所有權，或者雖然不享有某項資源的所有權，但該資源能被企業所控制。擁有即所有權歸企業；而控制則是由企業支配使用，但不等於企業取得所有權。資產儘管有不同的來源渠道，但是，一旦進入企業並成為企業擁有或控制的財產，便置於企業的控制之下而失去了原來歸屬於不同所有者的屬性，成為企業可以自主經營和運用、處置的法人財產。

（3）作為企業資產必須是由過去交易或事項形成的資源，企業過去的交易或者事項包括購買、生產、由企業建造行為或其他交易或者事項。預期在未來發生的交易或者事項不形成資產。

（4）作為資產的資源必須能夠用貨幣計量其價值，從而表現為一定的貨幣額。

（5）資產包括各項財產、債權和其他權利，並不限於有形資產。也就是說，一項企業的資產，可以是貨幣形態的，也可以是非貨幣形態的；可以是有形的，也可以是無形的。只要是企業現在擁有或控制，並通過有效使用，能夠為企業帶來未來經濟利益的一切資源，均屬於企業的資產。

(二) 資產的分類

企業的資產按流動性可分為流動資產和非流動資產兩大類。

1. 流動資產

流動資產是指滿足下列條件之一的資產：

（1）預計在一個正常營業週期中變現、出售或耗用。

（2）主要為交易目的而持有。

（3）預計在資產負債表日起一年內（含一年，下同）變現。

（4）在資產負債表日起一年內，交換其他資產或清償負債的能力不受限制的現金或現金等價物。

以上條件中的正常營業週期通常是指企業從購買用於加工的資產起至實現現金或現金等價物的期間。正常營業週期通常短於一年，在一年內有幾個營業週期。但是，也存在正常營業週期長於一年的情況，比如房地產開發企業開發用於出售的房地產開發產品，造船企業製造用於出售的大型船只等，往往超過一年的才能變現、出售或耗用，仍應劃分為流動資產。

　　流動資產按其性質劃分為庫存現金、銀行存款、交易性金融資產、應收及預付款項、存貨等。

　　庫存現金，是指存放於企業財會部門、由出納人員經管的貨幣性資產，是企業流動性最強的資產。

　　銀行存款，是指企業存放在銀行或其他金融機構中的貨幣性資產，與庫存現金一樣是企業流動性最強的資產。

　　交易性金融資產主要是指企業為了近期出售而持有的金融資產。如企業以賺取差價為目的從二級市場購入的股票、債券、基金等。它屬於現金等價物。

　　應收及預付款項，是指企業日常生產經營過程中發生的各種債權性資產，也屬於貨幣性資產的範疇，包括各項應收款項和預付款項。

　　存貨，是指企業在日常活動中持有以備出售的產成品或商品、處在生產過程中的在產品、在生產過程或提供勞務過程中耗用的材料和物料等。

2. 非流動資產

　　非流動資產是指流動資產以外的所有資產。非流動資產按其性質劃分為持有至到期投資、可供出售金融資產、長期應收款、長期股權投資、投資性房地產、固定資產、無形資產、長期待攤費用等。

　　持有至到期投資，是指到期日固定、回收金額固定或可確定，且企業有明確意圖和能力持有至到期的非衍生金融資產。比如企業從二級市場上購入的固定利率國債、浮動利率公司債券等，符合持有至到期投資條件的，可以劃分為持有至到期投資。

　　可供出售金融資產，通常是指企業沒有劃分為以公允價值計量且其變動計入當期損益的金融資產、持有至到期投資、貸款和應收款項的金融資產。如企業購入的在活躍市場上有報價的股票、債券和基金等，沒有劃分為以公允價值計量且其變動計入當期損益的金融資產或持有至到期投資等金融資產的，可歸為此類。

　　長期應收款，是指企業超過一年應當收回而尚未收回的款項，包括融資租賃產生的應收款項、採用遞延方式具有融資性質的銷售商品和提供勞務等產生的應收款項。

　　長期股權投資，是指企業持有的對子公司、合營企業及聯營企業的權益性投資以及企業持有的對被投資單位不具有控制、共同控制或重大影響，且在活躍市場中沒有報價、公允價值不能可靠計量的權益性投資。

　　投資性房地產，是指企業為賺取租金或資本增值，或兩者兼有而持有的房地產。

　　固定資產，是指為生產商品、提供勞務、出租或經營管理而持有的、使用壽命超過一個會計期間的有形資產。

　　無形資產，是指企業擁有或者控制的沒有實物形態的可辨認非貨幣性資產。無形資產包括專利權、非專利技術、商標權、著作權、土地使用權等。

長期待攤費用，是指企業已經發生但應由本期或以後各期負擔的分攤期限在一年以上的各項費用，如以經營租賃方式租入固定資產發生的改良支出等。

二、負債

(一) 負債的含義及特徵

負債，是指企業過去的交易或者事項形成的、預期會導致經濟利益流出企業的現時義務。負債具有三個基本特徵：

（1）負債是企業承擔的現時義務。現時義務是指企業在現行條件下已承擔的義務，未來發生的交易或者事項形成的義務，不屬於現時義務，不應當確認為負債。

（2）負債由過去的交易或者事項形成。只有過去的交易或者事項才能形成負債，企業在將在未來發生的承諾、簽訂的合同等交易或者事項不形成負債。

（3）負債預期會導致經濟利益流出企業，這是負債的本質特徵。企業在履行現時義務清償負債時，導致經濟利益流出企業的形式多種多樣，比如用現金償還或以實物償還；以提供勞務形式償還；以部分轉移資產、部分提供勞務形式償還，等等。

(二) 負債的分類

負債按其流動性，分流動負債和非流動負債兩大類。

1. 流動負債

流動負債是指滿足下列條件之一的負債：

（1）預計在一個正常營業週期中清償。

（2）主要為交易目的而持有。

（3）在資產負債表日起一年內到期應予以清償。

（4）企業無權自主地將清償推遲至資產負債表日後一年以上。

以上條件中的正常營業週期同流動資產中的解釋內容一樣。

流動負債按其性質分為短期借款、應付票據、應付帳款、預收帳款、應付職工薪酬、應付股利、應交稅費、應付利息、應付股利、其他應付款以及一年內到期的非流動負債等。

2. 非流動負債

流動負債以外的負債應當歸類為非流動負債，按其性質分為長期借款、應付債券、長期應付款、專項應付款、預計負債等。

三、所有者權益

所有者權益是指企業資產扣除負債後由所有者享有的剩餘權益。所有者權益又稱為股東權益。

所有者權益的來源包括所有者投入的資本、直接計入所有者權益的利得和損失、留存收益等。

(一) 所有者投入的資本

所有者投入的資本是指企業的股東按照企業章程或者合同、協議，實際投入企業

的資本。其中，以小於或等於註冊資本部分作為企業的實收資本（股份公司為股本），超過註冊資本部分的投入額計入資本公積。

(二) 直接計入所有者權益的利得和損失

直接計入所有者權益的利得和損失，是指不應計入當期損益、會導致所有者權益發生增減變動的、與所有者投入資本或者向所有者分配利潤無關的利得或者損失。

利得，是指由企業非日常活動所形成的、會導致所有者權益增加的、與所有者投入資本無關的經濟利益的流入。

損失，是指由企業非日常活動所發生的、會導致所有者權益減少的、與向所有者分配利潤無關的經濟利益的流出。

(三) 留存收益

留存收益，是指由企業利潤轉化而形成、歸所有者共有的所有者權益，主要包括盈餘公積和未分配利潤。

盈餘公積，是企業按規定的一定比例從淨利潤中提取的各種累積資金。一般又分為法定盈餘公積金、任意盈餘公積金。

未分配利潤，是指企業進行各種分配以後，留在企業的未指定用途的那部分淨利潤。

上述三個反應企業財務狀況的會計要素的數量關係構成了會計恆等式：

資產＝負債+所有者權益

四、收入

(一) 收入的定義及特徵

收入是指企業在日常活動中形成的、會導致所有者權益增加的、與所有者投入資本無關的經濟利益的總流入。根據收入的定義，收入具有以下三個特徵：

（1）收入是企業在日常活動中形成的。日常活動是指企業為完成其經營目標而從事的經常性活動以及與之相關的活動。如工業企業製造並銷售產品、商品流通企業銷售商品、保險公司簽發保單、安裝公司提供安裝業務、軟件公司為客戶開發軟件、租賃公司出租資產、諮詢公司提供諮詢服務等都屬於企業的日常活動。確定日常活動是為了將收入與利得區分開來。企業非日常活動形成的經濟利益流入不能確認為收入，而應當確認為利得。

（2）收入會導致所有者權益增加。與收入相關的經濟利益應當導致企業所有者權益的增加，但又不是所有者的投入。不會導致企業所有者權益增加的經濟利益流入不符合收入的定義，不能確認為收入。例如，企業向銀行借入款項，儘管也導致了經濟利益流入企業，但該流入並不導致所有者權益的增加，不應當確認為收入，應當確認為一項負債。

（3）收入是與所有者投入資本無關的經濟利益的總流入。收入應當導致經濟利益流入企業，從而導致企業資產的增加。但是，並非所有的經濟利益流入都是收入所致，

比如投資者投入資本也會導致經濟利益流入企業，但它只會增加所有者權益，而不能確認為收入。

(二) 收入的分類

1. 企業的收入按內容分為銷售商品收入、提供勞務收入、讓渡資產使用權收入和建造合同收入。

(1) 銷售商品收入，是指企業銷售產品或商品導致的經濟利益流入企業所形成的收入，如工業企業製造並銷售產品的收入、商品流通企業銷售商品的收入。工業企業出售多餘原材料、包裝物等日常活動帶來的經濟利益流入也屬於該類收入。

(2) 提供勞務收入，是指企業提供各類勞務導致的經濟利益流入企業所形成的收入，如安裝公司提供安裝服務、諮詢公司提供諮詢服務、廣告公司提供廣告服務、旅遊公司提供旅遊服務、運輸公司提供運輸服務等日常活動導致的經濟利益流入企業而形成的收入。

(3) 讓渡資產使用權收入，是指企業通過讓渡資產使用權導致的經濟利益流入企業所形成的收入，包括利息收入、轉讓無形資產使用權形成的使用費收入、出租固定資產的租金收入；進行債權投資收取的利息、進行股權投資取得的現金股利等都屬於讓渡資產使用權收入。

(4) 建造合同收入，是指為建造一項或數項在設計、技術、功能、最終用途等方面密切相關的資產而訂立的合同形成的收入。它包括兩個部分：一是合同規定的初始收入；二是因合同變更、索賠、獎勵等形成的收入。

2. 企業的收入按經營業務的主次不同分為主營業務收入和其他業務收入。

(1) 主營業務收入，是指企業為完成其經營目標所從事的主營業務活動實現的收入。一般應當占企業收入的絕大部分，對企業的經濟效益產生較大的影響。由於各類企業的主營業務不同，因此各自的主營業務收入的內容也不盡相同。比如工業企業生產電梯並安裝電梯，那麼銷售電梯的收入為主營業務收入，安裝電梯業務不屬於他們的主業，所以帶來的收入為其他業務收入；而安裝公司安裝電梯則是公司的主營業務，其安裝收入為這類公司的主營業務收入。

(2) 其他業務收入，是指企業確認的除主營業務活動以外的其他經營活動實現的收入。其他業務收入占的比重較小。不同類型的企業的其他業務收入組成內容也不盡相同。比如工業企業對外銷售原材料、包裝物；出租包裝物、商品或者固定資產、對外轉讓無形資產等都屬於其他業務收入。

五、費用

(一) 費用的定義及特徵

費用是指企業在日常活動中發生的、會導致所有者權益減少的、與向所有者分配利潤無關的經濟利益的總流出。根據費用的定義，費用具有以下三個特徵：

(1) 費用是在日常活動中形成的。費用必須是企業在其日常活動中所形成的，這些日常活動與收入定義中涉及的日常活動的界定是一致的。將費用定義為日常活動形

成的，其目的是為了將其與損失相區別，企業非日常活動所形成的經濟利益流出企業不能確認為費用，而應當計入損失。

（2）費用會導致所有者權益減少。與費用相關的經濟利益流出企業應當會導致所有者權益的減少，不會導致所有者權益減少的經濟利益流出企業不符合費用定義，不應當確認費用。例如，企業用銀行存款200萬元購買原材料，該購買行為雖然使得企業的經濟利益流出去了200萬元，但是並不會導致企業的所有者權益減少，它使得企業的另外一項資產（存貨）增加，所以在這種情況下，經濟利益流出企業就不能確認為費用。

（3）費用是與向所有者分配利潤無關的經濟利益的總流出。費用的發生應當會導致經濟利益流出企業，從而導致資產的減少或者負債的增加（最終也會導致資產的減少）。其表現形式包括現金或者現金等價物的流出，存貨、固定資產和無形資產等的流出或者消耗等，鑒於企業向所有者分配利潤也會導致經濟利益流出企業，但是，該經濟利益流出企業顯然屬於所有者權益的抵減項目，不應當確認為費用，應當排除在費用的名義之外。

(二) 費用的內容

企業的費用主要包括生產成本、主營業務成本、其他業務成本、稅金及附加、銷售費用、管理費用和財務費用，後三種費用合稱為期間費用。

（1）生產成本，是指企業為生產商品和提供勞務等而發生的各項生產耗費，包括直接費用和間接費用。直接費用是企業為生產商品和提供勞務等發生的各項直接支出，包括直接材料、直接人工及其他直接支出；間接費用是企業為生產商品和提供勞務而發生的各項間接費用，又叫製造費用，通過分配計入生產成本。

（2）主營業務成本，是指企業確認銷售商品、提供勞務等主營業務收入時應當結轉的成本。

（3）其他業務成本，是指企業確認的除主營業務收入以外的其他經營活動所發生的支出，包括銷售材料的成本、出租固定資產的折舊額、出租無形資產的攤銷額、出租包裝物的成本或者攤銷額等。

（4）稅金及附加，是指企業的經營活動應當負擔的相關稅費，包括應當繳納的營業稅（自2016年5月1日起，中國開始全面實施「營改增」稅收政策）、消費稅、資源稅、城市維護建設稅和教育費附加等。

（5）管理費用，是指企業為組織和管理企業生產經營所發生的費用，包括企業在籌建期間內發生的開辦費、董事會和行政管理部門在企業的經營管理中發生的或者應由企業統一負擔的公司經費（包括行政管理部門職工工資及福利費、物料消耗、低值易耗品攤銷、辦公費和差旅費等）、工會經費、董事會費（包括董事會成員津貼、會議費和差旅費等）、聘請仲介機構費、諮詢費（含顧問費）、訴訟費、業務招待費、房產稅、車船使用稅、土地使用稅、印花稅、技術轉讓費、礦產資源補償費、研究費用、排污費等。

（6）銷售費用，是指企業銷售商品和材料、提供勞務的過程中發生的各種費用，

包括保險費、包裝費、展覽費和廣告費、商品維修費、預計產品質量保證損失、運輸費、裝卸費等以及為銷售本企業商品而專設的銷售機構（含銷售網點、售後服務網點等）的職工薪酬、業務費、折舊費等經營費用。企業發生的與專設銷售機構相關的固定資產修理費用等後續支出也屬於銷售費用。

（7）財務費用是指企業為籌集生產經營所需資金等而發生的籌資費用，包括利息支出（減利息收入）、匯兌損益以及相關的手續費、企業發生的現金折扣或收到的現金折扣等。

六、利潤

（一）利潤的定義

利潤是指企業在一定會計期間的經營成果。利潤的大小代表了企業的經濟效益高低。通常情況下，企業實現了利潤，表明企業的所有者權益將增加，業績得到了提升；反之，企業發生了虧損（利潤為負），表明企業的所有者權益將減少，業績滑坡。

（二）利潤的來源構成

利潤包括收入減去費用後的淨額、直接計入當期利潤的利得和損失等。

（1）收入減去費用後的淨額，就是企業的營業利潤，反應的是企業日常經營活動的經營業績。

（2）直接計入當期利潤的利得和損失，反應的是企業非經營活動的業績。它是指應當計入當期損益、最終會導致所有者權益發生增減變動的、與所有者投入資本或者向所有者分配利潤無關的利得或者損失。

（三）利潤的內容

企業利潤包括營業利潤、利潤總額和淨利潤。

（1）營業利潤，是指企業日常活動創造的經營成果，它等於營業收入減去營業成本、營業稅金、營業稅金及附加、銷售費用、管理費用、財務費用、資產減值損失，再加上公允價值變動收益、投資淨收益後的金額。

（2）利潤總額，是指企業包括日常活動和非日常活動在內的全部業務活動所創造的經營成果，它是在營業利潤的基礎上加上營業外收入、減去營業外支出後的金額。

（3）淨利潤，是指利潤總額扣除所得稅費用後的餘額。

反應企業經營成果的上述三個會計要素的數量關係構成了會計的另外一個等式：
收入−費用＝利潤

七、利得和損失

利得是指由企業非日常活動所形成的、會導致所有者權益增加的、與所有者投入資本無關的經濟利益的流入。

損失是指由企業非日常活動所發生的、會導致所有者權益減少的、與向所有者分配利潤無關的經濟利益的流出。

利得和損失在會計處理中有兩種計入方式。

（1）直接計入所有者權益的利得和損失，是指不應計入當期損益、會導致所有者權益發生增減變動的、與所有者投入資本或者向所有者分配利潤無關的利得或者損失。如可供出售金融資產發生公允價值變動，計入「其他綜合收益」帳戶，從而導致所有者權益的增加和減少。直接計入所有者權益的利得和損失一般都是通過「其他綜合收益」帳戶進行核算的。

（2）直接計入當期利潤的利得和損失，是指應當計入當期損益、會導致所有者權益發生增減變動的、與所有者投入資本或者向所有者分配利潤無關的利得或者損失。如企業接受的財產捐贈、債務重組收益等計入營業外收入，導致利潤的上升，最終導致所有者權益增加；而稅收罰款、滯納金等支出計入營業外支出，導致利潤降低，從而減少企業的所有者權益。直接計入當期利潤的利得和損失，是通過「營業外收入」和「營業外支出」帳戶核算的。

第三節　會計要素的確認與計量屬性

企業會計是由確認、計量、記錄和報告構成的一個有機整體。所以確認與計量是財務會計的兩個重要內容，企業在對會計要素進行確認和計量時必須遵循一定的規則與要求。

一、會計要素的確認

（一）確認的含義

確認是指確定將交易或事項中的某一項目作為一項會計要素加以記錄和列入財務報表的過程，是財務會計的一項重要程序。確認主要解決某一個項目應否確認、如何確認和何時確認三個問題，它包括在會計記錄中的初始確認和在會計報表中的最終確認。中國的《企業會計準則——基本準則》採用了國際會計準則的確認標準。

（二）初始確認條件

初始確認條件包括以下幾個方面：

（1）符合會計要素的定義。有關項目要確認為一項會計要素，首先必須符合該會計要素的定義。

（2）與該項目有關的任何未來經濟利益很可能會流入或流出企業，這裡的「很可能」表示經濟利益流入或流出的可能性在50%以上。

（3）該項目具有的成本和價值以及流入或流出的經濟利益能夠可靠計量。如果不能可靠計量，確認就沒有任何意義了。

滿足了以上三個條件的項目就能夠確認為某一會計要素。

（三）最終確認條件

經過確認和計量後，會計要素必須在財務報表中列示。而在報表中列示的條件是，

符合會計要素定義和會計要素確認條件的項目，才能列示在報表中，僅僅符合會計要素定義，而不符合要素確認條件的項目，是不能在報表中列示的。資產、負債、所有者權益要素列入資產負債表；收入、費用、利潤要素列入利潤表。

(四) 各會計要素的確認條件及報表列示

1. 資產要素的確認條件及列示。符合前述資產定義的資源，在同時滿足以下條件時確認為資產：

(1) 與該資源有關的經濟利益很可能流入企業；

(2) 該資源的成本或者價值能夠可靠計量。

符合資產定義和資產確認條件的項目，應當列入資產負債表；符合資產定義、但不符合資產確認件的項目，不應當列入資產負債表。

2. 負債要素的確認條件及列示。符合前述負債定義的義務、在同時滿足以下條件時，確認為負債：

(1) 與該義務有關的經濟利益很可能流出企業；

(2) 未來流出的經濟利益的金額能夠可靠計量。

符合負債定義和負債確認條件的項目，應當列入資產負債表；符合負債定義、但不符合負債確認條件的項目，不應當列入資產負債表。

3. 所有者權益要素的確認條件及列示。所有者權益體現的是所有者在企業中的剩餘權益，因此，所有者權益的確認主要依賴與其他會計要素，尤其是資產和負債的確認；所有者權益金額的確定也取決於資產和負債的計量。如企業接受投資者投入的資產，在該資產符合資產定義且滿足確認條件確認為資產後，就相應地符合了所有者權益的確認條件；當該資產的價值能夠可靠地計量，所有者權益的金額也就可以確定了。

所有者權益項目應當列入資產負債表。

4. 收入的確認條件及列示。企業收入的來源渠道很多，不同收入來源的特徵有所不同，其收入確認條件也就存在差異。一般而言，收入只有在經濟利益很可能流入從而導致企業資產增加或者負債減少、經濟利益的流入額能夠可靠計量時才能予以確認。即收入的確認至少要符合以下條件：

(1) 符合收入的定義；

(2) 與收入相關的經濟利益應當很可能流入企業；

(3) 經濟利益流入企業的結果會導致資產的增加或者負債的減少；

(4) 經濟利益的流入額能夠可靠計量。

符合收入定義和收入確認條件的項目，應當列入利潤表。

5. 費用的確認及列示。費用的確認除了應當符合費用的定義外，只有在經濟利益很可能流出從而導致企業資產減少或者負債增加，且經濟利益的流出額能夠可靠計量時才能予以確認。因此費用的確認條件是：

(1) 符合費用的定義；

(2) 與費用相關的經濟利益很可能流出企業；

(3) 經濟利益流出企業的結果是導致資產的減少或者負債的增加；

（4）經濟利益的流出額能夠可靠計量。

企業為生產產品、提供勞務等發生的可歸屬於產品成本、勞務成本等的費用，應當在確認產品銷售收入、勞務收入等時，將已銷售產品、已提供勞務的成本等予以確認並計入當期損益。

企業發生的支出不產生經濟利益的，或者即使能夠產生經濟利益但不符合或者不再符合資產確認條件的，應當在發生時確認為費用，計入當期損益。

企業發生的交易或者事項導致其承擔了一項負債而又不確認為一項資產的，應當在發生時確認為費用，計入當期損益。

符合費用定義和費用確認條件的項目，應當列入利潤表。

6. 利潤的確認與列示。利潤是收入減去費用、利得減去損失後的淨額，因此利潤的確認主要依賴於收入、費用、利得、損失的確認；利潤金額取決於收入和費用、直接計入當期利潤的利得和損失金額的計量。

利潤項目應當列入利潤表。

二、會計要素計量屬性

（一）會計計量及計量屬性的含義

1. 會計計量

會計計量是指為了在會計帳戶記錄和財務報表中確認、計列有關會計要素，而以貨幣或其他度量單位確定其貨幣金額或其他數量的過程，它主要解決記錄多少的問題，主要由計量單位和計量屬性兩個要素構成，這兩個要素的不同組合形成了不同的計量模式。企業必須按照會計準則規定的會計計量屬性對會計要素進行計量，確定相關金額。

2. 計量屬性

計量屬性是指所予計量的某一要素的特性方面，如原材料的重量、廠房的面積、道路的長度等。從會計角度講，計量屬性反應的是會計要素的確定基礎。在基本會計準則中規定了五種計量屬性，即歷史成本、重置成本、可變現淨值、現值和公允價值。

（二）會計計量屬性的種類

1. 歷史成本

歷史成本又稱為實際成本，就是企業取得或製造某項財產時所實際支付的現金或現金等價物。在歷史成本計量下，資產按照購置時支付的現金或者現金等價物的金額，或者按照購置資產時所付出的對價的公允價值計量。負債按照因承擔現時義務而實際收到的款項或者資產的金額，或者承擔現時義務的合同金額，或者按照日常活動中為償還負債預期需要支付的現金或者現金等價物的金額計量。

2. 重置成本

重置成本又稱為現行成本，是指在當期市場條件下，重新取得同樣一項資產所需支付的現金或現金等價物金額。在重置成本計量下，資產按照現在購買相同或者相似資產所需支付的現金或者現金等價物的金額計量，負債按照現在償付該項債務所需支

付的現金或者現金等價物的金額計量。在現實中，重置成本多用於固定資產盤盈的計量等。

3. 可變現淨值

可變現淨值是指在正常生產經營過程中，以預計售價減去進一步加工成本和預計銷售費用以及相關稅費後的淨值。在可變現淨值計量下，資產按照其正常對外銷售所能收到現金或者現金等價物的金額扣減該資產至完工時估計將要發生的成本、估計的銷售費用以及相關稅費後的金額計量。可表現淨值通常應用於存貨資產減值情況下的後續計量。

4. 現值

現值是指對未來的現金流量以恰當的折現率進行折現後的價值，它是考慮了貨幣時間價值的一種計量屬性。在現值計量下，資產按照預計從其持續使用和最終處置中所產生的未來現金流入量的折現金額計量，負債按照預計期限內需要償還的未來淨現金流出量的折現金額計量。現值通常應用於非流動資產可回收金額和以攤餘成本計量的金融資產價值的確定等。

5. 公允價值

公允價值是指在公平交易中，熟悉情況的交易雙方自願進行資產交換或者債務清償的金額。在公允價值計量下，資產和負債按照在公平交易中，熟悉情況的交易雙方自願進行資產交換或者債務清償的金額計量。

(三) 計量屬性的應用原則

《企業會計準則——基本準則》第四十三條明確規定：企業在對會計要素進行計量時，一般應當採用歷史成本，採用重置成本、可變現淨值、現值、公允價值計量的，應當保證所確定的會計要素金額能夠取得並可靠計量。這就是會計準則對企業應用計量屬性的原則性規範。

第四節　會計等式

一、會計恆等式的意義

會計等式也稱為會計恆等式或會計方程式，它是一切會計核算的出發點和基礎。它實際上是六大會計要素的數量關係表達式。如前所述，資產、負債、所有者權益、收入、費用、利潤六大會計要素是會計的具體對象，然而，這六個會計要素並不是孤立地反應企業的經濟活動，它們是緊密聯繫在一起共同對企業的財務狀況和經營成果加以反應的。但是，六大要素是如何聯繫在一起的？它們彼此之間存在什麼樣的數量關係呢？

從企業生產經營活動過程的價值運動去考察，這些關係表現在三個方面：

一是在相對靜止狀態下，資產、負債、所有者權益之間的數量關係，構成靜態的會計基本等式。

二是在顯著變動狀態下，收入、費用、利潤之間的數量關係，構成動態會計等式。

三是在靜態和動態結合的價值運動中，六個會計要素之間的綜合數量關係，構成會計等式的擴展式。

二、資產、負債、所有者權益之間的數量關係——構成會計基本等式

(一) 會計基本等式的含義

任何企業要進行生產經營活動，必須首先擁有或者控制一定數量的、預期能夠給企業帶來經濟利益的資源即資產。儘管各企業的資產在數量和結構上各不相同，但是企業資產的來源只有兩個：一是所有者投入的；二是債權人提供的。只有當企業把所有者投入的資本和債權人提供的資金運用到生產經營活動中，才形成了企業所持有的各種形態的法人資產。但是，無論是所有者投入資本還是債權人提供的資金都不是無償的，前者要求企業按投資比例從所獲淨利潤中支付其投資所得；後者要求企業在一定的時點上，支付利息並歸還本金。這種對企業資產的要求權，在會計上稱為「權益」。「權益」既反應了資產的兩大來源；又表明企業的各種資產以及運用資產產生的收益的歸屬即歸屬於資產的提供者。資產不能脫離權益存在，沒有無資產的權益，也沒有無權益的資產，從數量上看，有一定數額的資產，就必定有一定數額的權益；反之，有一定數額的權益，也必定有一定數額的資產，從任何一個時點看，企業所擁有的資產總額與權益總額必然是相等的，保持著數量上的平衡關係。資產與權益的這種關係，可以用下面的公式表示：

$$資產 = 權益$$

在企業擁有和控制的資產總額中，一部分歸屬於企業的債權人，另外一部分歸屬於企業所有者。債權人對企業資產的要求權，從權益持有者來講，是債權人權益，而從企業角度講，則是企業的債務，因此會計上將債權人權益稱為負債。所有者對企業資產的要求權，從權益持有者角度，是所有者對企業的投資；而從企業的角度，則表現為投資者對企業淨資產的要求權，會計上把這種要求權稱為所有者權益。所以，企業的權益就分為負債和所有者權益兩項，上述公式演變為：

$$資產 = 負債 + 所有者權益$$

上式稱為「會計恆等式」，也稱「會計等式或會計方程式」，它反應了會計基本要素（資產、負債與所有者權益）之間的基本數量關係，是復式記帳法的理論依據，也是設置帳戶和編制資產負債表的理論基礎。

上式之所以稱為恆等式，是因為無論企業的經濟業務如何變化，都不會改變三者之間的平衡關係，亦即會計恆等式在任何情況下都不會被破壞。

(二) 企業經濟業務對會計基本等式的影響分析

企業在生產經營過程中，會發生各種各樣的經濟業務，進而引起各項資產、負債、所有者權益的變動。但是，這些經濟業務的發生，只會影響它們各自數量的增減變動，不會改變三者之間的平衡關係。下面通過實例說明企業的經濟業務變化對資產、負債、所有者權益的數量關係變化以及會計基本等式的恆等關係的影響情況。

[例 2-1] 大華有限責任公司（以下簡稱大華公司）由張三和李四兩個人共同組建，各占 50%的股份。已經在工商行政管理局註冊登記，註冊資本 1,500,000 元。2011 年 1 月 2 日，張三投入現金 1,000,000 元，李四投入現金 400,000 元，另投入設備一臺，雙方認定價值 600,000 元，大華公司將現金 1,300,000 元存入銀行。

分析：該項經濟業務的發生，使得大華公司這一會計主體擁有 2,000,000 元的資產，其中銀行存款 1,300,000 元，庫存現金 100,000 元，固定資產 600,000 元；張三和李四作為企業的投資者，對這 2,000,000 元的資產具有要求權即形成企業的所有者權益 2,000,000 元。該業務的發生引起了公司的資產和所有者權益同時增加。此時，大華公司的資產、負債、所有者權益以及它們的數量關係如表 2-1 所示。

表 2-1　　　大華公司資產、負債、所有者權益及其數量關係

資產		權益（負債+所有者權益）	
項目	金額(單位:元)	項目	金額(單位:元)
庫存現金	100,000	負債	0
銀行存款	1,300,000	所有者權益	2,000,000
固定資產	600,000	實收資本	1,500,000
		資本公積	500,000
資產總計	2,000,000	負債及所有者權益總計	2,000,000

會計基本等式：

資產（2,000,000）= 負債（0）+所有者權益（2,000,000）

[例 2-2] 1 月 3 日，大華公司向銀行取得短期借款 500,000 元。

分析：該業務使得公司的資產（銀行存款）增加了 500,000 元，同時，公司的負債（銀行借款）也增加了 500,000 元。該業務引起資產和負債同時增加。1 月 3 日，大華公司的資產、負債、所有者權益以及它們的數量關係如表 2-2 所示。

表 2-2　　　大華公司資產、負債、所有者權益及其數量關係

資產		權益（負債+所有者權益）	
項目	金額(單位:元)	項目	金額(單位:元)
庫存現金	100,000	負債	500,000
銀行存款	1,800,000	短期借款	500,000
固定資產	600,000	所有者權益	2,000,000
		實收資本	1,500,000
		資本公積	500,000
資產總計	2,500,000	負債及所有者權益總計	2,500,000

會計基本等式：

資產（2,500,000）= 負債（500,000）+所有者權益（2,000,000）

可以看出，會計等式的兩端，總額發生了變化，同時增加了 500,000 元，但等式的平衡關係並沒有遭到破壞。

[例2-3] 1月4日，大華公司購買的一批原材料已經入庫，價款1,500,000元，款項尚未支付（暫不考慮增值稅）。

分析：該業務與例2性質相同，引起資產和負債同時增加。使得公司的資產（原材料存貨）增加了1,500,000元；同時，公司的負債（應付帳款）也增加了1,500,000元。1月4日，大華公司的資產、負債、所有者權益以及它們的數量關係如表2-3所示。

表2-3　　　　　大華公司資產、負債、所有者權益及其數量關係

資產		權益（負債+所有者權益）	
項目	金額(單位:元)	項目	金額(單位:元)
庫存現金	100,000	負債	2,000,000
銀行存款	1,800,000	短期借款	500,000
原材料	1,500,000	應付帳款	1,500,000
固定資產	600,000	所有者權益	2,000,000
		實收資本	1,500,000
		資本公積	500,000
資產總計	4,000,000	負債及所有者權益總計	4,000,000

會計基本等式：

資產（4,000,000）＝負債（2,000,000）＋所有者權益（2,000,000）

可以看出，會計等式的兩端，總額發生了變化，同時增加了1,500,000元，但等式的平衡關係並沒有遭到破壞。

[例2-4] 1月10日，大華公司用銀行存款支付前欠部分材料款1,000,000元。

分析：該業務引起資產和負債同時減少。公司的資產（銀行存款）減少了1,000,000元，同時，公司的負債（應付帳款）也減少了1,000,000元。1月10日，大華公司的資產、負債、所有者權益以及它們的數量關係如表2-4所示。

表2-4　　　　　大華公司資產、負債、所有者權益及其數量關係

資產		權益（負債+所有者權益）	
項目	金額(單位:元)	項目	金額(單位:元)
庫存現金	100,000	負債	1,000,000
銀行存款	800,000	短期借款	500,000
原材料	1,500,000	應付帳款	500,000
固定資產	600,000	所有者權益	2,000,000
		實收資本	1,500,000
		資本公積	500,000
資產總計	3,000,000	負債及所有者權益總計	3,000,000

會計基本等式：

資產（3,000,000）＝負債（1,000,000）＋所有者權益（2,000,000）

可以看出，會計等式的兩端，總額發生了變化，同時減少了1,000,000元，但等式

的平衡關係並沒有遭到破壞。

[例2-5] 1月15日，大華公司開出金額為500,000元，期限為3個月的無息商業承兌匯票，用來抵償前欠材料款。

分析：該業務只引起公司負債內部兩個項目的一增一減。即將應付帳款轉化為應付票據。公司的應付帳款負債減少了500,000元；同時，公司另一負債（應付票據）卻增加了500,000元。1月15日，大華公司的資產、負債、所有者權益以及它們的數量關係如表2-5所示。

表2-5　　　　　　　大華公司資產、負債、所有者權益及其數量關係

資產		權益（負債+所有者權益）	
項目	金額(單位:元)	項目	金額(單位:元)
庫存現金	100,000	負債	1,000,000
銀行存款	800,000	短期借款	500,000
原材料	1,500,000	應付帳款	0
固定資產	600,000	應付票據	500,000
		所有者權益	2,000,000
		實收資本	1,500,000
		資本公積	500,000
資產總計	3,000,000	負債及所有者權益總計	3,000,000

會計基本等式：

資產（3,000,000）＝負債（1,000,000）＋所有者權益（2,000,000）

可以看出，會計等式的兩端，總額沒有發生變化，仍然是平衡的。

[例2-6] 1月25日，張三用現金追加投資500,000元，直接用於歸還銀行借款（暫時不考慮利息支出）。

分析：該業務引起公司權益內部兩個項目的一增一減，即所有者權益項目（資本公積）增加500,000元，同時負債項目（短期借款）減少500,000元。1月25日，大華公司的資產、負債、所有者權益以及它們的數量關係如表2-6所示。

表2-6　　　　　　　大華公司資產、負債、所有者權益及其數量關係

資產		權益（負債+所有者權益）	
項目	金額(單位:元)	項目	金額(單位:元)
庫存現金	100,000	負債	500,000
銀行存款	800,000	短期借款	0
原材料	1,500,000	應付帳款	0
固定資產	600,000	應付票據	500,000
		所有者權益	2,500,000
		實收資本	1,500,000
		資本公積	1,000,000
資產總計	3,000,000	負債及所有者權益總計	3,000,000

會計基本等式：

資產（3,000,000）＝負債（500,000）＋所有者權益（2,500,000）

可以看出，會計等式的兩端，總額沒有發生變化，仍然是平衡的。

[例2-7] 1月26日，公司用資本公積500,000元轉增資本，使得註冊資本達到2,000,000元，已在工商行政管理局變更。

分析：該業務引起公司所有者權益內部兩個項目的一增一減，實收資本增加500,000元，資本公積減少500,000元，不影響會計等式的平衡關係。1月26日，大華公司的資產、負債、所有者權益以及它們的數量關係如表2-7所示。

表2-7　　　　　大華公司資產、負債、所有者權益及其數量關係

資產		權益（負債＋所有者權益）	
項目	金額(單位:元)	項目	金額(單位:元)
庫存現金	100,000	負債	500,000
銀行存款	800,000	短期借款	0
原材料	1,500,000	應付帳款	0
固定資產	600,000	應付票據	500,000
		所有者權益	2,500,000
		實收資本	2,000,000
		資本公積	500,000
資產總計	3,000,000	負債及所有者權益總計	3,000,000

會計基本等式：

資產（3,000,000）＝負債（500,000）＋所有者權益（2,500,000）

可以看出，會計等式的兩端，總額沒有發生變化，仍然是平衡的。

[例2-8] 1月27日，公司用10,000元現金購買原材料。

分析：該業務引起公司資產內部兩個項目的一增一減，原材料增加10,000元，庫存現金減少10,000元，不影響會計等式的平衡關係。1月27日，大華公司的資產、負債、所有者權益以及它們的數量關係如表2-8所示。

表2-8　　　　　大華公司資產、負債、所有者權益及其數量關係

資產		權益（負債＋所有者權益）	
項目	金額(單位:元)	項目	金額(單位:元)
庫存現金	90,000	負債	500,000
銀行存款	800,000	短期借款	0
原材料	1,510,000	應付帳款	0
固定資產	600,000	應付票據	500,000
		所有者權益	2,500,000
		實收資本	2,000,000
		資本公積	500,000

資產		權益（負債+所有者權益）	
資產總計	3,000,000	負債及所有者權益總計	3,000,000

會計基本等式：

資產（3,000,000）＝負債（500,000）＋所有者權益（2,500,000）

可以看出，會計等式的兩端，總額沒有發生變化，仍然是平衡的。

[例2-9] 1月28日，公司用銀行存款購買機器1臺，價值300,000元（暫不考慮增值稅）。

分析：該業務與例8一樣引起公司資產內部兩個項目的一增一減，固定資產增加300,000元，銀行存款減少300,000元，不影響會計等式的平衡關係。1月28日，大華公司的資產、負債、所有者權益以及它們的數量關係如表2-9所示。

表2-9　　　　　　　　大華公司資產、負債、所有者權益及其數量關係

資產		權益（負債+所有者權益）	
項目	金額(單位：元)	項目	金額(單位：元)
庫存現金 銀行存款 原材料 固定資產	90,000 500,000 1,510,000 900,000	負債 　短期借款 　應付帳款 　應付票據 所有者權益 　實收資本 　資本公積	500,000 0 0 500,000 2,500,000 2,000,000 500,000
資產總計	3,000,000	負債及所有者權益總計	3,000,000

會計基本等式：

資產（3,000,000）＝負債（500,000）＋所有者權益（2,500,000）

可以看出，會計等式的兩端，總額沒有發生變化，仍然是平衡的。

從以上幾個例子可以看出，大華公司發生的任何經濟業務，都沒有破壞資產與權益的平衡關係，我們將企業所有經濟業務的發生對資產、負債、所有者權益的數量變化即對會計恆等式的影響歸納為四種類型的若干種情況：

第一類經濟業務引起資產和權益同時增加，且兩者增加的金額相等，從而使得會計等式左右兩邊的總額等量增加，平衡關係不會被破壞。

（1）資產和所有者權益同時等量增加（如例2-1）。

（2）資產和負債同時等量增加（如例2-2和例2-3）。

第二類經濟業務引起資產和權益同時減少，且兩者減少的金額相等，從而使得會計等式左右兩邊的總額等量減少，平衡關係不會被破壞。

（1）資產減少的同時，負債也等量減少（如例2-4）。

（2）一般情況下，資產和所有者權益不會同時減少。因為在現代企業制度下，企業投入資本在經營期內，投資者只能依法轉讓，不得以任何方式抽回。轉讓只是所有者的變更，公司的所有者權益總額沒有發生變化。

第三類經濟業務只會引起資產內部項目的此增彼減，而且增減的金額相等，資產和權益總額保持不變，當然會計等式的平衡關係不會被破壞。

(1) 流動資產內部項目的此增彼減（如例2-8）。
(2) 流動資產與非流動資產項目的此增彼減（如例2-9）。
(3) 非流動資產內部項目的此增彼減。（如在建工程完工轉為固定資產）

第四類經濟業務只會引起權益內部項目的此增彼減，而且增減的金額相等，資產和權益總額保持不變，當然會計等式的平衡關係不會被破壞。

(1) 負債內部項目的此增彼減（如例2-5）。
(2) 負債與所有者權益項目的此增彼減（如例2-6）。
(3) 所有者權益內部項目的此增彼減。（如例2-7）。

上述四種類型的變化圖示如圖2-1所示：

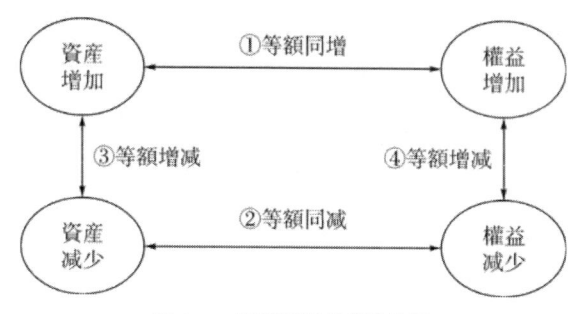

圖2-1 四種類型的變化情況

三、收入、費用與利潤之間的數量關係——構成動態會計等式

企業擁有或控制了一定數量的資產後，就可以從事生產經營活動了。在生產經營活動過程中，企業一方面要生產出商品或者提供勞務，以滿足其各種需要；當商品被銷售出去或者提供了勞務後，就會發生現金（廣義上的現金）流入企業或者現金要求權的增加，在會計上稱為「收入」。另一方面，生產商品或提供勞務，又要發生各種資產的耗費，即發生了「費用」。當實現的收入大於發生的費用，其差額就是企業獲得的利潤；反之，收入小於費用，企業就發生虧損。收入、費用、利潤這三個基本會計要素在一定時期就形成了下列公式表示的關係：

收入－費用＝利潤

這個等式是計算企業經營成果的直接依據，也是編制利潤表的理論基礎。

四、六大會計要素之間的數量關係——構成會計等式的開展式

從前面的分析可知，「資產＝負債＋所有者權益」是從企業資金運動的相對靜止狀態去研究這三個會計要素的數量關係而得出的數量表達式，它反應的是企業在某一時點上的財務狀況；而「收入－費用＝利潤」則是從資金運動的顯著變化狀態去研究這三個會計要素之間的數量關係得出的數量表達式，反應了企業在某一時期的經營狀態。企業的資金運動是靜止與動態的辯證統一，以某一時點，如1月1日去考查，資金運

動處於相對靜止狀態，企業從所有者和債權人兩個來源獲得了資產後，形成了最初的會計等式「資產＝負債＋所有者權益」，反應該時點上三個會計要素的平衡關係；但從某一時期，比如從 1 月 1 日至 1 月 31 日這個期間去觀察，企業資金發生了顯著變化，企業利用其資產進行生產經營活動產生了收入，發生了成本費用，創造了利潤，必然引起了資產、負債和所有者權益的變動，但是不會改變它們之間的平衡關係，只是在新的時點上，形成了在數量上與期初不同的、新的會計等式。所以當我們在 1 月 31 日這個時點再去觀察時，資金運動又處於相對靜止狀態，但資產、負債和所有者權益的內容已經不同於 1 月 1 日的資產、負債和所有者權益了，即舊的平衡關係被打破，新的平衡關係也隨之建立。因此，資產、負債、所有者權益、收入、費用、利潤的數量關係存在著一種內在的有機聯繫，這種聯繫的綜合反應，表現為會計等式的擴展式：

資產＝負債＋所有者權益＋利潤（分配前）

資產＝負債＋所有者權益＋（收入－費用）

企業所獲得的利潤即為企業的純收入，按一定比例在國家、企業和企業所有者之間進行分配，一部分以所得稅形式上繳國家，一部分分配給投資者，一部分留給企業，作為企業擴大生產、改善職工福利的資金來源。這時所有者權益就不僅是指所有者投入的資本，還包括企業規定從利潤中提留的盈餘公積、未分配利潤以及利得和損失形成的資本公積；相應的資產中也包括一部分企業新創造價值。這樣，資產、負債、所有者權益又建立了數量發生了變化，但平衡關係依舊的新的會計等式：

資產＊ ＝ 負債＊ ＋ 所有權益＊

（＊表示經過一個會計期間後，資產、負債和所有者權益的數量與期初的不同）

從上式中可以看出各會計要素之間的增減對應關係：

（1）某項資產增加，將可能引起其他資產的減少、負債的增加、所有者權益的增加、收入的增加或費用的減少；

（2）某項負債減少，將引起其他負債的增加、資產的減少、所有者權益的增加、收入的增加或費用的減少；

（3）某項所有者權益減少，將引起其他所有者權益的增加、資產的減少、負債的增加、收入的增加或費用的減少；

（4）某項收入減少，將引起其他收入的增加、資產的減少、負債的增加、所有者權益的增加或費用的減少；

（5）某項費用增加，將引起其他費用的減少、資產的減少、負債的增加、所有者權益的增加、收入的增加。

本章小結

會計對象是指會計核算和監督的內容，是企業再生產過程中能以貨幣表現的資金運動。不同會計主體具有不同的經濟業務，其會計對象的具體內容也就有所不同。生產型企業的資金運動過程主要包括資金的投入、資金的循環週轉和資金的退出三個

環節。

　　會計要素是會計對象的具體化，是設定會計報表的結構和內容，也是進行確認和計量的依據。會計要素包括資產、負債、所有者權益三大靜態要素和收入、費用和利潤三大動態要素。資產是指企業過去的交易或事項形成的、由企業擁有或控制的、預期會給企業帶來經濟利益的資源；負債是指過去的交易、事項形成的現時義務，履行該義務預期將會導致經濟利益流出企業；所有者權益是指企業資產扣除負債後，由所有者享有的剩餘權益；收入是企業在日常活動中形成的、會導致所有者權益增加的、與所有者投入資本無關的經濟利益的總流入；費用是指企業在日常活動中發生的、會導致所有者權益減少的、與向所有者分配利潤無關的經濟利益的總流出；利潤是企業在一定會計期間的經營成果。

　　會計要素在數量上的關係可用會計等式來描述。「資產＝負債＋所有者權益」是靜態的會計等式，也是基本的會計等式；「收入－費用＝利潤」是動態的會計等式；「資產＋費用＝負債＋所有者權益＋收入」是擴展的會計等式。任何經濟業務的發生，都會引起會計要素項目的增減變動，但均不會破壞會計等式的平衡關係，因此會計等式又稱為會計方程式或會計恆等式。

思考題

1. 什麼是會計對象？包括哪些？
2. 什麼是會計要素？中國企業的會計要素有哪些？
3. 簡述各會計要素的定義、特點、分類及其確認條件。
4. 基本的會計等式是什麼？它有何作用？
5. 經濟業務的發生對會計等式有何影響？
6. 簡述經濟業務的類型。

第三章　帳戶與復式記帳

學習目標

1. 掌握會計科目的概念；
2. 瞭解會計科目設置的意義及原則；
3. 掌握會計科目的分類；
4. 掌握帳戶的概念；
5. 瞭解會計科目與帳戶的聯繫及區別；
6. 掌握帳戶的分類；
7. 掌握復式記帳法與借貸記帳法的概念；
8. 掌握會計分錄的概念與編制方法；
9. 掌握借貸記帳法的試算平衡。

案例：

　　小魏從某財經大學會計系畢業後被聘任為廣發公司的會計員。今天是他來公司上班的第一天。會計科裡的那些同事們忙得不可開交，一問才知道，大家正在忙於月末結帳。「我能做些什麼？」會計科長看他急於投入工作的表情，也想檢驗一下他的工作能力，就問：「試算平衡表編制的方法在學校學過了吧？」「學過。」小魏很自然地回答。「那好吧，趁大家忙於其他工作的時候，你先編一下咱公司這個月的試算平衡表。」科長幫他找到了本公司的總帳帳簿，讓他在早已為他準備的辦公桌上開始工作。

　　不到一個小時，一張「總分類帳戶發生額及餘額試算平衡表」就被完整地編制出來了。看到表格上那三組相互平衡的數字，小魏激動的心情無以言表。他興衝衝地向科長交差。

　　「呀，昨天銷售的那批產品的單據還沒有記到帳上去呢，這也是這個月的業務啊！」會計員李麗說道。還沒等小魏緩過神來，會計員小王手裡又拿著一些憑證湊了過來，對科長說：「這筆帳我核對過了，應計入應交稅費和銀行存款帳戶的金額是 10,000 元，而不是 9,000 元；已經入帳的那部分數字還得改一下。」

　　「試算平衡表不是已經平衡了嗎？怎麼還有錯帳呢？」小魏不解地問。

　　科長看他滿臉疑惑的神情，就耐心地開導說：「試算平衡表也不是萬能的，如在帳戶中把有些業務漏記或者重記了，借貸金額記帳方向彼此顛倒了，還有記帳方向正確但記錯了帳戶等，這些都不會影響試算平衡表的平衡。小李發現的漏記了經濟業務、小王發現的把兩個帳戶的金額同時記少了，也不會影響試算表的平衡。」

小魏邊聽邊點頭，心裡想：這些內容好像老師在「基礎會計」課的時候也講過。以後在實踐中還得好好琢磨呀。

經過調整，一張真實反應公司本月全部經濟業務的試算平衡表又在小魏的手裡完成了。

案例要求：

結合上述案例，運用學過的試算平衡表的有關知識談談你的感受。

案例提示：

本案例中的事例表明，「總分類帳戶發生額及餘額試算平衡表」只是用來檢查一定會計期間全部帳戶的登記是否正確的一種基本方法，只有在所試算期間的經濟業務全部登記入帳的基礎上才能利用該表進行試算平衡。但試算平衡表並不是萬能的，試算表編制完畢，如果期初餘額、本期發生額和期末餘額三組數字是相互平衡的，只能說明帳務處理過程基本正確，而不能保證帳戶處理過程萬無一失。這是由於通過編制「總分類帳戶發生額及餘額試算平衡表」可能會發現帳務處理過程中的某些問題，如在登記帳戶過程中漏記了一筆經濟業務的借方或者貸方某一方的發生額，將借方或貸方某一方的發生額寫多或寫少，以及在記帳或從帳戶向試算平衡表抄列金額的過程中將數字的位置搞顛倒，等等。但有些在帳戶處理過程發生的錯誤，如把整筆經濟業務漏記或重記了，在登記帳戶過程中將借方、貸方金額的記帳方向彼此顛倒了，或者記帳方向正確但記錯了帳戶等情況，並不會影響試算平衡表的平衡關係。因此，一定要細心地處理好每一筆經濟業務，只有保證每一筆經濟業務處理的準確性，才有可能保證「總分類帳戶發生額及餘額試算平衡表」編制的正確性。

為了全面、系統地反應和監督企業資金運動的來龍去脈，一方面要通過設置會計科目和會計帳戶來核算各項會計要素的具體內容及各個會計要素增減變化的情況和結果；另一方面要使用一定的記帳方法在帳簿中記錄交易或事項。本章主要介紹會計科目、會計帳戶以及借貸記帳法的相關內容。

第一節　會計科目

一、會計科目的定義及設置意義

(一) 會計科目的定義

如前所述，會計對象是某一特定對象所發生的能夠用貨幣表現的經濟業務，即資金運動；而會計要素是對會計對象所做的基本分類，如中國會計準則將會計對象分為六大會計要素，即資產、負債、所有者權益、收入、費用、利潤。但是，在會計核算中，如果僅僅將會計要素作為會計數據的歸類標準，未免過於籠統，難以滿足會計信息使用者的要求。這是因為，企業的經營業務錯綜複雜，即使涉及同一種會計要素，也往往反應的是具有不同性質和內容的對象，如資產要素包括貨幣資金、存貨、應收

帳款、固定資產、無形資產等；負債要素包括從銀行或其他金融機構取得的借款，還包括由於購進存貨從購貨方取得的應付款項等。因此，為了全面、系統地核算和監督企業單位所發生的經濟活動，分門別類地為經濟管理提供會計核算資料，就需要對每一類會計要素做進一步詳細的分類。

會計科目就是對會計要素所做的進一步分類，是對每一會計要素所包括的具體內容按其一定的特點和管理要求進行分類所形成的項目或名稱。例如，企業的機器設備、房屋和建築物，作為勞動手段，具有使用時間較長、單位價值較大、實物形態相對不變的特點，將其歸為一類，設置「固定資產」會計科目；生產產品用的原材料、輔助材料、燃料等，作為勞動對象，具有在生產中被一次消耗，其價值一次轉移的特點，將其歸為一類，設置「原材料」會計科目；為了滿足管理上費用預算和控制的要求，在企業生產車間範圍內發生的物料消耗、辦公費、管理人員的工資、修理費等，具有間接費用的特點，將其歸為一類，設置「製造費用」會計科目。

(二) 設置會計科目的意義

設置會計科目，對會計核算和管理有著非常重大的意義。首先，設置會計科目，是反應資金運動的重要手段。每一個會計科目反應一類相關的經濟業務，所以各個會計科目可從不同的方面反應資金運動的總體狀況。其次，設置會計科目，是組織會計核算的依據，是進行各項會計記錄和提供各項會計信息的基礎。為了連續、系統、全面地反應和監督經濟業務發生所引起的會計要素的增減變動，便於向會計信息的使用者提供所需的會計信息，企業應根據自身的生產經營特點設置相應的帳戶。要想科學、合理地設置企業會計核算的帳戶，其前提條件是確定相應的會計科目。會計科目是帳戶開設的依據，是帳戶的名稱。因此，設置會計科目是正確組織會計核算的一個重要條件，是復式記帳、編制記帳憑證、登記帳簿、成本計算、財產清查、編制報表等會計核算方法的基礎。

二、設置會計科目的原則

會計科目是進行會計核算的起點，會計科目較之於會計要素能更為具體地反應企業的資金運動狀況，為相關會計信息使用者提供更為具體的會計信息。會計科目的設置是否合理，對於系統地提供會計信息，提高會計工作的效率以及有條不紊地組織會計工作都有很大影響。鑒於此，在其設置過程中應努力做到科學、合理、實用，因此在設置會計科目時應遵循下列基本原則：

(一) 應結合會計要素的特點，全面、系統地反應會計要素的內容

會計主體的會計科目及其體系應能夠全面、系統地反應會計對象的全部內容，不能有任何遺漏。就單個會計科目而言，每個會計科目都應具備獨特的內容，能獨立地說明會計要素的某一方面。換句話說，各個科目之間的核算內容是互相排斥的，不同的會計科目反應不同的核算內容，不同的會計科目之間具有互斥性；就會計科目的整體性而言，會計科目及其體系應能夠全面、系統地反應會計對象的全部內容，要使設置的整套會計科目能夠反應所有的經濟業務，所有經濟業務都由特定的會計科目來反

應。同時，會計科目的設置還應結合會計要素的特點來完成。也就是說設置會計科目時，除了各行各業共性的會計科目外，還應根據各行各業會計要素的具體特點，設置相應的會計科目。如工業企業的主要經營活動是製造工業產品，因而就必須設置反應生產耗費、成本計算的會計科目，如「製造費用」「生產成本」等科目；商品流通企業不從事產品生產加工，其基本經營活動是購進和銷售商品，因此必須設置反應和監督商品流通業務的會計科目，如「庫存商品」「商品進銷差價」等科目；而行政事業單位既不從事產品加工生產，也不從事商品流通，其會計核算主要是對國家撥付的預算資金的運動情況進行反應和監督，因此必須設置反應和監督經費收入和經費支出情況的會計科目，如「事業收入」「事業支出」等科目。

(二) 應結合會計目標的要求，滿足信息使用者的需要

會計的目標，是向信息使用者提供有用的會計信息，不同的信息使用者對企業提供的會計信息要求有所不同。因此，設置會計科目時既要滿足企業內部加強經營管理並提高經濟效益的需要，要求盡可能提供詳細、具體的資料；還要滿足政府部門加強宏觀調控並制定方針政策的需要，滿足投資人、債權人及有關方面對企業經營和財務狀況做出準確判斷的需要，要求提供比較綜合的數據。為滿足上述要求以及便於會計資料整理和匯總的需要，在設置會計科目時要適當分設總分類科目和明細科目，總分類科目提供總括核算指標，主要滿足企業外部有關方面的需要；明細分類科目是對總分類科目的進一步分類，提供明細核算指標，主要滿足加強內部經營管理的需要。

(三) 應做到統一性和靈活性相結合

統一性是指企業必須根據國家統一的會計制度或會計準則的規定設置會計科目(一級科目)，並力求在時間上保持前後一致。靈活性是指企業在不影響會計核算要求和會計報表的匯總，以及對外提供統一的財務會計報告的前提下，可以根據實際情況自行增設、減少或者合併某些會計科目；企業在不違背會計科目使用原則的基礎上確定適合本企業的會計科目名稱；明細科目的設置，除會計制度或會計準則規定以外，企業可自行確定，以此來保證會計核算指標在一個部門、乃至全國範圍內綜合匯總以及滿足本單位經營管理的需要。多年以來，中國通常由財政部在會計制度中統一規定會計科目的名稱、編號和內容。2006年月2月中國新發布了《企業會計準則》，與此配套，2006年10月發布了《企業會計準則——應用指南》，該《應用指南》提供了企業會計科目設置的指引，提供了每一個會計科目的核算範圍、核算內容和核算方法。企業可根據自身的經營特點和管理需要從中選擇並確定本企業會計核算所需的會計科目。

(四) 應保持適應性與穩定性相結合

適應性是指會計科目的設置要隨著社會經濟環境和本單位經濟活動的變化而變化，如隨著金融工具的創新，為了核算企業衍生金融工具的公允價值及其變動形成的資產或負債，企業要相應設置「衍生工具」或「套期工具」等會計科目；穩定性是指會計科目的設置為便於會計資料的匯總及在不同時期的對比分析應保持相對的穩定。會計科目的穩定性主要表現為會計科目的名稱、含義及所包含的內容應保持相對穩定，只

有會計科目具有相對穩定性，會計核算資料才具有可比性。會計科目的設置，是由會計制度和會計準則加以規定的，因此，為了保證會計科目設置的相對穩定性，會計制度和會計準則的制定也應保持相對穩定。

(五) 會計科目名稱要言簡意賅，並進行適當的分類和編號

所謂言簡意賅是指每一會計科目所涵蓋的範圍和內容要有明確的界定，其名稱要名副其實並具有高度的概括性；所謂適當的分類和編號是指為便於把握會計科目所反應的經濟業務內容和主要滿足會計電算化的需要，會計科目要按其經濟內容進行適當的分類，並按照項目的流動性或主次以及級次進行編號。

三、會計科目的分類

會計科目由於分類標準不同可以分為不同的類型。一般按會計科目的內容和級次兩種標準分類，科目的內容反應各科目之間的橫向聯繫，科目的級次反應科目內部的縱向聯繫。

(一) 會計科目按其內容分類

會計科目是會計要素的具體分類項目，按會計科目所反應的會計要素的內容分類，是會計科目基本的分類之一。中國自2007年1月1日起在上市公司範圍內執行的《企業會計準則——應用指南》將會計科目分為資產類科目、負債類科目、所有者權益類科目、共同類科目、成本類科目和損益類科目六大類。

1. 資產類科目。資產類科目按其流動性，具體又可分為以下兩類科目。

(1) 流動資產類科目。這類科目的特點是資產的變現週期在一年以內或不超過一個營業週期，例如「庫存現金」「銀行存款」「應收帳款」「原材料」等科目。

(2) 非流動資產類科目。這類科目的特點是資產的變現週期超過一年或一個營業週期，例如「固定資產」「無形資產」「長期股權投資」等科目。

2. 負債類科目。負債類科目按其流動性，具體又可分為以下兩類科目。

(1) 流動負債類科目。這類科目的特點是負債的償還期在一年以內，如「短期借款」「應付職工薪酬」「應付帳款」等科目。

(2) 非流動負債類科目。這類科目的特點是負債的償還期超過一年，如「長期借款」「應付債券」等科目。

3. 共同類科目。此類科目既可核算資產，也可核算負債，如「衍生工具」「套期工具」「被套期項目」等科目。

4. 所有者權益類科目。所有者權益類科目具體又可分為以下四類科目。

(1) 投入資本類科目，如「實收資本」科目。

(2) 非經營因素形成的所有者權益類科目，如「資本公積」科目。

(3) 經營因素形成的所有者權益類科目，如「盈餘公積」等科目。

(4) 反應利潤會計要素的會計科目，如「本年利潤」及「利潤分配」，用於反應企業實現的利潤及分配情況，由於企業實現的利潤或發生的虧損，其最終承擔者是所有者，所以將其歸並到所有者權益類科目。

5. 成本類科目。這類科目的特點是所發生的費用要計入產品成本,具體來說可分為以下兩類。

(1) 直接計入產品成本類科目,如「生產成本」「研發支出」等科目。

(2) 分配計入產品成本類科目,如「製造費用」科目。

6. 損益類科目。這類科目的特點是其項目均是形成利潤的要素。損益類科目具體來說可分為以下兩類。

(1) 反應收入類科目,如「主營業務收入」「其他業務收入」等科目。

(2) 反應費用類科目,如「主營業務成本」「管理費用」「銷售費用」等科目。

　　為了便於編制會計憑證、登記帳簿、查閱帳目,適應會計信息電算化處理的需要,還應在會計科目分類的基礎上,為每個會計科目編一個固定的號碼,這些號碼稱為會計科目編號,簡稱科目編號。科目編號能清楚地表示會計科目所屬的類別及其在類別中的位置。財政部通常在會計制度和會計準則中,統一編制會計科目的編號、類別和名稱,企業可結合實際情況自行確認會計科目編號。企業在填制記帳憑證、登記帳簿時,應填制會計科目的名稱,或者同時填寫會計科目的名稱和編號,但不準只填寫會計科目的編號而不填寫會計科目的名稱。在會計信息系統中,應在帳套設置中建立「會計科目名稱及編碼表」,在憑證輸入時只輸入科目代碼,科目名稱由系統自動產生,以適應電算化的會計處理。

　　表 3-1 為 2006 年 10 月頒布的《企業會計準則——應用指南》會計科目名稱和編號的簡要列表。

表 3-1　　　　　　　　　　　　會計科目表

編號	會計科目名稱	編號	會計科目名稱
一、資產類		二、負債類	
1001	庫存現金	2001	短期借款
1002	銀行存款	2201	應付票據
1012	其他貨幣資金	2202	應付帳款
1101	交易性金融資產	2203	預收帳款
1121	應收票據	2211	應付職工薪酬
1122	應收帳款	2221	應交稅費
1123	預收帳款	2231	應付利息
1131	應收股利	2232	應付股利
1132	應收利息	2241	其他應付款
1221	其他應收款	2501	長期借款
1231	壞帳準備	2502	應付債券
1401	材料採購	2701	長期應付款
1402	在途物資	三、共同類	
1403	原材料	3001	清算資金往來

表3-1(續)

編號	會計科目名稱	編號	會計科目名稱
1404	材料成本差異	3101	衍生工具
1405	庫存商品	四、所有者權益類	
1406	發出商品	4001	實收資本
1408	委託加工物資	4002	資本公積
1411	週轉材料	4101	盈餘公積
1471	存貨跌價準備	4103	本年利潤
1501	持有至到期投資	4104	利潤分配
1502	持有至到期投資減值準備	五、成本類	
1503	可供出售金融資產	5001	生產成本
1511	長期股權投資	5101	製造費用
1512	長期股權投資減值準備	5202	勞務成本
1521	投資性房地產	六、損益類	
1531	長期應收款	6001	主營業務收入
1601	固定資產	6051	其他業務收入
1602	累計折舊	6111	投資收益
1603	固定資產減值準備	6301	營業外收入
1604	在建工程	6401	主營業務成本
1605	工程物資	6402	其他業務成本
1606	固定資產清理	6403	稅金及附加
1701	無形資產	6601	銷售費用
1702	累計攤銷	6602	管理費用
1703	無形資產減值準備	6603	財務費用
1711	商譽	6701	資產減值損失
1801	長期待攤費用	6711	營業外支出
1901	待處理財產損溢	6801	所得稅費用

(二) 會計科目按級次分類

會計科目按級次分類，就是按會計科目提供核算指標的詳細程度進行分類，分為總分類科目和明細分類科目。

1. 總分類科目

總分類科目也稱為一級科目或總帳科目，它是對會計要素的具體內容進行總括分類，提供總括核算指標信息的會計科目，如「固定資產」「原材料」「應交稅費」「實收資本」等科目。為了滿足國家宏觀經濟管理的需要，一級科目原則上由國家財政部或主管部門統一制定。表3-1所列示的會計科目都是一級科目。

2. 明細分類科目

明細分類科目簡稱明細科目，是對總分類科目進一步分類的科目，以便提供更詳細、更具體的會計信息。如有些總分類科目反應的經濟內容比較廣泛，可以在總分類科目下，先設置二級科目（也稱為子目），在二級科目下再設置三級科目（也稱細目），二級科目和三級科目都統稱為明細科目。在手工會計核算下，企業一般設置到二級、三級科目。應該說明的是，並不是所有的一級科目都需要分設二級科目和三級科目，科目設置到第幾級，應根據會計信息使用者所需信息的詳細程度來決定。此外，隨著會計信息處理的電算化，有的企業如果業務較複雜，出於管理上的需要，也可以在三級科目下再設置四級科目，甚至五級科目，一級以下的會計科目都統稱為明細科目。有一些明細科目是國家統一規定設置的，如國家統一規定應在「應交稅費」一級會計科目下應設置「應交增值稅」「未交增值稅」「應交消費稅」等二級會計科目，在「應交增值稅」二級科目下還應設置「進項稅額」「已交稅金」「銷項稅額」等專欄。明細科目除會計準則規定設置的以外，多數明細科目由企業根據自身的實際情況自行設置。例如，某些鋼鐵冶煉企業的原材料數量品種繁多，為了滿足會計核算的需要，先設「原材料」為一級科目，再按原材料類別開設「原料及主要材料」「輔助材料」等二級會計科目，再在「原料及主要材料」下設「金屬材料」和「非金屬材料」為三級科目，最後設「黑色金屬材料」「有色金屬材料」等為四級科目。在教學過程中，為了簡單明了地表現不同級別的會計科目之間的關係，通常用「——」連接來說明各級別科目之間的所屬關係，明細分類科目的寫法如「原材料——原料及主要材料——金屬材料——黑色金屬材料」：先寫一級科目的名稱「原材料」，在其後劃一破折號「——」，再寫上明細分類科目的名稱即可。

會計科目按提供指標詳細程度的分類如表 3-2 所示。

表 3-2　　　　　　　　　　會計科目按級次分類

總分類科目 （一級科目）	明細分類科目	
	二級科目（子目）	明細科目（細目）
生產成本	基本生產成本	A 產品
		B 產品
		C 產品
	輔助生產成本	供水車間
		供電車間
		機修車間

第二節　帳戶

一、帳戶的概念及設置的意義

(一) 帳戶的定義

會計科目只是對會計對象的具體內容進行分類核算的項目名稱，這些項目的本身僅表示其所反應的會計要素的內容，如果只有分類的項目，而沒有具有一定格式的記帳實體，還不能把發生的經濟業務連續、系統、完整地記錄下來。因此，要進行會計核算，還必須根據設置的會計科目開設相應的帳戶，在帳戶上記錄會計對象具體內容的增減變動及結存情況。

帳戶是指根據會計科目開設的，具有一定格式和結構，用來連續地分類記錄和反應會計要素增減變動情況及其結果的一種工具。

(二) 設置的意義

由於帳戶能夠反應會計要素的增減變動及結餘情況，設置帳戶對於企業進行會計核算具有重要作用。首先，設置帳戶能按照經營管理的要求分類地記載和反應企業所發生的經濟業務。通過設置和運用帳戶，對企業發生的經濟業務進行整理分類、科學歸納，再分門別類地記錄，可以提供各類會計要素的動態和靜態指標。其次，設置帳戶能為編制財務會計報告提供重要依據。財務會計報告是定期地對企業日常核算資料進行匯總、綜合，以全面、系統地反應企業財務狀況和經營成果的重要信息文件。財務會計報告的信息是否準確，在很大程度上取決於帳戶的記錄結果是否正確，因為財務會計報告是以帳戶的期末餘額和本期發生額為基礎進行編制的。帳戶的記錄發生錯誤將直接影響會計報表的信息準確性。因此，合理地設置帳戶，正確地將經濟業務記入帳戶，是會計核算工作最基本、最重要的環節。

(三) 會計科目與帳戶的聯繫和區別

帳戶是根據會計科目設置的，會計科目是帳戶的名稱，但帳戶與會計科目是兩個不同的概念，它們之間既有聯繫又有區別。帳戶與會計科目之間的聯繫表現在：二者都是對會計對象的具體內容即對會計要素進行的分類，故二者的名稱和反應的內容是一致的，二者的性質與分類也是一致的；它們之間的本質區別是：會計科目僅僅是對會計要素具體內容進行分類的項目名稱，會計科目只表明某項經濟內容，而帳戶不僅表明相同的經濟內容，而且還具有一定的結構格式，並通過其結構反應某項經濟內容的增減變動情況。由於帳戶是根據會計科目設置的，並按照會計科目命名，兩者的稱謂及核算內容完全一致，因而在實際工作中，會計科目與帳戶往往作為同義語來理解，互相通用，不嚴格加以區分。

二、帳戶的格式和結構

帳戶與會計科目的區別在於帳戶具有一定的格式和結構，用來分類連續地記錄和

反應會計要素增減變動情況及其結果。帳戶的格式和結構是指帳戶的組成部分，以及如何在帳戶中記錄會計要素的增加、減少及其餘額。由於經濟業務所引起的各項會計要素的變動，從數量上看不外乎增加和減少兩種情況，因此，帳戶的結構也相應地分為兩個基本部分，用來分別記錄各會計要素的增加額和減少額。帳戶的基本結構通常劃分為左、右兩方，一方登記增加額，另一方登記減少額。至於哪一方登記增加額，哪一方登記減少額，則由所採用的記帳方法和所記錄的經濟內容決定。帳戶的基本結構不會因企業實際所使用的帳戶具體格式不同而發生變化。通常用一條水平線和一條將水平線平分的垂直線來表示帳戶的基本結構，這種被簡化的帳戶格式稱為「T 型帳戶」（亦稱「丁字形帳戶」），其格式如圖 3-3 所示。

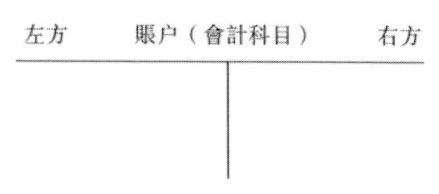

左方	賬戶（會計科目）	右方

圖 3-3　T 型帳戶

把帳戶的基本結構具體地做成固定格式，就形成了帳簿中的帳頁。當然對於一個完整的帳戶而言，除了必須有反應增加額和減少額兩欄外，還應包括其他欄目，以反應其他相關內容，這些內容都體現在帳簿中。因此，帳簿中一個完整的帳戶結構一般應包括以下內容（見表 3-3）：①帳戶的名稱，即會計科目；②日期，即經濟業務發生的日期；③憑證編號，即帳戶記錄的來源和依據；④摘要，即經濟業務的簡要說明；⑤金額，即增加額、減少額和餘額。

表 3-3　　　　　　　　　　帳戶名稱（會計科目）　　　　　　　　　單位：元

日期	憑證編號	摘要	增加額	減少額	餘額

上述帳戶格式是手工記帳經常採用的格式，其中有專設的兩欄，分別記錄經濟業務的增加額和減少額。增減相抵後的差額，稱為帳戶的餘額。餘額按其表示的時間不同，分為期初餘額和期末餘額。一個會計期間開始時記錄的餘額稱為期初餘額，結束時記錄的餘額稱為期末餘額。在連續登記帳戶的情況下，帳戶的本期期末餘額即為下期期初餘額。因此，每個帳戶一般有四個金額要素，即期初餘額、本期增加發生額、本期減少發生額和期末餘額。帳戶如有期初餘額，首先應當在記錄增加額的那一方登記，經濟業務發生後，要將增減內容記錄在相應的欄內。將一定期間記錄的帳戶增加方的金額進行合計，稱為增加發生額；將一定期間記錄的帳戶減少方的金額進行合計，稱為減少發生額。正常情況下，帳戶這四個金額要素之間的關係如下：

　　本期期末餘額＝本期期初餘額＋本期增加發生額－本期減少發生額

　　每個帳戶的本期發生額反應的是該類經濟內容在本期內變動的情況，而期末餘額

則反應的是變動的結果。在教學過程中，通常將每類經濟業務的本期增加發生額、本期減少發生額和期末（期初）餘額都分別記入T型帳戶左右兩方來表示。如某企業某一期間「銀行存款」帳戶的記錄如圖3-5所示。

左方		銀行存款	右方	
期初餘額	100,000			
本期增加	50,000	本期減少	30,000	
	80,000		60,000	
本期增加發生額	130,000	本期減少發生額	90,000	
期末餘額	140,000			

圖3-5　T型帳戶記錄

根據圖3-5所示的帳戶記錄，可以清楚瞭解到銀行存款帳戶期初餘額為100,000元，本期增加發生額合計130,000元，本期減少發生額合計90,000元，期末餘額140,000元。

三、帳戶的分類

為了核算複雜的經濟業務，需要設置一系列的帳戶。每個帳戶都有不同的核算內容，其用途和結構也不盡相同，但彼此間卻存在著密切的聯繫，構成一個完整的帳戶體系。通過瞭解帳戶在不同標準下的具體分類，掌握帳戶的用途、結構及其反應的經濟內容，以便能更好地運用帳戶進行經濟業務核算。

（一）帳戶按其內容分類

帳戶最本質的特徵在於它所能反應的經濟內容，帳戶按經濟內容分類是帳戶分類的基礎。由於中國《企業會計準則——應用指南》將會計科目分為資產類科目、負債類科目、所有者權益類科目、共同類科目、成本類科目和損益類科目六大類，因此根據會計科目開設的帳戶也分為六大類：資產類帳戶、負債類帳戶、所有者權益類帳戶、共同類帳戶、成本類帳戶和損益類帳戶。

1. 資產類帳戶

根據資產類會計科目開設的帳戶，這類帳戶是用來反應當期企業資產的增減變動及其期初期末結存情況。

2. 負債類帳戶

根據負債類會計科目開設的帳戶，這類帳戶是用來反應當期企業債務的增減變動及其期初期末結存情況的帳戶。

3. 所有者權益類帳戶

根據所有者權益科目開設的帳戶，是用來反應企業所有者權益增減變動及其結存情況的帳戶。

4. 共同類帳戶

根據共同類會計科目開設的帳戶，這類帳戶兼有資產類和負債類帳戶的特點，其

性質視帳戶的餘額而定，在借貸記帳法下，餘額在借方表示為資產，餘額在貸方表示為負債，如「衍生工具」「套期工具」「被套期項目」等帳戶。

5. 成本類帳戶

根據成本類會計科目開設的帳戶，是用來歸集在生產產品和提供勞務過程中發生的各項成本費用。該類帳戶主要用來計算產品和勞務的成本，如「生產成本」「製造費用」「勞務成本」等。成本類帳戶與資產類帳戶的關係十分密切，企業各項資源在耗費之前表現為資產，資產一經生產耗用就轉化為成本費用。因此，成本類帳戶的期末餘額屬於資產。

6. 損益類帳戶

根據損益類會計科目開設的帳戶，這類帳戶與損益的計算直接相關，包括那些用來反應各項收入和各類費用支出的帳戶。按損益的性質和內容不同，可以分為以下三類：①反應營業損益的帳戶，如「主營業務收入」「主營業務成本」「其他業務收入」「其他業務成本」「銷售費用」等帳戶。②反應營業外收支的帳戶，如「營業外收入」「營業外支出」等帳戶。③反應所得稅的帳戶，如「所得稅費用」帳戶。這類帳戶的期末必將相關數據結轉到「本年利潤」的借方或貸方，因此，期末沒有餘額。

(二) 帳戶按提供信息的詳細程度分類

帳戶是根據會計科目設置的，會計科目分為總分類科目和明細科目，相應地，帳戶按所提供信息的詳細程度和統馭關係分為總分類帳戶和明細分類帳戶。

1. 總分類帳戶

根據總分類會計科目開設總分類帳戶，用以提供總括分類的核算指標，總分類帳戶一般只用貨幣作為計量單位，如「原材料」總分類帳戶提供有關材料增減變動及其結存總額等總括資料，但它只能總括地反應材料的總和，不能詳細地說明每一種材料的數量及金額的增減變化及其結存情況。

2. 明細分類帳戶

根據明細分類會計科目開設的帳戶，明細分類帳戶除了用貨幣作為計量單位外，有的還用實物量度（如件、千克、噸等）來滿足明細核算的需要。如在「原材料」帳戶下，按照每一種材料分別設置明細分類帳戶，詳細、具體地反應每種材料的數量及金額的增減變化及其結存情況。

總分類帳戶和所屬的明細分類帳戶的核算內容是相同的，只是反應經濟業務的詳細程度不同。總分類帳戶是所屬明細分類帳戶的總括資料，明細分類帳戶是總分類帳戶的具體詳細的說明，因此，有時又把總分類帳戶稱為「統馭帳戶」，而把明細分類帳戶稱為「輔助帳戶」。

(三) 帳戶按與會計報表的關係分類

帳戶按與會計報表的關係分類，可以分為資產負債表帳戶和損益表帳戶。

1. 資產負債表帳戶

資產負債表帳戶是指編制資產負債表所要依據的帳戶。資產負債表帳戶包括資產類帳戶、負債類帳戶、所有者權益類帳戶和共同類帳戶四類，分別與資產負債表中的

資產、負債和所有者權益項目相對應。如果「生產成本」帳戶期末有借方餘額，表示在產品的成本，也應列入資產負債表的存貨項目。

2. 損益表帳戶

損益表帳戶，也稱為利潤表帳戶，是指編制利潤表所依據的帳戶。利潤表帳戶包括收入類帳戶和費用支出類帳戶兩類，這類帳戶是根據利潤表的項目設置的。

研究帳戶按列入會計報表的分類，目的在於通過這些帳戶的具體核算，提供編制會計報表所需要的數據資料。

(四) 帳戶按期末餘額分類

帳戶按期末餘額分類，分為實帳戶和虛帳戶兩類。

1. 實帳戶

實帳戶，又稱為永久性帳戶，通常是指期末結帳後有餘額的帳戶。實帳戶的期末餘額代表著企業的資產、負債和所有者權益。在借貸記帳法下，實帳戶按期末餘額的方向，又可以分為借方餘額帳戶和貸方餘額帳戶。借方餘額帳戶是指帳戶的借方發生額表示增加，貸方發生額表示減少，期末餘額一定在借方的帳戶。資產類帳戶一般都是借方餘額。貸方餘額帳戶是指帳戶的貸方發生額表示增加，借方發生額表示減少，期末餘額一定在貸方的帳戶。負債類和所有者權益類帳戶的期末餘額一般都在貸方。

2. 虛帳戶

虛帳戶，又稱為臨時性帳戶，通常是指期末結帳後無餘額的帳戶。因為它們只在經營期間存在發生額，而在期末因結轉而餘額不存在，所以稱為臨時性帳戶。虛帳戶的發生額反應企業的損益情況，通常損益表帳戶都是虛帳戶。

第三節　借貸記帳法

一、記帳方法

(一) 記帳方法及其種類

記帳方法，就是登記交易或事項的方法，即根據一定的記帳原則、記帳符號、記帳規則，採用一定的計量單位，利用文字和數字記錄交易或事項的一種專門方法。交易或事項的發生必然會引起會計要素的增減變動，如何將這些交易或事項記錄到有關的帳戶中，在會計的歷史發展過程中曾採用過兩種典型的記帳方法：單式記帳法和複式記帳法。

(二) 單式記帳法

單式記帳法是指對發生的每一筆交易或事項，只在一個帳戶中進行登記的記帳方法。這種記帳方法只對主要方面設置帳戶進行登記，而對次要方面則不單獨設置帳戶進行登記或只作備查記錄。如用銀行存款購買固定資產，只在「銀行存款」帳戶中登記銀行存款的減少，而對這筆交易或事項引起的固定資產的增加，卻不設「固定資產」

帳戶予以記錄。

(三) 復式記帳法

　　復式記帳法是指對發生的每一筆交易或事項，都要用相等的金額，在兩個或兩個以上相互聯繫的帳戶中進行記錄的記帳方法。如上述用銀行存款購買固定資產業務，在記帳時，應以相等的金額，一方面在「銀行存款」帳戶中登記銀行存款的減少，另一方面同時在「固定資產」帳戶中登記固定資產的增加。可見，在復式記帳法下，對發生的每一筆交易或事項，通過在相關帳戶中的雙重等額記錄，可以清晰地表明交易或事項的來龍去脈，同時也便於運用帳戶體系的平衡關係進行試算平衡和檢查帳戶記錄的正確性。所以，復式記帳法作為科學的記帳方法，與單式記帳法相比較，具有不可比擬的優越性，因此，被世界各國廣泛地運用。目前，中國的企業和行政、事業單位所採用的記帳方法，都屬於復式記帳法。

　　復式記帳法根據記帳符號、記帳規則等的不同，又可分為借貸記帳法、增減記帳法和收付記帳法，等等。其中，借貸記帳法是世界各國普遍採用的一種復式記帳方法，在中國也是應用最廣泛的一種記帳方法。中國《企業會計準則》明文規定：「中國境內的所有企業都應該採用借貸記帳法記帳。」

二、借貸記帳法

　　借貸記帳法是以「借」「貸」二字作為記帳符號，以「有借必有貸，借貸必相等」為記帳規則，在兩個或兩個以上相互聯繫的帳戶中記錄會計要素增減變動情況的一種復式記帳法。

(一) 借貸記帳法的理論基礎

　　借貸記帳法的對象是會計要素的增減變動過程及其結果。這個過程及結果可用「資產＝負債＋所有者權益」這一恆等式來表示。這一恆等式揭示了以下三個方面的內容：

　　第一，會計主體各要素之間的數字平衡關係。有一定數量的資產，就必然有相應數量的負債和所有者權益與之相對應，任何交易或事項所引起的會計要素增減變動，都不會破壞這個等式的平衡關係。如果把等式的「左」「右」兩方，用「借」「貸」兩方來表示的話，就是說每一次記帳的借方和貸方是平衡的；一定時期內帳戶的借方、貸方的金額是平衡的；所有帳戶的借方、貸方餘額的合計數是平衡的。

　　第二，各會計要素增減變化的相互聯繫。從上一章可以看出，任何交易或事項的發生都會引起兩個或兩個以上相關會計要素項目發生金額的變動，因此，當交易或事項發生後，在一個帳戶中記錄的同時必然要有另一個或一個以上帳戶的記錄與之相對應。

　　第三，等式有關因素之間是對立統一的。資產在等式的左邊，當想移到等式右邊時，就要以「－」表示，負債和所有者權益也具有同樣的情況。也就是說，當我們用左方（借方）表示資產類項目增加時，就要用右方（貸方）來記錄資產類項目減少。與之相反，當我們用右方（貸方）記錄負債和所有者權益增加額時，我們就需要通過左方（借方）來記錄負債和所有者權益的減少額。

這三個方面的內容貫穿了借貸記帳法的始終。會計等式對記帳方法的要求決定了借貸記帳法的帳戶結構、記帳規則、試算平衡的基本理論，因此說會計恆等式是建立借貸記帳法的理論基礎。

(二) 借貸記帳法的記帳符號和帳戶結構

1. 記帳符號

「借」和「貸」是借貸記帳法的記帳符號，也是借貸記帳法區別於其他復式記帳法的主要標誌。對帳戶來說，它們是帳戶的兩個部位，分別代表左方和右方，即左方為借方，右方為貸方。借貸記帳法的記帳符號，要同具體的帳戶結合起來應用，才能真正反應出它們分別代表的不同內容：

(1) 代表帳戶中兩個固定的部位：左方為借方，右方為貸方，用以記錄帳戶金額的增減變動。

(2) 與不同類型的帳戶相結合，分別表示增加或減少。借和貸本身不等於增加或減少，只有當其與具體的帳戶相結合，才可以表示增加或減少。如對於資產類帳戶，借方表示增加，貸方表示減少；對於負債及所有者權益類帳戶，貸方表示增加，借方表示減少。

(3) 表示餘額的方向。一般情況下，資產、負債和所有者權益類帳戶期末都有餘額。其中，資產類帳戶的餘額在借方，負債及所有者權益類帳戶的餘額在貸方。

2. 帳戶結構

在借貸記帳法下，帳戶按其所反應經濟內容的不同，可分為資產類帳戶、負債類帳戶、所有者權益類帳戶、成本類帳戶和損益類帳戶五類。帳戶的記帳符號與各類具體的帳戶相結合，才能真正反應交易或事項的發生所引起的會計要素的增減變動。對於不同類型的帳戶，由於所反應的經濟內容不同就有不同的結構。

(1) 資產類帳戶

資產類帳戶的結構是：借方記錄資產的增加，貸方記錄資產的減少，餘額一般在借方。資產類帳戶的發生額和餘額之間的數量關係表示為：

資產類帳戶的期末餘額＝期初餘額＋本期借方發生額－本期貸方發生額

資產類帳戶的「丁」字形結構如圖 3-6 所示。

借方	資產類賬戶	貸方
期初餘額		
增加額a		減少額c
增加額b		減少額d
本期增加發生額：a+b		本期減少發生額：c+d
期末餘額：a+b-c-d		

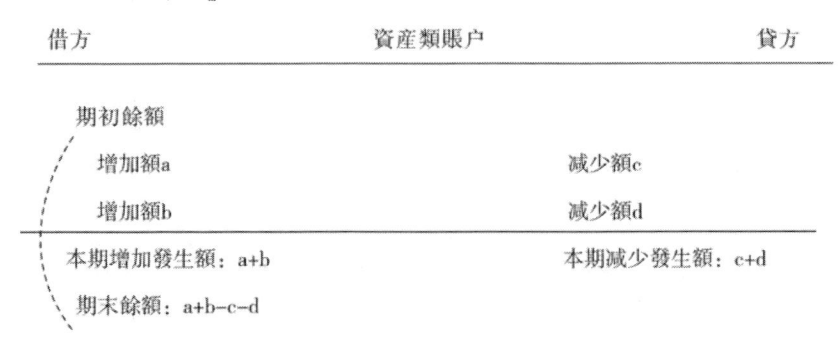

圖 3-6 資產類帳戶結構

(2) 負債及所有者權益類帳戶

由於負債及所有者權益，與資產分別處於會計等式的兩邊，為了保持會計恆等式的平衡，必須從相反的方向來登記它們的增加和減少。因此，負債及所有者權益類帳戶的結構是：貸方記錄增加，借方記錄減少，餘額一般在貸方。該類帳戶的發生額和餘額之間的數量關係表示為：

負債及所有者類帳戶的期末餘額＝期初餘額＋本期貸方發生額－本期借方發生額

負債及所有者類帳戶的「丁」字形結構如圖3-7所示。

借方	負債及所有者權益賬戶	貸方
		期初餘額
減少額c		增加額a
減少額d		增加額b
本期減少發生額：c+d		本期增加發生額：a+b
		期末餘額：a+b-c-d

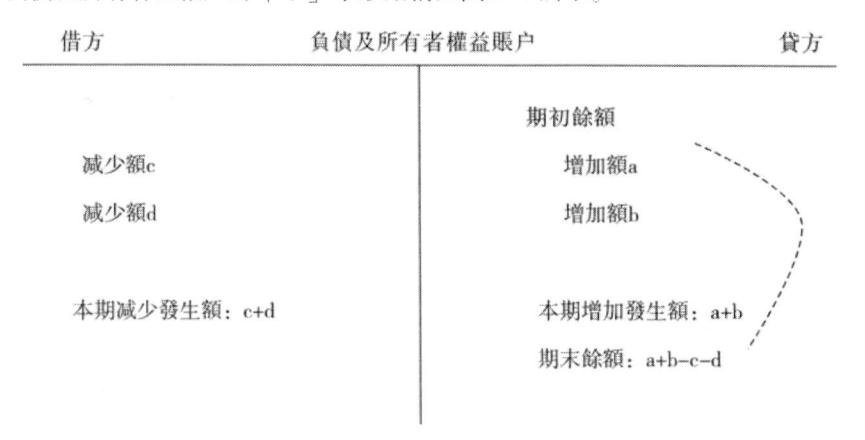

圖3-7　負債及所有者類帳戶的結構

(3) 費用成本類帳戶

企業在生產經營過程中會發生各種耗費，產生成本費用。在費用成本抵消收入以前，可以將其看作一項資產，理解為資產耗費的轉化形態。如成本類帳戶中的「生產成本」帳戶是用來歸集在生產過程中為生產某種產品所發生的所有耗費，但在尚未完工結轉入庫前，其反應的是企業在產品這項資產的金額。同時費用成本與資產同處於等式的左方，因此其結構與資產類帳戶的結構基本相同，借方記錄增加，貸方記錄減少，只是由於借方記錄的費用成本的增加額在期末一般都要通過貸方轉出，所以該類帳戶通常沒有期末餘額。如果因某種情況有餘額，也表現為借方餘額。如「生產成本」帳戶，如有餘額，餘額在借方，表示期末在產品的生產成本。費用成本類帳戶的「丁」字形結構如圖3-8所示。

借方	成本費用類賬戶	貸方
增加額a		減少額c
增加額b		轉出額a+b-c
本期增加發生額：a+b		本期減少發生額：a+b

圖3-8　費用成本類帳戶的結構

(4) 收入類帳戶

由於收入的增加必然引起所有者權益的增加，因此，收入類帳戶的結構與負債及所有者權益的結構一致，貸方記錄收入的增加，借方記錄收入的減少，由於貸方記錄的收入增加額在期末一般都要通過借方轉出，所以該類帳戶通常也沒有期末餘額。收入類帳戶的「丁」字形結構如圖3-9所示。

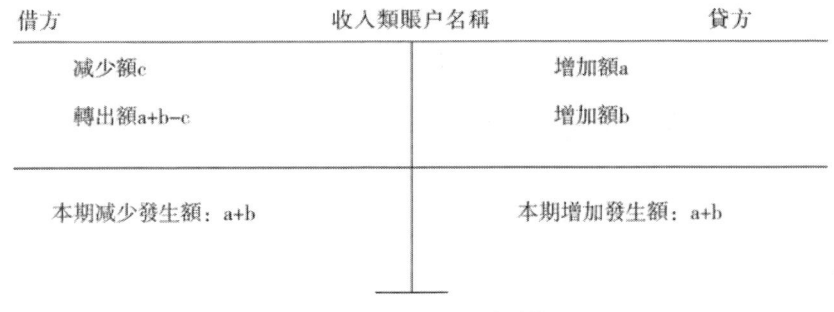

借方	收入類賬戶名稱	貸方
減少額c		增加額a
轉出額a+b-c		增加額b
本期減少發生額：a+b		本期增加發生額：a+b

圖3-9　收入類帳戶的結構

綜上所述可以看出，「借」「貸」二字作為記帳符號所表示的經濟含義是不一樣的。各類帳戶的結構如表3-4所示。

表3-4　　　　　　　　借貸記帳法下各類帳戶的結構

借　方	貸　方
資產增加	資產減少
負債及所有者權益減少	負債及所有者權益增加
費用成本增加	費用成本轉出或減少
收入轉出或減少	收入增加

(三) 借貸記帳法的記帳規則

記帳規則是進行會計記錄和檢查帳簿登記是否正確的依據和規律。不同的記帳方法，具有不同的記帳規則。借貸記帳法的記帳規則可以概括為：「有借必有貸，借貸必相等」。

根據復式記帳原理和借貸記帳法的理論基礎，在借貸記帳法下，對發生的任何一筆交易或事項，都應以相等的金額，在兩個或兩個以上相互聯繫的帳戶中進行記錄。所記入的帳戶可以是會計等式同一方向的，也可以是不同方向的，但每一筆交易或事項發生後，必須至少記入一個帳戶的借方和另一個帳戶的貸方，即「一借一貸」；如果交易或事項的發生同時涉及三個以上帳戶的，則需要至少記入一個帳戶的借方和多個帳戶的貸方，即「一借多貸」；或者至少記入一個帳戶的貸方和多個帳戶的借方，即「多借一貸」；還可以是記入多個帳戶的借方和多個帳戶的貸方，即「多借多貸」。亦即「有借必有貸」。但不管怎樣登記，記入帳戶借方的總金額與記入帳戶貸方的總金額必須相等，即「借貸必相等」。

三、借貸記帳法的運用

（一）運用方法

在實際運用借貸記帳法的記帳規則登記交易或事項時，一般要按三個步驟進行：

首先，根據發生的交易或事項，確定所涉及的會計要素項目及應設置的會計科目和帳戶，並判斷會計要素項目是增加還是減少。

其次，確定所涉及帳戶的性質，是資產、負債還是所有者權益，是收入還是費用，哪些要素增加，哪些要素減少。

最後，根據帳戶的結構，確定應計入各帳戶的方向，是借方還是貸方以及應計各帳戶的金額。凡涉及資產、費用成本的增加，負債、所有者權益的減少及收入的減少或轉出，都應記入各對應帳戶的借方；凡是涉及資產、費用成本的減少，負債、所有者權益的增加及收入的增加，都應記入各對應帳戶的貸方。現舉例說明借貸記帳法記帳規則的運用。

[例3-1] 訊達公司2009年12月31日的資產、負債及所有者權益各帳戶的餘額如表3-5所示（金額單位：元）。

表3-5　　　　　　　訊達公司資產、負債及所有者權益各帳戶餘額

資產類帳戶	金　額	負債及所有者權益類帳戶	金　額
庫存現金	1,000	短期借款	150,000
銀行存款	49,000	應付帳款	100,000
應收帳款	80,000	應付職工薪酬	30,000
原材料	220,000	應付利潤	40,000
固定資產	230,000	實收資本	180,000
		資本公積	80,000
總計	580,000	總計	580,000

從表3-5中，可以看到：

該公司2009年12月31日資產580,000＝負債320,000+所有者權益260,000。

訊達公司2010年1月份，發生以下交易或事項：

（1）3日，投資者繼續投入貨幣資金200,000元，手續已辦妥，款項已轉入本公司的存款帳戶。

這項交易或事項的發生說明，訊達公司在擁有260,000元資本金的前提下，繼續擴大規模，投入貨幣資金200,000元。這樣對於訊達公司來講，一方面使公司的「銀行存款」增加200,000元，「銀行存款」屬於資產類帳戶，資產的增加，記入對應「銀行存款」帳戶的借方；另一方面使公司的「實收資本」增加200,000元，「實收資本」屬於所有者權益帳戶，所有者權益的增加，記入對應「實收資本」帳戶的貸方。該筆交易或事項的發生引起會計等式兩邊資產項目和所有者權益項目同時等額增加。其登記如圖3-10所示。

借	銀行存款	貸		借	實收資本	貸
（1）200 000元					（1）200 000元	

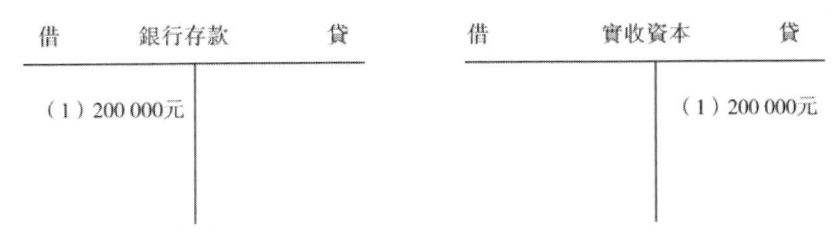

圖 3-10　訊達公司交易或事項登記

（2）5 日，向新樂公司購買原材料，但由於資金週轉緊張，料款 70,000 元尚未支付。

這項交易或事項的發生，一方面使公司的「原材料」增加 70,000 元，「原材料」屬於資產類帳戶，資產的增加，記入對應「原材料」帳戶的借方；另一方面使公司的「應付帳款」增加 70,000 元，「應付帳款」屬於負債類帳戶，負債的增加，記入對應帳戶「應付帳款」的貸方。該筆交易或事項的發生引起會計等式兩邊資產項目與負債項目同時等額增加。其登記如圖 3-11 所示。

借	原材料	貸		借	應付賬款	貸
（2）70 000元					（2）70 000元	

圖 3-11　訊達公司交易或事項登記

（3）6 日，歸還將於本月到期的銀行短期借款 80,000 元。

這項交易或事項的發生，一方面使公司的「銀行存款」減少 80,000 元，「銀行存款」屬於資產類帳戶，資產的減少，記入對應「銀行存款」帳戶的貸方；另一方面使公司的「短期借款」減少 80,000 元，「短期借款」屬於負債類帳戶，負債的減少，記入對應帳戶「短期借款」的借方。該筆交易或事項的發生引起會計等式兩邊資產項目與負債項目同時等額減少。其登記如圖 3-12 所示。

借	短期借款	貸		借	銀行存款	貸
（3）80 000元					（3）80 000元	

圖 3-12　訊達公司交易或事項登記

（4）10 日，上級主管部門按法定程序將一臺價值 100,000 元的設備調出，以抽回國家對該公司的投資。

這項交易或事項的發生，一方面使公司的「固定資產」減少 100,000 元，「固定資產」屬於資產類帳戶，資產的減少，記入對應「固定資產」帳戶的貸方；另一方面使

國家對訊達公司的投資減少，即公司的「實收資本」減少100,000元，實收資本屬於所有者權益帳戶，所有者權益的減少，記入對應「實收資本」帳戶的借方。該筆交易或事項的發生引起會計等式兩邊資產項目與所有者權益項目同時等額減少。其登記如圖3-13所示。

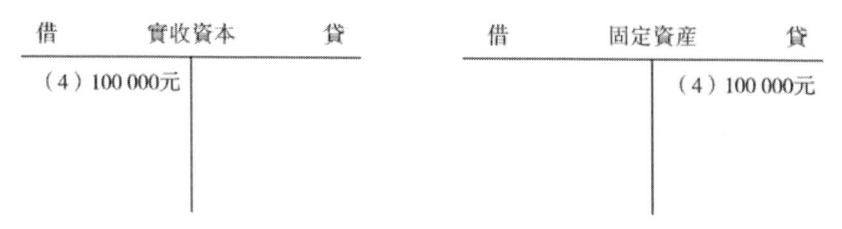

借	實收資本	貸		借	固定資產	貸
（4）100 000元						（4）100 000元

圖3-13　訊達公司交易或事項登記

（5）13日，開出轉帳支票40,000元，購買1臺電子儀器。

這項交易或事項的發生，一方面使公司的「固定資產」增加40,000元，「固定資產」屬於資產類帳戶，資產的增加，記入對應「固定資產」帳戶的借方；另一方面使公司的「銀行存款」減少40,000元，「銀行存款」屬於資產類帳戶，資產的減少，記入對應「銀行存款」帳戶的貸方。該筆交易或事項的發生引起會計等式左邊資產內部項目的一增一減。其登記如圖3-14所示。

借	固定資產	貸		借	銀行存款	貸
（5）40 000元						（5）40 000元

圖3-14　訊達公司交易或事項登記

（6）24日，開出一張面值為50,000元的商業匯票，以抵償原欠新樂公司的購料款。

這項交易或事項的發生，一方面使公司的「應付票據」增加50,000元，另一方面使公司的「應付帳款」減少50,000元。「應付票據」和「應付帳款」都屬於負債類帳戶，負債的增加，記入對應「應付票據」帳戶的貸方，負債的減少，記入對應「應付帳款」帳戶的借方。該筆交易或事項的發生引起會計等式右邊負債內部項目的一增一減。其登記如圖3-15所示。

借	應付帳款	貸		借	應付票據	貸
（6）50 000元						（6）50 000元

圖3-15　訊達公司交易或事項登記

(7) 27 日，公司按法定程序將資本公積 60,000 元轉增資本金。

這項交易或事項的發生，一方面使公司的「實收資本」增加 60,000 元，另一方面使公司的「資本公積」減少 60,000 元。資本公積和實收資本都屬於所有者權益類帳戶，所有者權益的增加，記入對應「實收資本」帳戶的貸方，所有者權益的減少，記入對應「資本公積」帳戶的借方。該筆交易或事項的發生引起會計等式右邊所有者權益內部項目的一增一減。其登記如圖 3-16 所示。

借	資本公積	貸		借	實收資本	貸
（7）60 000元					（7）60 000元	

圖 3-16　訊達公司交易或事項登記

(8) 29 日，訊達公司按法定程序將應支付給投資者的利潤 20,000 元轉增資本金。

這項交易或事項的發生，一方面使公司「實收資本」增加 20,000 元，另一方面使公司的「應付利潤」減少 20,000 元。實收資本屬於所有者權益類帳戶，應付利潤屬於負債類帳戶。實收資本的增加，記入對應「實收資本」帳戶的貸方，應付利潤的減少，記入對應「應付利潤」帳戶的借方。該筆交易或事項的發生引起會計等式右邊的所有者權益項目增加和負債項目同時等額減少。其登記如圖 3-17 所示。

借	應付利潤	貸		借	實收資本	貸
（8）20 000元					（8）20 000元	

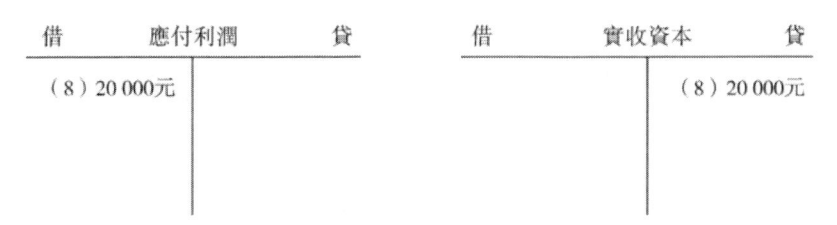

圖 3-17　訊達公司交易或事項登記

(9) 30 日，訊達公司承諾代紅中公司償還紅中公司前欠樂凱公司的貨款 90,000 元，但款項尚未支付。與此同時，辦妥相關手續，沖減紅中公司在訊達公司的投資。

這項交易或事項的發生，一方面使訊達公司的「應付帳款」增加 90,000 元，另一方面由於代甲公司支付此項欠款的同時減少甲公司在本公司的投資，使本公司的「實收資本」減少 90,000 元。實收資本屬於所有者權益類帳戶，應付帳款屬於負債類帳戶。應付帳款的增加，記入對應「應付帳款」帳戶的貸方，實收資本的減少，記入對應「實收資本」帳戶的借方。該筆交易或事項的發生引起會計等式右邊負債項目增加和所有者權益項目同時等額減少。其登記如圖 3-18 所示。

```
借         實收資本        貸              借        應付賬款         貸
       (9) 90 000元                              (9) 90 000元
```

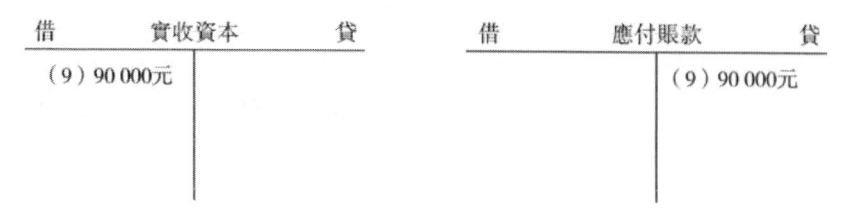

圖 3-18　訊達公司交易或事項登記

　　從以上案例可以看出，在借貸記帳法下，對發生的每一筆交易或事項，都應以相等的金額，按借貸相反的方向同時記入有關帳戶的借方和相應帳戶的貸方，且記入借貸雙方的總金額始終相等。即在借貸記帳法下，對發生的任何交易或事項的登記均應滿足「有借必有貸，借貸必相等」的記帳規則。

(二) 借貸記帳法下的會計分錄

　　1. 帳戶的對應關係和對應帳戶

　　從以上案例可以看出，在運用借貸記帳法對交易或事項進行會計核算時，在有關帳戶之間存在著應借、應貸的相互依存關係，帳戶之間的這種相互關係稱為帳戶的對應關係。存在對應關係的帳戶互稱為對應帳戶。如用現金 500 元購買原材料，該筆交易的發生，導致原材料的增加和庫存現金的減少，「原材料」帳戶與「庫存現金」帳戶均屬於資產類帳戶，原材料的增加記入「原材料」帳戶的借方，庫存現金的減少記入「庫存現金」帳戶的貸方。這樣「原材料」帳戶與「庫存現金」帳戶就形成了一種對應關係，兩個帳戶也就成了對應帳戶。通過帳戶的對應關係可以瞭解交易或事項的內容，檢查交易或事項的處理是否合理合法。

　　2. 會計分錄

　　在明確了借貸記帳法的記帳規則以後，就可以運用記帳規則，對發生的交易或事項編制會計分錄。會計分錄簡稱為分錄，是指按照借貸記帳法記帳規則的要求，對每一筆交易或事項用來標明應借、應貸帳戶的名稱、方向和金額的記錄。即會計分錄應具備三要素：帳戶名稱、記帳方向和記帳金額。

　　會計分錄有簡單會計分錄與複合會計分錄兩種。只涉及兩個帳戶的會計分錄就是簡單會計分錄，即「一借一貸」分錄。以上列舉的幾筆交易或事項的會計分錄都是簡單會計分錄。將以上列舉的幾筆交易或事項用會計分錄表示為：

(1) 借：銀行存款　　　　　　　　　　　　　　　　200,000
　　　貸：實收資本　　　　　　　　　　　　　　　　　200,000
(2) 借：原材料　　　　　　　　　　　　　　　　　　70,000
　　　貸：應付帳款　　　　　　　　　　　　　　　　　70,000
(3) 借：短期借款　　　　　　　　　　　　　　　　　80,000
　　　貸：銀行存款　　　　　　　　　　　　　　　　　80,000
(4) 借：實收資本　　　　　　　　　　　　　　　　100,000
　　　貸：固定資產　　　　　　　　　　　　　　　　100,000
(5) 借：固定資產　　　　　　　　　　　　　　　　 40,000

```
        貸：銀行存款                              40,000
(6) 借：應付帳款                                 50,000
        貸：應付票據                              50,000
(7) 借：資本公積                                 60,000
        貸：實收資本                              60,000
(8) 借：應付利潤                                 20,000
        貸：實收資本                              20,000
(9) 借：實收資本                                 90,000
        貸：應付帳款                              90,000
```

凡涉及兩個以上帳戶的會計分錄就是複合會計分錄。包括「一借多貸」分錄、「多借一貸」分錄和「多借多貸」分錄。對複合分錄舉例如下：

[例3-2] 某公司購買原材料一批，價值98,000元，其中用銀行存款支付48,000元，其餘款項尚未支付。

該項交易或事項涉及資產類帳戶：「原材料」帳戶、「銀行存款」帳戶和負債類帳戶中的「應付帳款」帳戶。該項交易或事項的發生，引起原材料增加98,000元，記入「原材料」帳戶的借方，引起銀行存款減少48,000元，記入「銀行存款」帳戶的貸方，以及引起應付帳款增加50,000元，記入「應付帳款」帳戶的貸方。編制複合會計分錄如下：

```
借：原材料                                       98,000
    貸：銀行存款                                  48,000
        應付帳款                                  50,000
```

[例3-3] 某公司購買一批原材料支付60,000元，購買一項專利支付30,000元，均以銀行存款支付。

該項交易或事項涉及「原材料」「無形資產」和「銀行存款」三個資產類帳戶。該項交易或事項的發生，引起原材料增加60,000元、無形資產增加30,000元，分別記入「原材料」帳戶的借方和「無形資產」帳戶的借方，引起銀行存款減少90,000元，記入「銀行存款」帳戶的貸方。編制複合會計分錄如下：

```
借：原材料                                       60,000
    無形資產                                     30,000
    貸：銀行存款                                  90,000
```

從上述會計分錄可知，在編制會計分錄時，應注意以下幾個問題：

(1) 會計分錄應該是借上貸下，借左貸右。即借方帳戶在上行，貸方帳戶在下行；貸方帳戶的記帳符號、名稱和金額都要比借方帳戶退後一格或兩格，複合會計分錄中的借方或貸方的帳戶名稱和金額要分別對齊。

(2) 為了反應資金運動的來龍去脈，保持帳戶之間的對應關係，《會計學基礎》中盡量避免使用多個借方帳戶和多個貸方帳戶，即編制多借多貸複合會計分錄。同時，在實際工作中，不允許將多項不同的交易或事項合併在一起編制一張複合會計分錄，但若是一項交易或事項是可以編制複合會計分錄的。

(3) 初學者在編製會計分錄時，最好按照以下步驟進行：

第一，分析交易或事項的內容，確定所涉及帳戶的名稱及其性質；

第二，判斷所涉及的帳戶是增加還是減少，進而確定記入帳戶的方向和金額；

第三，根據借貸記帳法的記帳規則和編製會計分錄的格式，編製會計分錄。

(三) 過帳

各項交易或事項編製會計分錄以後，應根據會計分錄記入有關總帳和明細帳，這個記帳的過程通常稱為「過帳」或「登帳」。過帳以後，一般要在月末進行結帳，即結算出各帳戶的本期發生額合計和期末餘額。過帳的一般步驟如下：

(1) 開設 T 型帳戶，並登記期初餘額。

(2) 根據會計分錄中所確定的帳戶名稱、方向和金額，逐筆逐日記入有關帳戶的借方和貸方。

(3) 期末，計算並登記各帳戶的本期借、貸方發生額和期末餘額。

現將〔例3-1〕中，訊達公司2010年1月發生的交易或事項的會計分錄記入如圖3-19所示的各帳戶中。

借	庫存現金	貸
期初餘額 1 000元		
本期發生額 —	本期發生額 —	
期末餘額 1 000元		

借	應付職工薪酬	貸
	期初餘額 30 000元	
本期發生額 —	本期發生額 —	
	期末餘額 30 000元	

借	銀行存款	貸
期初餘額 49 000元		
(1) 200 000元	(3) 80 000元	
	(5) 40 000元	
本期發生額 200 000元	本期發生額 120 000元	
期末餘額 129 000元		

借	應付賬款	貸
	期初餘額 100 000元	
(6) 50 000元	(2) 70 000元	
	(9) 90 000元	
本期發生額 50 000元	本期發生額 160 000元	
	期末餘額 210 000元	

借	原材料	貸
期初餘額 220 000元		
(2) 70 000元		
本期發生額 70 000元	本期發生額 —	
期末餘額 290 000元		

借	短期借款	貸
	期初餘額 150 000元	
(3) 80 000元		
本期發生額 80 000元	本期發生額 —	
	期末餘額 70 000元	

第三章　帳戶與復式記帳

借　　　固定資產　　　貸		借　　　應付票據　　　貸	
期初餘額230 000元			期初餘額0元
（5）40 000元	（4）100 000元		（6）50 000元
本期發生額40 000元	本期發生額100 000元	本期發生額—	本期發生額50 000元
期末餘額170 000元			期末餘額50 000元

借　　　應付利潤　　　貸		借　　　資本公積　　　貸	
	期初餘額40 000元		期初餘額80 000元
（8）20 000元			（7）60 000元
本期發生額20 000元	本期發生額—	本期發生額60 000元	本期發生額—
	期末餘額20 000元		期末餘額20 000元

借　　　應收賬款　　　貸		借　　　實收資本　　　貸	
期初餘額80 000元			期初餘額180 000元
		（4）100 000元	（1）200 000元
		（9）90 000元	（7）60 000元
			（8）20 000元
本期發生額—	本期發生額—	本期發生額190 000元	本期發生額280 000元
期末餘額80 000元			期末餘額270 000元

圖 3-19　訊達公司 2010 年 1 月會計分錄帳戶

四、借貸記帳法的試算平衡

　　企業對日常發生的交易或事項都要記入有關帳戶，內容龐雜，次數繁多，記帳稍有疏忽，便有可能發生差錯。因此，對全部帳戶的記錄必須定期進行試算，借以驗證帳戶記錄是否正確。根據會計等式「資產＝負債＋所有者權益」以及借貸記帳法的記帳規則，通過匯總、檢查和驗算確定所有帳戶記錄正確性和完整性的過程就稱為試算平衡。試算平衡包括發生額試算平衡和餘額試算平衡。

（一）發生額試算平衡

　　發生額試算平衡包括兩方面的內容：一是每筆會計分錄的發生額平衡，即每筆會計分錄的借方發生額必須等於貸方發生額，這是由借貸記帳法的記帳規則決定的；二是本期發生額的平衡，即本期所有帳戶的借方發生額合計必須等於所有帳戶的貸方發生額合計。因為本期所有帳戶的借方發生額合計，相當於把復式記帳的借方發生額相

加；所有帳戶的貸方發生額合計，相當於把復式記帳的貸方發生額相加，二者必然相等。這種平衡關係用公式表示為：

$$\begin{cases} 第一筆會計分錄的借方發生額 \\ \vdots \\ 第 n 筆會計分錄的借方發生額 \end{cases} = \begin{cases} 第一筆會計分錄的貸方發生額 \\ \vdots \\ 第 n 筆會計分錄的貸方發生額 \end{cases}$$

Σ 所有會計分錄的借方發生額 = Σ 所有會計分錄的貸方發生額

本期全部帳戶的借方發生額合計數＝本期全部帳戶的貸方發生額合計數

發生額試算平衡是根據上面兩種發生額平衡關係，來檢驗本期發生額記錄是否正確的方法。在實際工作中，發生額試算平衡是通過編制「總分類帳戶本期發生額試算平衡表」來進行的。仍以上述凱達公司 2010 年 1 月發生的交易或事項為例，將其編制的「總分類帳戶本期發生額試算平衡表」列示如表 3-6 所示。

表 3-6　　　　　　　總分類帳戶本期發生額試算平衡表　　　　　　　單位：元

會計科目	本期發生額 借方	本期發生額 貸方
庫存現金		
銀行存款	200,000	120,000
應收帳款		
原材料	70,000	
固定資產	40,000	100,000
短期借款	80,000	
應付票據		50,000
應付帳款	50,000	160,000
應付職工薪酬		
應付利潤	20,000	
實收資本	190,000	280,000
資本公積	60,000	
合計	710,000	710,000

（二）餘額試算平衡

餘額試算平衡是指所有帳戶的借方餘額之和與所有帳戶的貸方餘額之和相等。餘額試算平衡是用來檢驗本期帳戶記錄是否正確的方法。這是由「資產＝負債＋所有者權益」的恆等關係決定的。在某一時點上，有借方餘額的帳戶應是資產類帳戶，有貸方餘額的帳戶應是權益類帳戶，分別合計其金額，即是具有相等關係的資產與權益總額。根據餘額的時間不同，可分為期初餘額平衡和期末餘額平衡。本期的期末餘額平衡，結轉到下一期，就成為下一期的期初餘額平衡。這種關係可用下列公式表示：

全部資產帳戶期末借方餘額＝全部負債帳戶期末貸方餘額＋全部所有者權益帳戶期末貸方餘額

即：全部帳戶期末借方餘額合計數＝全部帳戶期末貸方餘額合計數

在實際工作中，餘額試算平衡是通過編制「總分類帳戶餘額試算平衡表」來進行的。訊達公司2010年1月末編制的「總分類帳戶餘額試算平衡表」，如表3-7所示。

表3-7　　　　　　　　　　總分類帳戶餘額試算平衡表　　　　　　　　單位：元

帳戶名稱	借方餘額	貸方餘額
庫存現金	1,000	
銀行存款	129,000	
應收帳款	80,000	
原材料	290,000	
固定資產	170,000	
短期借款		70,000
應付票據		50,000
應付帳款		210,000
應付職工薪酬		30,000
應付利潤		20,000
實收資本		270,000
資本公積		20,000
合計	670,000	670,000

在實際工作中，也可將「總分類帳戶本期發生額試算平衡表」和「總分類帳戶餘額試算平衡表」合併編制一張試算平衡表。訊達公司2010年1月末編制的「總分類帳戶本期發生額及餘額試算平衡表」，如表3-8所示。

表3-8　　　　　　　總分類帳戶本期發生額及餘額試算平衡表　　　　　　　單位：元

帳戶名稱	期初餘額 借方	期初餘額 貸方	本期發生額 借方	本期發生額 貸方	期末餘額 借方	期末餘額 貸方
庫存現金	1,000				1,000	
銀行存款	49,000		200,000	120,000	129,000	
應收帳款	80,000				80,000	
原材料	220,000		70,000		290,000	
固定資產	230,000		40,000	100,000	170,000	
短期借款		150,000	80,000			70,000
應付票據				50,000		50,000
應付帳款		100,000	50,000	160,000		210,000
應付職工薪酬		30,000				30,000
應付利潤		40,000	20,000			20,000
實收資本		180,000	190,000	280,000		270,000
資本公積		80,000	60,000			20,000
合計	580,000	580,000	710,000	710,000	670,000	670,000

應該看到,試算平衡表只是通過借貸金額是否平衡來檢查帳戶記錄是否正確,而有些錯誤對於借貸雙方的平衡並不會產生影響。因此,在編制試算平衡表時應注意以下問題:

(1) 必須保證所有帳戶的餘額均已記入試算平衡表。因為會計等式是對六項會計要素整體而言的,缺少任何一個帳戶的餘額,都會造成期初或期末借方與貸方餘額合計不相等。

(2) 如果借貸不平衡,可以肯定帳戶記錄有錯誤,應認真查找,直到實現平衡為止。

(3) 如果借貸平衡,並不能說明帳戶記錄絕對正確,因為有些錯誤對借貸雙方的平衡並不會產生影響。例如:

①漏記某項交易或事項,將使本期借貸雙方的發生額等額減少,借貸仍然平衡。

②重記某項交易或事項,將使本期借貸雙方的發生額等額增加,借貸仍然平衡。

③某項交易或事項記錯有關帳戶,借貸仍然平衡。如應記入「庫存現金」帳戶的,卻誤記入「銀行存款」帳戶中。

④某項交易或事項顛倒了記帳方向,借貸仍然平衡。如從銀行提取現金,應記入「庫存現金」帳戶的借方和「銀行存款」帳戶的貸方,但記帳時卻誤記為「庫存現金」帳戶的貸方和「銀行存款」帳戶的借方。

⑤借方或貸方發生額中,偶然一多一少並相互抵銷,借貸仍然平衡。如企業購入材料 10,000 元,用銀行存款支付 4,000 元,其餘 6,000 元暫欠。這筆經濟業務發生後,應計入「原材料」帳戶的借方 10,000 元,「銀行存款」帳戶的貸方 4,000 元和「應付帳款」帳戶的貸方 6,000 元;但記帳時卻記入「銀行存款」帳戶的貸方 6,000 元和「應付帳款」帳戶的貸方 4,000 元。「銀行存款」帳戶貸方多記的金額剛好和「應付帳款」帳戶貸方少記的金額相互抵銷。

因此,在編制試算平衡表之前,應仔細核對有關帳戶記錄,以消除上述錯誤。一般來說,除上述幾種情況以外,如果實現了發生額和餘額的平衡關係,說明帳戶記錄正確。

本章小結

會計科目是對會計對象具體內容進行分類核算的項目,是復式記帳中編制會計憑證和設置帳簿的基礎。企業應根據自身交易或事項的內容和特點以及經營管理的要求設置會計科目。設置會計科目既要堅持統一性和靈活性相結合,又要做到簡明扼要、通俗易懂,且保持相對穩定。

會計帳戶是指根據會計科目設置的,具有一定格式和結構,用來分類、連續地記錄交易或事項,反應會計要素增減變動及其結果的一種核算工具。會計科目與帳戶是兩個既相互區別,又相互聯繫的不同概念。會計科目和會計帳戶所反應的經濟內容相同,會計科目是會計帳戶的名稱,也是設置會計帳戶的依據,會計帳戶是會計科目的

具體運用。沒有會計科目，帳戶就失去了設置的依據；沒有帳戶，就無法發揮會計科目的作用。但會計科目只有名稱，沒有結構；帳戶既有名稱，又有結構。

借貸記帳法是以「借」「貸」為記帳符號，按照「有借必有貸，借貸必相等」的記帳規則，對每筆經濟業務都要在兩個或兩個以上相互關聯的帳戶中進行登記的一種複式記帳法。借貸記帳法是應用最為廣泛的一種複式記帳法。在借貸記帳法下，帳戶的性質不同，其結構也不相同。任何一筆經濟業務所涉及的兩個或兩個以上帳戶之間必然存在著某種相互依存的關係，這種關係稱為帳戶的對應關係。存在著對應關係的帳戶稱為對應帳戶。帳戶的對應關係是通過編制會計分錄來完成的。會計分錄由會計科目、記帳符號（方向）和記帳金額三個要素構成。會計分錄分為簡單會計分錄和複合會計分錄。在實際工作中，編制會計分錄的工作是通過編制記帳憑證來完成的。為了檢查帳戶記錄的正確性和完整性還必須進行試算平衡。試算平衡包括發生額試算平衡和餘額試算平衡。在實際工作中，試算平衡是通過編制「總分類帳戶本期發生額及餘額試算平衡表」完成的。

思考題

1. 什麼是會計科目？設置會計科目的原則有哪些？
2. 會計科目按其所反應的經濟內容分類可分為哪幾類？
3. 什麼是會計帳戶？會計科目與帳戶有何區別和聯繫？
4. 什麼是借貸記帳法？
5. 簡述借貸記帳法的記帳符號、記帳規則、帳戶結構和試算平衡。
6. 在借貸記帳法下，編制會計分錄時，應注意哪些問題？
7. 在借貸記帳法下，編制試算平衡表時，應注意哪些問題？
8. 什麼是過帳？過帳的一般步驟如何？

第四章　會計憑證

學習目標

1. 瞭解會計憑證的概念、意義；
2. 掌握會計的憑證的種類；
3. 瞭解原始憑證的概念；
4. 掌握原始憑證按不同的標準所進行的種類劃分；
5. 掌握原始憑證的基本內容；
6. 掌握原始憑證的填制要求；
7. 掌握原始憑證的審核內容及其結果的處理；
8. 瞭解記帳憑證的概念；
9. 掌握記帳憑證按不同的標準所進行的種類劃分；
10. 掌握記帳憑證的基本內容；
11. 掌握記帳憑證的編制要求；
12. 掌握記帳憑證的審核內容及其結果的處理；
13. 瞭解會計憑證的傳遞和保管。

案例：

嘉禾股份公司所屬的大明公司2013年9月1日有關帳戶（全部且為正常方向）餘額如下：

庫存現金：2,000元

銀行存款：52,600元

原材料：158,000元

庫存商品：?

應收帳款：12,000元

固定資產：275,000元

其他應收款：3,000元

短期借款：80,000元

應付帳款：24,000元

資本公積：?

盈餘公積：46,000元

實收資本：?

大明公司 9 月份發生的全部經濟業務如下：

1. 1 日，從銀行取得期限為 6 個月的借款 100,000 元，存入銀行。
2. 5 日，用銀行存款 25,000 元購入一臺全新設備，直接交付使用。
3. 7 日，公司的公出人員出差預借差旅費 1,000 元，付給現金。
4. 24 日，經公司的董事會批准將資本公積金轉增資本 100,000 元。
5. 25 日，收回某單位所欠本公司的貨款 10,000 元存入銀行。
6. 27 日，用銀行存款 50,000 元償還到期的銀行臨時借款。
7. 29 日，購入一批原材料價款為 22,000 元（不考慮增值稅），其中 20,000 元開出支票付款，餘款用現金支付。
8. 30 日，接受某投資人的投資 600,000 元，其中一臺全新設備 150,000 元投入使用，一項專利權作價 380,000 元，剩餘部分通過銀行劃轉。
9. 30 日，開出現金支票從銀行提取現金 5,000 元備用。

大明公司的會計對本月發生的經濟業務進行了相關的處理，並編制了月末的總分類帳戶試算平衡表，但由於時間倉促，加之會計對製造業企業有關經濟業務的處理不是很熟練，因而發生了某些帳務處理的錯誤，並編制了一張不平衡的試算平衡表，如表 4-1 所示。

表 4-1　　　　　　　　總分類帳戶本期發生額及餘額表　　　　　　　　單位：元

會計科目	期初餘額 借方	期初餘額 貸方	本期發生額 借方	本期發生額 貸方	期末餘額 借方	期末餘額 貸方
庫存現金	2,000		5,000	1,000	6,000	
銀行存款	52,600		180,000	77,000	155,600	
原材料	158,000		2,000		160,000	
庫存商品						
應收帳款	12,000		10,000		22,000	
固定資產	275,000		245,000		520,000	
無形資產			380,000		380,000	
其他應收款	3,000		1,000		4,000	
短期借款		80,000	50,000	100,000		130,000
應付帳款		24,000		25,000		49,000
資本公積			100,000			
盈餘公積		46,000				46,000
實收資本				700,000		700,000
合計	502,600	150,000	973,000	903,000	1,247,600	925,000

面對不平衡的試算表，會計對其核算過程進行了全面檢查，針對其錯誤和其他資料一併提供了以下信息：本公司月初的淨資產為 446,000 元；有關錯誤包括餘額的計算和帳務處理的錯誤。其中本月業務在處理過程中共發生四處錯誤，涉及「庫存現金」「銀行存款」「原材料」「應收帳款」「固定資產」和「應付帳款」帳戶。由於帳務處理的錯誤影響到帳戶記錄的錯誤，進而造成上述的試算表不平衡。

77

案例要求：
1. 編制本月的會計分錄，註明每筆業務應編制的記帳憑證。
2. 計算「庫存商品」「資本公積」和「實收資本」帳户的月初餘額。
3. 指出其錯誤所在並編制正確的試算平衡表。

案例提示：
首先編制本月業務的會計分錄，同時標明每筆業務涉及的記帳憑證：

1. 借：銀行存款　　　　　　　100,000
　　貸：短期借款　　　　　　　　　100,000（編制銀行存款收款憑證）
2. 借：固定資產　　　　　　　25,000
　　貸：銀行存款　　　　　　　　　25,000（編制銀行存款付款憑證）
3. 借：其他應收款　　　　　　1,000
　　貸：庫存現金　　　　　　　　　1,000（編制庫存現金付款憑證）
4. 借：資本公積　　　　　　　100,000
　　貸：實收資本　　　　　　　　　100,000（編制轉帳憑證）
5. 借：銀行存款　　　　　　　10,000
　　貸：應收帳款　　　　　　　　　10,000（編制銀行存款收款憑證）
6. 借：短期借款　　　　　　　50,000
　　貸：銀行存款　　　　　　　　　50,000（編制銀行存款付款憑證）
7. 借：原材料　　　　　　　　22,000
　　貸：銀行存款　　　　　　　　　20,000（編制銀行存款付款憑證）
　　　　庫存現金　　　　　　　　　2,000（編制庫存現金付款憑證）
8. 借：固定資產　　　　　　　150,000
　　　　無形資產　　　　　　　380,000　　　（編制轉帳憑證）
　　　　銀行存款　　　　　　　70,000　　　（編制銀行存款收款憑證）
　　貸：實收資本　　　　　　　　　600,000
9. 借：庫存現金　　　　　　　5,000
　　貸：銀行存款　　　　　　　　　5,000（編制銀行存款付款憑證）

其次，根據給定的月初資料，結合本月的業務處理可知，「資本公積」帳户的本月記錄沒有錯誤，其本期借方發生額為100,000元，而本期期末餘額為0元，則「資本公積」期初餘額為100,000元。而已知月初淨資產為446,000元，所以「實收資本」和「資本公積」兩個帳户的月初餘額之和為400,000（446,000-46,000）元，而「資本公積」帳户的期初餘額為100,000元，據此可以計算出「實收資本」帳户的月初餘額為300,000（400,000-100,000）元。根據「資產總額＝負債總額+所有者權益總額」的會計等式，就可以計算出「庫存商品」帳户的月初餘額為47,400（446,000+80,000+24,000-502,600）元。

編制正確的試算平衡表如表4-2所示。

表 4-2　　　　　　　　總分類帳戶本期發生額及餘額表　　　　　　　單位：元

會計科目	期初餘額 借方	期初餘額 貸方	本期發生額 借方	本期發生額 貸方	期末餘額 借方	期末餘額 貸方
庫存現金	2,000		5,000	3,000	4,000	
銀行存款	52,600		180,000	100,000	132,600	
原材料	158,000		22,000		180,000	
庫存商品	47,400				47,400	
應收帳款	12,000			10,000	2,000	
固定資產	275,000		175,000		450,000	
無形資產			380,000		380,000	
其他應收款	3,000		1,000		4,000	
短期借款		80,000	50,000	100,000		130,000
應付帳款		24,000				24,000
資本公積		100,000		100,000		
盈餘公積		46,000				46,000
實收資本		300,000		700,000		1,000,000
合計	550,000	550,000	913,000	913,000	1,200,000	1,200,000

說明：該公司會計編制的試算平衡表之所以不平衡，其原因有兩個方面：一是在「庫存商品」「資本公積」和「實收資本」帳戶的月初餘額沒有計算出來的情況下，編制試算表自然不平衡；二是根據本月有關業務記錄進行帳務處理乃至編制試算平衡表時發生錯誤，導致在試算表中將某些帳戶的發生額和餘額確定錯誤，即①將「庫存現金」帳戶貸方發生額的 2,000 元誤記入「銀行存款」帳戶；②將「銀行存款」帳戶貸方發生額的 25,000 元誤記入「應付帳款」帳戶；③將「應收帳款」帳戶貸方發生額的 10,000 元誤計入其借方；④將「原材料」帳戶的借方發生額中的 20,000 元誤記入「固定資產」帳戶。

會計憑證是會計核算的重要依據；填制和審核會計憑證是會計核算的一種專門方法，也是會計工作的起點和基礎。本章主要介紹會計憑證的意義和種類，原始憑證、記帳憑證的填制和審核以及會計憑證的傳遞和保管等內容。

第一節　會計憑證的意義和種類

一、會計憑證及意義

(一) 會計憑證的含義

會計憑證簡稱憑證，是在會計工作中用來記錄經濟業務、明確經濟責任，並據以

登記帳簿的依據，且具有一定法律效力的書面證明。

任何單位辦理一切經濟業務，都要經辦人員或有關部門填制或取得能證明經濟業務內容、數量、金額的憑證。正確地填制和審核會計憑證，是會計核算的基本方法之一，是進行會計核算工作的起點和基本環節，也是對經濟業務進行日常監督的重要環節。

會計管理工作要求會計核算提供真實的會計資料，強調記錄的經濟業務必須有根有據。因此，任何企業、事業和行政單位，每發生一筆經濟業務，都必須由執行或完成該項經濟業務的有關人員取得或填制會計憑證，並在憑證上簽名或蓋章，以對憑證上所記載的內容負責。例如，購買商品、材料由供貨方開出發票；支出款項由收款方開出收據；接收商品、材料入庫要有收貨單；發出商品要有發貨單；發出材料要有領料單等。這些發票、收據、發貨單、領料單都是會計憑證。任何會計憑證都必須經過有關人員的嚴格審核，確認無誤後，才能作為記帳的依據。

(二) 會計憑證的意義

填制和審核會計憑證是會計核算方法之一，是會計核算的初始階段和基本環節，是一項重要的基礎性會計工作。做好這一工作對於實現會計的職能，保證會計資料的真實性、客觀性、正確性，提高會計核算的質量，加強財產物資的管理等，都具有十分重要的意義。主要體現在以下三個方面：

1. 記錄經濟業務，提供記帳依據

企業發生的每一筆經濟業務，按規定都應由經辦單位和個人，將經濟業務發生的內容、時間、地點和條件等，填寫在會計憑證上，如實反應經濟業務。如產品銷售，經辦單位和個人將產品銷售的名稱、數量、單價、金額、銷售日期、憑證號數、經手人簽字、銷售單位公章和購貨單位名稱等都填寫在發貨票上，以便如實反應銷售業務情況。會計憑證上記載了經濟業務發生的時間和內容，從而為會計核算提供了原始憑據，保證了會計核算的客觀性與真實性，克服了主觀隨意性，使會計信息的質量得到了可靠保障。

2. 明確經濟責任，強化內部控制

經濟業務發生後，經辦單位和個人都要填寫會計憑證，由經辦人員和有關人員簽名或蓋章，從而明確了有關部門和人員的責任，這必然增強經辦人員以及其他有關人員的責任感，促使其嚴格按照有關法律法規和制度的規定辦事，在其職權範圍內各負其責，相互控制，同時也有利於今後發現問題時查明責任歸屬。而且通過會計憑證審核還可以及時發現經營管理上的薄弱環節，總結經驗教訓，以便採取措施，改進工作。

3. 監督經濟活動，控制經濟運行

經濟業務發生時，會計主管人員或其他會計人員根據會計憑證的記錄對經濟業務進行會計監督，檢查經濟業務是否符合有關國家的方針、政策、法律和制度，防止不合理、不合法的經濟業務發生。通過對會計憑證的檢查從而發現存在的問題，及時採取措施糾正，以便改進日常會計核算工作，加強會計管理。

根據審核無誤的會計憑證才能登記會計帳簿，沒有會計憑證不能登記帳簿。根據會計憑證登記會計帳簿，表明經濟業務發生的時間、內容和金額（或數量、金額），保證帳簿記錄的正確性；將全部會計憑證的記錄不重不漏地登記在帳簿上，保證帳簿記錄的完整性。

二、會計憑證的種類

經濟業務的紛繁複雜決定了會計憑證是多種多樣的。為了正確地使用和填制會計憑證，必須對會計憑證進行分類。按其填制的程序和用途的不同來劃分，可以分為原始憑證和記帳憑證兩類。

原始憑證又稱單據，是指在經濟業務發生或完成時取得或填制的，用以記錄或證明經濟業務的發生或完成情況，明確經濟責任的原始憑據。原始憑證是進行會計核算的原始資料和重要依據。如發貨票、委託銀行收款結算憑證、借款單、差旅費報銷單、收料單和領料單等。

記帳憑證又稱記帳憑單，是會計人員根據審核無誤的原始憑證或匯總原始憑證，按照經濟業務的內容加以歸類，並據以確定會計分錄後所填制的會計憑證，它是登記帳簿的直接依據。如收款憑證、付款憑證和轉帳憑證等。

第二節　原始憑證

一、原始憑證的含義及內容

(一) 原始憑證的含義

原始憑證又稱單據，是在經濟業務發生或完成時取得或填制的，用以記錄或證明經濟業務的發生或完成情況的原始憑據。

原始憑證是證明經濟業務發生的原始依據，具有較強的法律效力，是一種很重要的會計憑證。凡不能證明經濟業務發生或完成情況的各種單據，不能作為原始憑證並據以記帳，如購銷合同、購料申請單等。因此，原始憑證是會計核算的重要原始資料。原始憑證的質量決定了會計信息的真實性和可靠性。會計人員對不真實、不合法的原始憑證，不予受理；對記載不準確、不完整的原始憑證，應予以退回，要求更正、補充。

各單位在辦理庫存現金收付、款項結算、財產收發、成本計算、產品生產、產品銷售等各項經營業務時，都必須取得或填制原始憑證來證明經濟業務已經發生或完成，並作為會計核算的依據。例如，企業採購材料時取得由供貨單位提供的發票，運輸單位的運貨憑證和銀行的結算憑證等可以用來證明經濟業務已經實際發生的單據就屬於原始憑證，並作為會計核算的原始資料。

(二)原始憑證的基本內容

由於經濟業務的種類和內容不同，經營管理的要求不同，原始憑證的格式和內容也千差萬別。但無論何種原始憑證，都必須做到所載明的經濟業務清晰，經濟責任明確。原始憑證一般應具備以下基本內容（也稱為原始憑證要素）：

(1) 原始憑證的名稱；
(2) 填制原始憑證的日期和編號；
(3) 填制憑證單位的名稱或填制人的姓名；
(4) 接受憑證單位的名稱；
(5) 經濟業務的內容；
(6) 經濟業務的實物數量、單價和金額；
(7) 經辦單位或人員蓋章或簽名。

有些原始憑證，不僅要滿足會計工作的需要，還應滿足其他管理工作的需要。因此，在有些憑證上，除具備上述內容外，還應具備其他一些項目，如與業務有關的經濟合同、結算方式、費用預算等，以更加完整、清晰地反應經濟業務。

在實際工作中，各單位根據會計核算和管理的需要，可自行設計印製適合本單位需要的各種原始憑證。但是對於在一個地區範圍內經常發生的大量同類經濟業務，應由各主管部門統一設計印製原始憑證。如銀行統一印製的銀行匯票、轉帳支票和現金支票等，由鐵路部門統一印製的火車票，由稅務部門統一印製的有稅務登記的發票，財政部門統一印製的收款收據等。這樣，不但可以使原始憑證的內容格式統一，而且便於加強監督管理。

二、原始憑證的種類

原始憑證可以根據不同的標準進行分類。

(一)按來源不同分類

原始憑證按其來源的不同，可以分為外來原始憑證和自製原始憑證。

1. 外來原始憑證

外來原始憑證亦稱外部原始憑證，是本單位在同其他單位發生經濟業務時，收到外部單位填制的原始憑證。如購買材料時取得的增值稅專用發票、銀行轉來的各種結算憑證、對外支付款項時取得的收據、職工出差取得的飛機票、車船票等。如圖4-1、圖4-2所示。

圖 4-1　廣西增值稅專用發票

圖 4-2　南寧市本地網電信業務專用發票

2. 自製原始憑證

自製原始憑證亦稱內部原始憑證，是指由本單位內部經辦業務的部門或個人，在執行或完成某項經濟業務時自行填制的、僅供本單位內部使用的原始憑證，如收料單、領料單、限額領料單、產品入庫單、產品出庫單、職工借款單、工資發放明細表、折舊計算表等。如表 4-3 所示。

表 4-3　　　　　　　　　　　　　　　領 料 單

領料部門　　　　　　　　　　　　　　　　　　　　　　領料編號
領料用途　　　　　　　　　　　年　月　日　　　　　　發料倉庫

材料編號	材料名稱及規格	計量單位	數量 請領	數量 實領	單價	金額
備註					合計	

第一聯

審批人　　　　　　　領料人　　　　　　　記帳

(二) 按照填制手續不同分類

原始憑證按照填制手續不同，可以分為一次憑證、累計憑證和匯總憑證。

1. 一次憑證

一次憑證是指一次填制完成、只記錄一筆經濟業務的原始憑證。所有的外來原始憑證和大部分的自製原始憑證都屬於一次憑證。如購貨發票、銷貨發票、收據、領料單、借款單、銀行結算憑證等。一次憑證是一次有效的憑證。這種憑證單一，便於分類保管和使用，核算簡單。借款單格式如表 4-4 所示。

表 4-4　　　　　　　　　　　　　　　借 款 單

借款理由：
借款數額（大寫）............................¥ 　　　　　　　　　　　　借款人簽章　　　　　　年　月　日
單位負責人意見：　　　　　　　　會計主管人員意見：

2. 累計憑證

累計憑證是指在一定時期內多次記錄發生的同類型經濟業務的原始憑證。其特點是，在一張憑證內可以連續登記相同性質的經濟業務，隨時結出累計數及結餘數，並按照費用限額進行費用控制，期末按實際發生額記帳。累計憑證是多次有效的原始憑證。這類憑證的填制手續是多次進行才能完成的。它一般為自製原始憑證，最具有代表性的累計憑證是「限額領料單」，如表 4-5 所示。

表 4-5　　　　　　　　　　　　　　限額領料單

領料部門　　　　　　　　　　　　　　　　　　　　領料編號
領料用途　　　　　　　　　　　　　年　月　日　　發料倉庫

材料類別	材料編號	材料名稱及規格	計量單位	領用限額	實際領用	單價	金額	備註

供應部門負責人：　　　　　　　　　生產計劃部門負責人：

日　期	領　用			退　料			限額結餘
	請領數量	實發數量	發料人簽章	領料人簽章	退料數量	退料人簽章	收料人簽章	

3. 匯總憑證

匯總憑證也稱原始憑證匯總表，是指對一定時期內反應經濟業務內容相同的若干張原始憑證，按照一定標準綜合填制的原始憑證。它合併了同類型經濟業務，簡化了記帳工作量。

常用的匯總原始憑證有：發出材料匯總表、工資結算匯總表、銷售日報、差旅費報銷單等。匯總憑證如表 4-6 所示。

表 4-6　　　　　　　　　　　　　發出材料匯總表
　　　　　　　　　　　　　　　　年　月　日

會計科目	領料部門	領　用　材　料			
		原材料	包裝物	低值易耗品	合計
生產成本	一車間 二車間				
	小計				
	供電車間 供水車間				
	小計				
製造費用	一車間 二車間				
	小計				
管理費用	行政部門				
合　計					

會計主管　　　　　　　　復核　　　　　　　　製表

(三) 按原始憑證格式不同分類

原始憑證按照格式不同，可以分為通用憑證和專用憑證。

1. 通用憑證

通用憑證是指由有關部門統一印製、在一定範圍內使用的具有統一格式和使用方法的原始憑證。通用憑證的使用範圍，因製作部門不同而異。可以是某一地區、某一行業，也可以是全國通用。如全國統一的異地結算銀行憑證，部門統一規定的收料單、領料單，地區統一規定的發貨單等。這種憑證格式標準，內容規範，便於比較；統一負責印製，可以降低核算費用。

2. 專用憑證

專用憑證是指由單位自行印製、僅在本單位內部使用的原始憑證。如領料單、差旅費報銷單、折舊計算表、借款單、工資費用分配表等。

三、原始憑證的填制要求

為了充分發揮會計憑證的作用，如實地反應經濟活動，在會計核算工作中，對原始憑證不僅規定其必須具備的基本內容和格式，而且原始憑證的填制和處理也必須依據一定的規則，在規定的憑證格式中，按照要求的內容填寫。為做好這項工作，首先，要使有關人員都能夠充分認識到原始憑證在核算和經營管理上的重要作用；其次，要加強經濟管理上的責任制，使有關人員能夠明確本職工作，認真負責辦理憑證手續，嚴格遵照制度辦事。在此基礎上按照下列具體要求做好原始憑證的填制工作。

(1) 記錄要合法、真實。即原始憑證所反應的經濟業務必須符合國家有關政策、法令、法規、制度的要求；原始憑證所填列的經濟業務內容和數字，必須真實可靠，符合實際情況。不得弄虛作假，更不得偽造憑證。

(2) 內容要完整。原始憑證所要求填列的項目必須逐項填列齊全，不得遺漏和省略。需要注意的是，年、月、日要按照填制原始憑證的實際日期填寫；名稱要齊全，不能簡化；品名或用途要填寫明確，不能含糊不清；有關人員的簽章必須齊全，以示對憑證的真實性和合法性負完全責任。

(3) 手續要完備。單位自製的原始憑證必須有經辦單位領導人或者其他指定的人員簽名蓋章；對外開出的原始憑證必須加蓋本單位公章；從外部取得的原始憑證，必須蓋有填製單位的公章；從個人取得的原始憑證，必須有填制人員的簽名蓋章。總之，取得的原始憑證必須符合手續完備的要求，以明確經濟責任，確保憑證的合法性、真實性。

(4) 書寫要清楚、規範。原始憑證要按規定填寫，文字要簡要，字跡要清楚，易於辨認，不得使用未經國務院公布的簡化漢字。

(5) 凡填有大寫和小寫金額的原始憑證，大、小寫金額必須相符，且金額書寫必須符合以下規範要求：

①小寫金額用阿拉伯數字逐個書寫，不得寫連筆字，在金額前要填寫人民幣符號「￥」，人民幣符號「￥」與阿拉伯數字之間不得留有空白。

②所有以元為單位（其他貨幣種類為貨幣基本單位，下同）的阿拉伯數字，除表示單價等情況外，一律填寫到角分；無角分的，角位和分位可寫「00」或符號「——」，有角無分的，分位應寫「0」，不得用符號「——」代替。

③漢字大寫金額一律用壹、貳、叁、肆、伍、陸、柒、捌、玖、拾、佰、仟、萬、億、元、角、分、零、整等，用正楷或行書體書寫，不得亂造簡化字，不得用0、一、二、三、四、五、六、七、八、九、十等代替。大寫金額前未印有「人民幣」字樣的，應加寫「人民幣」三個字，「人民幣」字樣和大寫金額之間不得留有空白，大寫金額到元或角為止的，後面要寫「整」或「正」字，有分的，不寫「整」或「正」字。阿拉伯數字金額中間有「0」，漢字大寫金額要寫「零」字；阿拉伯數字金額中間連續有幾個「0」時，漢字大寫金額中可以只寫一個「零」字；阿拉伯數字金額元位是「0」，或者數字中間連續有幾個「0」時，或元位是「0」，但角位不是「0」時，漢字大寫金額可以只寫一個「零」字，也可以不寫「零」字。如小寫金額為￥5,006.00，大寫金額應寫成「人民幣伍仟零陸元整」。如小寫金額為￥9,900.15，大寫金額應寫成「人民幣玖仟玖佰零壹角伍分或人民幣玖仟玖佰壹角伍分」。

（6）編號要連續。各種憑證要連續編號，以便查考。如果憑證已預先印定編號，如發票、支票等重要憑證，在寫壞作廢時，應加蓋「作廢」戳記，妥善保管，不得撕毀。

（7）不得塗改、刮擦、挖補。原始憑證有錯誤的，應當由出具單位重開或更正，更正處應當加蓋出具單位印章。原始憑證金額有錯誤的，應當由出具單位重開，不得在原始憑證上更正。

（8）填制要及時。各種原始憑證一定要及時填寫，並按規定的程序及時送交會計機構、會計人員進行審核，並據以填制記帳憑證。

四、原始憑證的審核

為了如實反應經濟業務的發生和完成情況，充分發揮會計的監督職能，保證會計信息的真實性、可靠性和正確性，會計機構、會計人員必須對原始憑證進行嚴格審核。具體包括：

（1）審核原始憑證的合法性和真實性。審核原始憑證所記錄經濟業務是否有違反國家法律法規的情況，是否履行了規定的憑證傳遞和審核程序，是否有貪污腐化等行為。原始憑證作為會計信息的基本信息源，其真實性對會計信息的質量具有至關重要的影響。其真實性的審核包括憑證日期是否真實、業務內容是否真實、數據是否真實等內容的審查。對外來原始憑證，必須有填製單位公章和填制人員簽章；對自製原始憑證，必須有經辦部門和經辦人員的簽名或蓋章。此外，對通用原始憑證，還應審核憑證本身的真實性，以防假冒。

（2）審核原始憑證的正確性。審核原始憑證各項金額的計算及填寫是否正確，包括：阿拉伯數字分位填寫，不得連寫；小寫金額前要標明「￥」字樣，中間不能留有空位；大寫金額前要加「人民幣」字樣，大寫金額與小寫金額要相符；憑證中有書寫錯誤的，應採用正確的方法更正，不能採用塗改、刮擦、挖補等不正確方法。

（3）審核原始憑證的完整性。審核原始憑證各項基本要素是否齊全、是否有漏項情況，日期是否完整，數字是否清晰，文字是否工整，有關人員簽章是否齊全，憑證聯次是否正確等。

　　（4）審核原始憑證的合理性。審核原始憑證所記錄經濟業務是否符合企業生產經營活動的需要、是否符合有關的計劃和預算等。

　　（5）審核原始憑證的及時性。原始憑證的及時性是保證會計信息及時性的基礎。為此，要求在經濟業務發生或完成時及時填制有關原始憑證，及時進行憑證的傳遞。審核時應注意審查憑證的填制日期，尤其是支票、銀行匯票、銀行本票等時效性較強的原始憑證，更應仔細驗證其簽發日期。

　　經審核的原始憑證應根據不同情況處理：

　　（1）對於完全符合要求的原始憑證，應及時據以編制記帳憑證入帳。

　　（2）對於真實、合法、合理但內容不夠完整、填寫有錯誤的原始憑證，應退回給有關經辦人員，由其負責將有關憑證補充完整、更正錯誤或重開後，再辦理正式會計手續。

　　（3）對於不真實、不合法的原始憑證，會計機構、會計人員有權不予接受，並向單位負責人報告。

　　原始憑證的審核是一項嚴肅細緻的重要工作，會計人員必須熟悉國家有關法規和制度以及本單位的有關規定，這樣，才能掌握審核和判斷是非的標準，確定經濟業務是否合理、合法，從而做好原始憑證的審核工作，實現正確有效的會計監督。另外，審核人員還必須做好宣傳解釋工作，因為原始憑證所證明的經濟業務需要由有關領導和職工去經辦，只有對他們做好宣傳解釋工作，才能避免發生違法違規的經濟業務。

第三節　記帳憑證

一、記帳憑證含義及基本內容

（一）記帳憑證的含義

　　記帳憑證又稱記帳憑單，是會計人員根據審核無誤的原始憑證，按照經濟業務事項的內容加以歸類，並據以確定會計分錄後所填制的會計憑證，它是登記帳簿的直接依據。

　　在實際工作中，由於原始憑證來自不同的單位，種類繁多，數量龐大，格式大小不一，不便於填列應借、應貸的會計科目和金額，不便於記帳和查帳。為了便於登記帳簿，需將原始憑證加以歸類、整理，填制具有統一格式的記帳憑證，確定會計分錄並將相關的原始憑證附在記帳憑證的後面。這樣不但簡化了記帳工作，避免記帳發生差錯，還有利於原始憑證的保管，便於對帳和查帳，提高了會計工作的質量。所以，記帳憑證具有分類歸納原始憑證和滿足登記會計帳簿的作用。

　　記帳憑證根據復式記帳法的基本原理，確定了應借、應貸的會計科目及其金額，

將原始憑證中的一般數據轉化為會計語言。因此,記帳憑證是介於原始憑證與帳簿之間的中間環節,是登記明細分類帳戶和總分類帳戶的依據。

記帳憑證和原始憑證同屬於會計憑證,但二者之間存在著以下差別:

(1) 原始憑證由經辦人員填制,而記帳憑證一律由會計人員填制。

(2) 原始憑證是根據發生或完成的經濟業務填制的,而記帳憑證則是根據審核後的原始憑證填制。

(3) 原始憑證僅用以記錄、證明經濟業務已經發生或完成,而記帳憑證則要依據會計科目對已經發生或完成的經濟業務進行歸類、整理編制。

(4) 原始憑證是記帳憑證的附件和填制記帳憑證的依據,而記帳憑證則是登記帳簿的依據。

(二) 記帳憑證的基本內容

記帳憑證的種類、格式不一,但其主要作用都是對原始憑證進行歸類、整理,確定會計科目,據以登記帳簿。因此記帳憑證應具備以下基本內容或要素:

(1) 記帳憑證的名稱。記帳憑證的名稱通常分為收款憑證、付款憑證和轉帳憑證。

(2) 填制記帳憑證的日期。記帳憑證是在哪一天編制的,就寫上哪一天。記帳憑證的填制日期與原始憑證的填制日期可能相同,也可能不同。記帳憑證應及時填制,但一般稍後於原始憑證的填制。

(3) 記帳憑證的編號。記帳憑證要根據經濟業務發生的先後順序按月連續編號,按編號順序記帳。企業既可以按收款、付款、轉帳三類業務分收、付、轉三類編號,也可細分為現收、現付、銀收、銀付、轉帳五類編號。例如,本月有庫存現金收款憑證 20 張,編號即從「現收字第 1 號」編至「現收字第 20 號」止,其餘類推。這種編號,也是出納登記庫存現金和銀行存款日記帳的依據。如一張憑證涉及兩張記帳憑證的,可以分數表示其分號,如「1/2」「2/2」等。憑證編了號,便於裝訂保管和登記帳簿,也便於日後檢查。

(4) 經濟業務事項的內容摘要。摘要應能清晰地揭示經濟業務的內容,同時要簡明扼要。

(5) 經濟業務事項所涉及的會計科目及其記帳方向。

(6) 經濟業務事項的金額。

(7) 記帳標記。

(8) 所附原始憑證張數。原始憑證是編制記帳憑證的根據,缺少它就無從審核記帳憑證正確與否。

(9) 會計主管、記帳、審核、出納、製單等有關人員簽章。

二、記帳憑證的種類

(一) 按內容分類

記帳憑證按其反應經濟業務的內容不同,可以分為收款憑證、付款憑證和轉帳憑證。收款憑證、付款憑證和轉帳憑證也稱為專用記帳憑證。

1. 收款憑證

收款憑證是指用於記錄現金和銀行存款收款業務的會計憑證。收款憑證又可分為現金收款憑證和銀行收款憑證。它是出納人員根據現金收入業務和銀行存款收入業務的原始憑證編制的專用憑證，據以作為登記庫存現金和銀行存款等有關帳戶（帳簿）的依據。其格式如表 4-7 所示。

表 4-7　　　　　　　　　　　　收　款　憑　證

借方科目：　　　　　　　　　　　　　　　　　　　　　　____字第____號

摘 要	貸方科目		金 額									記帳
	總帳科目	明細科目	千	百	十	萬	千	百	十	元	角	分	
合　計													

會計主管　　　　記帳　　　　出納　　　　審核　　　　製表

附單據張

2. 付款憑證

付款憑證是指用於記錄庫存現金和銀行存款付款業務的會計憑證。付款憑證又可分為現金付款憑證和銀行存款付款憑證。它是出納人員根據現金和銀行存款付出業務的原始憑證編制的專用憑證，作為登記庫存現金和銀行存款等有關帳戶（帳簿）的依據。付款憑證的格式如表 4-8 所示。

表 4-8　　　　　　　　　　　　付　款　憑　證

貸方科目：　　　　　　　　　　　　　　　　　　　　　　____字第____號

摘 要	借方科目		金 額									記帳
	總帳科目	明細科目	千	百	十	萬	千	百	十	元	角	分	
合　計													

會計主管　　　　記帳　　　　出納　　　　審核　　　　製表

附單據張

3. 轉帳憑證

轉帳憑證是指用於記錄不涉及庫存現金和銀行存款業務的會計憑證。在經濟業務中，凡是不涉及庫存現金和銀行存款收付的業務，稱之為轉帳業務，如計提固定資產折舊、車間領用原材料、期末結轉成本等。會計人員根據有關轉帳業務的原始憑證編制的，作為記帳依據的專用憑證。其格式如表 4-9 所示。

表 4-9

轉 帳 憑 證

年　月　日　　　　　　　　　　　　　____字第____號

摘　要	會計科目		借　　方										貸　　方										√
	總帳科目	明細科目	千	百	十	萬	千	百	十	元	角	分	千	百	十	萬	千	百	十	元	角	分	
合　計																							

附單據　　張

會計主管　　　　　記帳　　　　　出納　　　　　審核　　　　　製表

將記帳憑證劃分為收款憑證、付款憑證和轉帳憑證三種，便於按經濟業務對會計人員進行分工，也便於提供分類核算數據，為記帳工作帶來方便，但工作量較大。此種做法為大多數企事業單位所採用，適用於規模較大、收付業務較多的單位。但是，對於經濟業務較簡單、規模較小、收付業務較少的單位，為了簡化核算，還可採用通用記帳憑證來記錄所有經濟業務。通用記帳憑證是指對全部業務不再區分收款、付款及轉帳業務，而將所有經濟業務統一編號，在同一格式的憑證中進行記錄。通用記帳憑證的格式與轉帳憑證基本相同。

(二) 按照填列方式分類

記帳憑證按其填列方式，可分為復式憑證和單式憑證兩種。

1. 復式憑證

復式憑證亦稱多項記帳憑證，是指將每一筆經濟業務事項所涉及的全部會計科目及其發生額均在同一張記帳憑證中反應的一種憑證。它是實際工作中應用最普遍的記帳憑證。復式憑證可以集中反應帳戶的對應關係，便於瞭解經濟業務的來龍去脈；可以減少記帳憑證的張數。但不便於匯總計算每一會計科目的發生額，不便於分工記帳。以上所舉收款憑證、付款憑證和轉帳憑證，以及通用記帳憑證均為復式憑證。

2. 單式憑證

單式憑證亦稱單項記帳憑證，是指每一張記帳憑證只填列經濟業務事項所涉及的一個會計科目及其金額的記帳憑證。填列借方科目的稱為借項憑證，填列貸方科目的

稱為貸項憑證。某項經濟業務涉及幾個會計科目，就編制幾張單式憑證。單式憑證反應內容單一，便於分工記帳，便於按會計科目匯總，但一張憑證不能反應每一筆經濟業務的全貌，不便於檢驗會計分錄的正確性，而且記帳憑證數量多，填制工作量大。

由於單式憑證的使用範圍較窄，以下不再做專門介紹。

三、記帳憑證的編制要求

(一) 基本要求

記帳憑證的主要作用是將經濟信息資料轉化為會計信息。由於記帳憑證是登記帳簿的直接依據，它的填制是否正確將直接關係著帳簿登記的質量。因此，編制記帳憑證要按照有關規定進行，其基本要求如下：

(1) 記帳憑證各項內容必須完整。

(2) 記帳憑證應連續編號。一筆經濟業務需要填制兩張以上記帳憑證的，可以採用分數編號法編號。

例如，一筆經濟業務需編制四張轉帳憑證，該轉帳憑證的順序號為第 8 號，則這筆業務可編制轉字第 $8\frac{1}{4}$ 號、第 $8\frac{2}{4}$ 號、第 $8\frac{3}{4}$ 號和第 $8\frac{4}{4}$ 號四張憑證。每月最後一張記帳憑證的編號旁邊可加註「全」字，以防憑證發生散失。

(3) 記帳憑證的書寫應清楚、規範。相關要求同原始憑證。

(4) 記帳憑證可以根據每一張原始憑證填制，或根據若干張同類原始憑證匯總編制，也可以根據原始憑證匯總表填制。但不得將不同內容和類別的原始憑證匯總填制在一張記帳憑證上。

(5) 除結帳和更正錯誤的記帳憑證可以不附原始憑證外，其他記帳憑證必須附有原始憑證。所附原始憑證張數的計算，一般以原始憑證的自然張數為準。與記帳憑證中的經濟業務事項記錄有關的每一張證據都應當作為原始憑證的附件。如果記帳憑證中附有原始憑證匯總表，則應該把所附原始憑證和原始憑證匯總表的張數一起計入附件的張數之內。但報銷差旅費等零散票券，可以粘貼在一張紙上，作為一張原始憑證。一張原始憑證如涉及幾張記帳憑證的，可以把原始憑證附在一張主要的記帳憑證後面，並在其他記帳憑證上註明附有該原始憑證的記帳憑證的編號或者附上該原始憑證的複印件。

一張原始憑證所列的支出需要由幾個單位共同負擔時，應當由保存該原始憑證的單位開具原始憑證分割單給其他應負擔的單位。原始憑證分割單必須具備原始憑證的基本內容：如憑證的名稱、填制憑證的日期、填制憑證單位的名稱或填制人的姓名、經辦人員的簽名或蓋章、接受憑證單位的名稱、經濟業務的內容、數量、單價、金額和費用的分攤情況等。

(6) 填制記帳憑證時若發生錯誤應當重新填制。已登記入帳的記帳憑證在當年內發現填寫錯誤時，可以用紅字填寫一張與原內容相同的記帳憑證，在摘要欄註明「註銷某月某日某號憑證」字樣，同時再用藍字重新填制一張正確的記帳憑證，註明「訂

正某月某日某號憑證」字樣。如果會計科目沒有錯誤，只是金額錯誤，也可將正確數字與錯誤數字之間的差額，另編一張調整的記帳憑證，調增金額用藍字、調減金額用紅字。發現以前年度記帳憑證有錯誤的，應當用藍字填制一張更正的記帳憑證。

（7）記帳憑證填制完經濟業務事項後，如有空行，應當自金額欄最後一筆金額數字下的空行處至合計數上的空行處劃線註銷。

(二) 收款憑證的編制要求

收款憑證左上角的「借方科目」按收款的性質填寫「庫存現金」或「銀行存款」；日期填寫的是編制本憑證的日期；右上角填寫編制收款憑證的順序號；「摘要」填寫對所記錄的經濟業務的簡要說明；「貸方科目」填寫與收入現金或銀行存款相對應的會計科目；「記帳」是指該憑證已登記帳簿的標記，防止經濟業務事項重記或漏記；「金額」是指該項經濟業務事項的發生額；該憑證右邊「附單據　張」是指本記帳憑證所附原始憑證的張數；最下邊分別由有關人員簽章，以明確經濟責任。

［例 4-1］宏達公司 20×8 年 1 月 15 日，收到上月長林公司所欠銷貨款 78,060 元，存入銀行。應編制收款憑證如表 4-10 所示。

表 4-10　　　　　　　　　　收　款　憑　證
借方科目：銀行存款　　　　　20×8 年 1 月 15 日　　　　　　　銀收 字第 1 號

摘　要	貸方科目		金　額								記帳
	總帳科目	明細科目	千	百	十	萬	千	百	十	元	角	分	
收前欠款存銀行	應收帳款	長林公司			7	8	0	6	0	0		
合　　計			¥	7	8	0	6	0	0		

附單據　張

會計主管　　　　記帳　　　　出納　　　　審核　　　　製單：毛樂

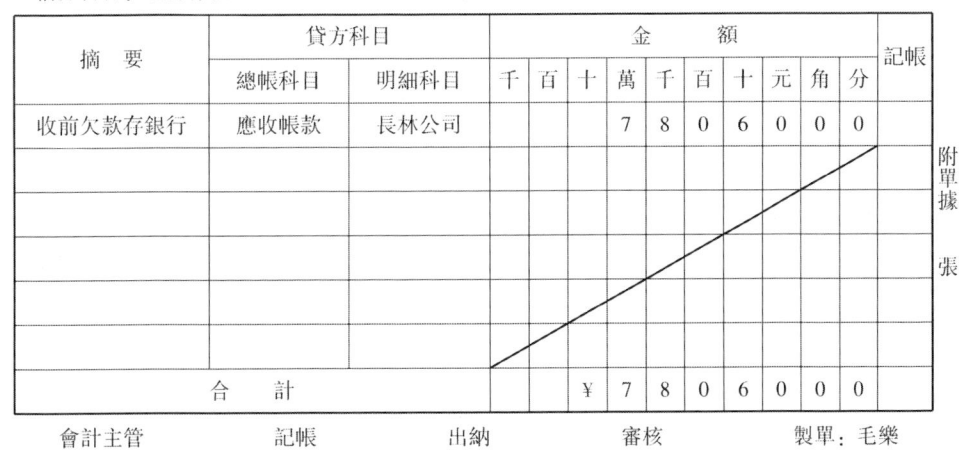

(三) 付款憑證的編制要求

付款憑證的編制方法與收款憑證基本相同，只是左上角為「貸方科目」，憑證中間為「借方科目」。

［例 4-2］20×8 年 1 月 15 日，劉彬出差預支現金 3,400 元。應編制付款憑證如表 4-11 所示。

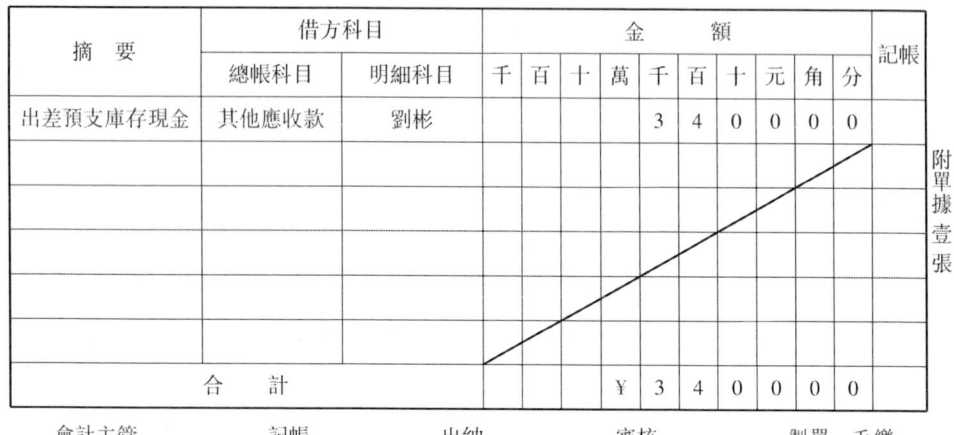

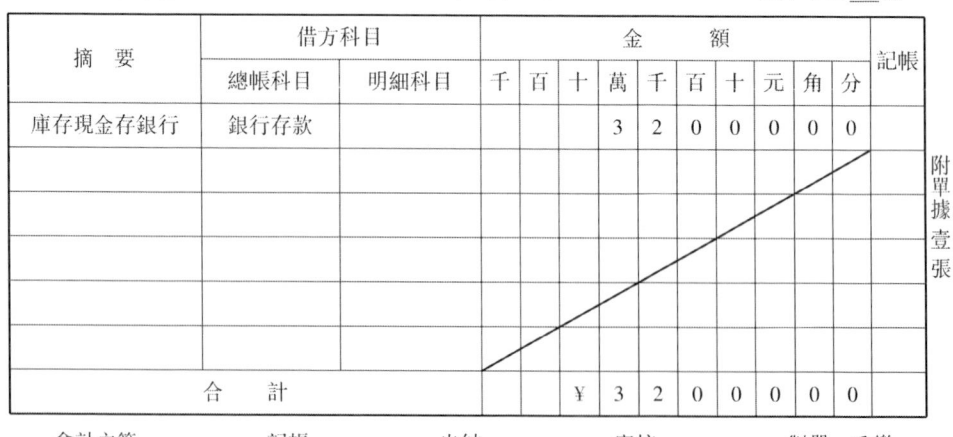

表 4-11　　　　　　　　　　付　款　憑　證

貸方科目：庫存現金　　　　　20×8 年 1 月 15 日　　　　　　　現付 字第 1 號

摘　要	借方科目		金　額										記帳
	總帳科目	明細科目	千	百	十	萬	千	百	十	元	角	分	
出差預支庫存現金	其他應收款	劉彬					3	4	0	0	0	0	
合　　計						¥	3	4	0	0	0	0	

會計主管　　　　　記帳　　　　　出納　　　　　審核　　　　　製單：毛樂

附單據壹張

對於涉及現金和銀行存款之間的經濟業務，為了避免重複記帳，一般只編制付款憑證，不編制收款憑證。出納人員應根據會計人員審核無誤的付款憑證辦理相關收付款業務。例如，企業為了發放工資從銀行提取現金時或者在銷售材料收到現金存入銀行時應編制付款憑證。這時，每一筆經濟業務按理應當分別編制銀行和現金的收款和付款憑證。但是在現實中，為了避免發生重複記帳的問題，一般遇到這類業務時只以貨幣資金的付出方編制付款憑證，而不再編制收款憑證。如上例的第一筆從銀行提取現金就只編制銀行付款憑證，而不編制現金收款憑證；第二筆將現金存入銀行則只編制現金付款憑證，而不編制銀行收款憑證。

[例 4-3] 20×8 年 1 月 15 日，將當日多餘的現金 32,000 元存入銀行。此時，應編制一張現金付款憑證如表 4-12 所示。

表 4-12　　　　　　　　　　付　款　憑　證

貸方科目：庫存現金　　　　　20×8 年 1 月 15 日　　　　　　　現付 字第 2 號

摘　要	借方科目		金　額										記帳
	總帳科目	明細科目	千	百	十	萬	千	百	十	元	角	分	
庫存現金存銀	銀行存款					3	2	0	0	0	0	0	
合　　計						¥	3	2	0	0	0	0	

會計主管　　　　　記帳　　　　　出納　　　　　審核　　　　　製單：毛樂

附單據壹張

(四) 轉帳憑證的編制要求

對轉帳業務應填制轉帳憑證，轉帳憑證的填制與收、付款憑證略有不同，它的應借、應貸會計科目全部列入記帳憑證之內。轉帳憑證將經濟業務事項中所涉及的全部會計科目，按照先借後貸的順序記入「會計科目」欄中的「一級科目」和「明細科目」，並按應借、應貸方向分別記入「借方金額」或「貸方金額」欄。其他項目的填列與收、付款憑證相同。

[**例4-4**] 20×8年1月31日，計提本月固定資產折舊費用360,000元。其中：生產部門200,000元，管理部門160,000元。應編制轉帳憑證如表4-13所示。

表 4-13

轉 帳 憑 證

20×8 年 1 月 31 日　　　　　　　　　　　　轉字第 1 號

摘要	會計科目		借方	貸方	√
	總帳科目	明細科目	千百十萬千百十元角分	千百十萬千百十元角分	
計提本月折舊	製造費用		2 0 0 0 0 0 0 0		附單據貳張
	管理費用		1 6 0 0 0 0 0 0		
	累計折舊			3 6 0 0 0 0 0 0	
合計			¥ 3 6 0 0 0 0 0 0	¥ 3 6 0 0 0 0 0 0	

會計主管　　　　記帳　　　　出納　　　　審核　　　　製單：毛雯

當一項經濟業務既涉及現金和銀行存款收付的業務，又涉及轉帳業務時，需要分別編制記帳憑證。

[**例4-5**] 20×8年1月15日，購買生產設備一臺，價值500,000元，用銀行存款支付300,000元，餘款簽發三個月商業匯票一張。此時，應分別編制付款憑證和轉帳憑證，如表4-14、表4-15所示。

表 4-14

付 款 憑 證

貸方科目：銀行存款　　　　　20×8 年 1 月 15 日　　　　　　　銀付字第 2 號

摘　要	借方科目		金　　　額	記帳
	總帳科目	明細科目	千 百 十 萬 千 百 十 元 角 分	
購買設備一臺	固定資產	生產設備	3 0 0 0 0 0 0 0	
合　計			¥ 3 0 0 0 0 0 0 0	

會計主管　　　記帳　　　出納　　　審核　　　製單：毛雯

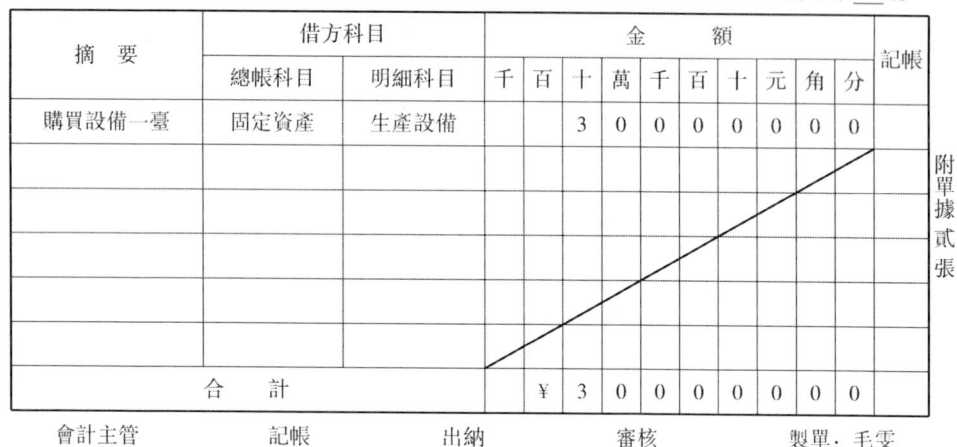

附單據貳張

表 4-15

轉 帳 憑 證

20×8 年 1 月 15 日　　　　　　　轉字第 2 號

摘　要	會計科目		借　　方	貸　　方	√
	總帳科目	明細科目	千 百 十 萬 千 百 十 元 角 分	千 百 十 萬 千 百 十 元 角 分	
購買設備一臺	固定資產	生產設備	2 0 0 0 0 0 0 0		
	應付票據			2 0 0 0 0 0 0 0	
合　計			¥ 2 0 0 0 0 0 0 0	¥ 2 0 0 0 0 0 0 0	

會計主管　　　記帳　　　出納　　　審核　　　製單：毛雯

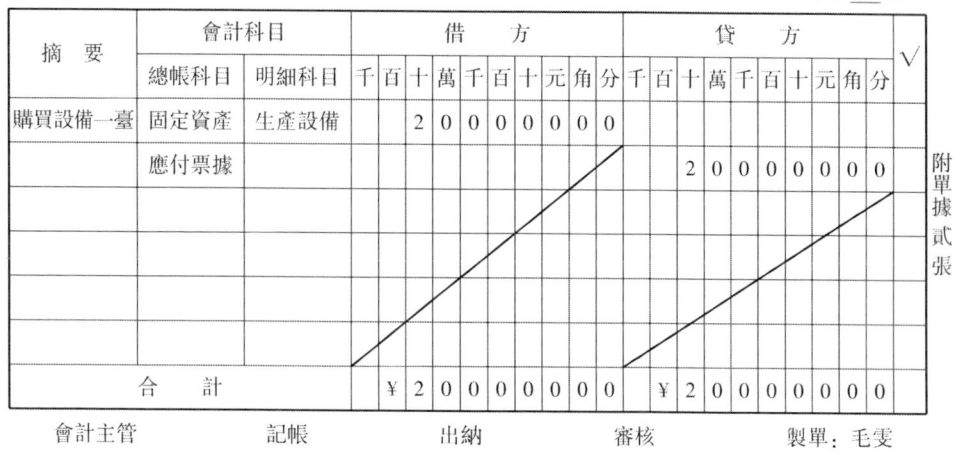

附單據貳張

四、記帳憑證的審核

為了保證會計信息的質量，在記帳之前應由有關稽核人員對記帳憑證進行嚴格的審核。記帳憑證的審核內容主要包括：

（1）內容是否真實，項目是否齊全。審核記帳憑證是否有原始憑證為依據，所附原始憑證的內容與記帳憑證的內容是否一致，記帳憑證匯總表的內容與其所依據的記帳憑證的內容是否一致等。審核記帳憑證各項目的填寫是否齊全，如日期、憑證編號、摘要、會計科目、金額、所附原始憑證張數及有關人員簽章等。

（2）科目是否正確。審核記帳憑證的應借、應貸科目是否正確，是否有明確的帳戶對應關係，所使用的會計科目是否符合國家統一的會計準則的規定等。

（3）金額是否正確。審核記帳憑證所記錄的金額與原始憑證的有關金額是否一致、

計算是否正確，記帳憑證匯總表的金額與記帳憑證的金額合計是否相符等。

（4）書寫是否正確。審核記帳憑證中的記錄是否文字工整、數字清晰，是否按規定進行更正等。

在審核中，如果發現所填列的記帳憑證有差錯或遺漏，應按規定的辦法及時更正、補充或重制。只有經過審核無誤的記帳憑證，才能據以登記入帳。

第四節　會計憑證的傳遞與保管

一、會計憑證的傳遞

會計憑證的傳遞是指從會計憑證的取得或填制時起至歸檔保管過程中，在單位內部有關部門和人員之間的傳送程序。會計憑證的傳遞，要求能夠滿足內部控制制度的要求，使傳遞程序合理有效，同時盡量節約傳遞時間，減少傳遞的工作量。單位應根據具體情況制定每一種憑證的傳遞程序和方法。正確實行會計憑證的傳遞，對於及時核算和監督經濟業務，協調有關部門和人員完成本職工作，加強企業管理都有重要意義。

會計憑證的傳遞一般包括傳遞程序和傳遞時間兩個方面。

各種會計憑證，它們所記載的經濟業務各不同，涉及的部門和人員不同，據以辦理的業務手續也不同。因此，應當為各種會計憑證規定一個合理的傳遞程序。即一張會計憑證，填制後應交到哪個部門、哪個崗位、由誰辦理業務手續，直至歸檔保管為止。如憑證有一式數聯的，還應規定每一聯傳到哪幾個部門，有什麼用途、等等。

各種會計憑證還應根據其辦理業務手續所需的時間，規定它的傳遞時間。其目的是使各個工作環節環環相扣，相互督促，以提高工作效率。

正確組織會計憑證的傳遞，對及時處理業務和加強會計監督具有重要作用。在制定合理的憑證傳遞程序和時間時，通常要考慮以下幾點：

（1）要根據經濟業務的特點、企業內部的機構設置和人員分工情況以及管理上的要求等，具體規定各種憑證的聯數和傳遞程序。使有關部門既能按規定手續處理業務，又能利用憑證資料掌握情況，提供數據，協調一致。同時還要注意流程合理，避免不必要的環節，以加快傳遞速度。

（2）要根據有關部門和人員辦理業務的必要手續時間，確定憑證的傳遞時間。時間過緊，會影響工作質量，過鬆則影響工作效率。

（3）要通過調查研究和協商來制定會計憑證的傳遞程序和傳遞時間。原始憑證大多涉及本單位內部各個部門和經辦人員，因此，會計部門應會同有關部門和人員共同協商其傳遞程序和時間。記帳憑證是會計部門的內部憑證，可由會計主管會同制證、審核、出納、記帳等有關人員商定其傳遞程序和時間。

會計憑證的傳遞程序和傳遞時間確定後，可分別為若干主要業務繪成流程圖或流程表，通知有關人員遵守執行。執行中如有不合理的地方，可隨時根據實際情況加以

修改。

二、會計憑證的保管

會計憑證的保管是指會計憑證記帳後的整理、裝訂、歸檔和存查工作。

會計憑證作為記帳的依據，是重要的會計檔案和經濟資料。本單位以及有關部門、單位，可能會因各種需要查閱會計憑證。特別是發生貪污、盜竊、違法亂紀行為時，會計憑證還是依法處理這類行為的有效證據。因此，任何單位在完成經濟業務手續和記帳之後，必須將會計憑證按規定的立卷歸檔制度建成會計檔案資料，妥善保管，防止丟失，不得任意銷毀，以便日後隨時查閱。

對會計憑證的保管，既要做到完整無缺，又要便於翻閱查找。其主要要求有：

（1）會計憑證應定期裝訂成冊，防止散失。會計部門在依據會計憑證記帳以後，應定期（每天、每旬或每月）對各種會計憑證進行分類整理，將各種記帳憑證按照編號順序，連同所附的原始憑證一起加具封面、封底、裝訂成冊，並在裝訂線上加貼封簽，由裝訂人員在裝訂線封簽處簽名或蓋章。

從外單位取得的原始憑證遺失時，應取得原簽發單位蓋有公章的證明，並註明原始憑證的號碼、金額、內容等，由經辦單位會計機構負責人、會計主管人員和單位負責人批准後，才能代作原始憑證。若確實無法取得證明的，如車票丟失，則應由當事人寫明詳細情況，由經辦單位會計機構負責人、會計主管人員和單位負責人批准後，代作原始憑證。

（2）會計憑證封面應註明單位名稱、憑證種類、憑證張數、起止號數、年度、月份、會計主管人員、裝訂人員等有關事項，會計主管人員和保管人員應在封面上簽章。

（3）會計憑證應加貼封條，防止抽換憑證。原始憑證不得外借，其他單位如有特殊原因確實需要使用時，經本單位會計機構負責人、會計主管人員批准，可以複製。向外單位提供的原始憑證複製件，應在專設的登記簿上登記，並由提供人員和收取人員共同簽名、蓋章。

（4）原始憑證較多時，可單獨裝訂，但應在憑證封面註明所屬記帳憑證的日期、編號和種類，同時在所屬的記帳憑證上應註明「附件另訂」及原始憑證的名稱和編號，以便查閱。對各種重要的原始憑證，如押金收據、提貨單等，以及各種需要隨時查閱和退回的單據，應另編目錄，單獨保管，並在有關的記帳憑證和原始憑證上分別註明日期和編號。

每年裝訂成冊的會計憑證，在年度終了時可暫由單位會計機構保管一年，期滿後應當移交本單位檔案機構統一保管；未設立檔案機構的，應當在會計機構內部指定專人保管。出納人員不得兼管會計檔案。

（5）嚴格遵守會計憑證的保管期限要求，期滿前不得任意銷毀。

本章小結

會計憑證是記錄經濟業務，明確經濟責任的書面證明，是登記帳簿的依據。填制和審核會計憑證是會計核算的專門核算方法，它是進行會計核算工作的第一步，也是對會計主體的經濟業務進行日常監督的重要環節。會計憑證按其填制的程序和用途，可以分為原始憑證和記帳憑證兩類。

原始憑證是在經濟業務發生時直接取得或填制的，用以證明經濟業務發生或完成情況，明確經濟責任，具有法律效力，並作為記帳原始依據的證明文件。原始憑證按其來源不同，可分為自製原始憑證和外來原始憑證。自製原始憑證按其反應業務的方法不同，又可分為一次憑證和累計憑證，外來原始憑證一般都是一次憑證。企業的經濟業務是多種多樣的，需要填制或取得內容各不相同的原始憑證，但是，不論什麼樣的原始憑證，其基本的構成要素是相同的。

記帳憑證是會計人員根據審核無誤的原始憑證或原始憑證匯總表編制的，用來確定經濟業務應借、應貸會計科目和金額而填制的會計憑證，是登記帳簿的直接依據。記帳憑證又分為通用記帳憑證和專用記帳憑證。專用記帳憑證包括收款憑證、付款憑證和轉帳憑證。原始憑證與記帳憑證應按規定的方法進行填制，並應符合有關的填制要求。

會計憑證應由專人進行審核。為了提高會計核算工作的效率，保證會計信息的及時性，各單位應合理規劃會計憑證的傳遞線路和規定在各環節上停留的時間，並辦好憑證傳遞的交接手續。會計憑證的傳遞，是指會計憑證從辦理業務手續、編制、審核、整理、記帳到裝訂保管的全過程。會計憑證的傳遞程序應注意經濟業務的特點、憑證在各個環節上的停留時間、會計憑證的傳遞程序和傳遞時間。

會計憑證是一個單位的重要經濟檔案，會計憑證應當定期整理歸檔，並按規定期限進行妥善保管。保管期滿後必須按規定的手續，報經批准後才能銷毀。

思考題

1. 填制和審核會計憑證有何意義？
2. 原始憑證和記帳憑證應具備哪些基本內容？
3. 什麼是收、付、轉記帳憑證？如何填制？
4. 填制原始憑證和記帳憑證應遵循哪些要求？
5. 如何審核原始憑證和記帳憑證？
6. 會計憑證傳遞的原則是什麼？

第五章　帳簿

學習目標

1. 瞭解會計帳簿的概念和作用；
2. 掌握會計帳簿按不同標準所進行的分類；
3. 瞭解會計帳簿的內容和啟用；
4. 掌握會計帳簿的記帳規則；
5. 瞭解會計帳簿的設置；
6. 掌握會計帳簿的登記方法；
7. 瞭解對帳和結帳的意義；
8. 掌握對帳的內容；
9. 瞭解結帳的程序；
10. 瞭解錯帳的查找方法；
11. 掌握錯帳的更正方法；
12. 瞭解會計帳簿的更換和保管。

案例：

在會計手工記帳的條件下，帳簿是會計數據的儲存轉換器，也是實現內部控制、明確經濟責任的重要工具。帳簿的運用分為啟用、日常登記、錯帳更正、對帳、結帳、交接等環節。要使帳簿能夠及時、有效地提供有用的會計信息，明確相關經濟責任，發揮內部控制制度的效用，就必須加強帳簿啟用、日常登記、錯帳更正、對帳、結帳、交接等環節。正確填寫或登記從帳簿封面、扉頁到帳頁的全部內容，及時進行對帳、更正錯帳和結帳，在記帳人員更換時，要按相關要求辦理相關的財物和帳簿交接手續，在盤存相關財物後，填制財務交接清冊，並在相關帳簿的扉頁上詳盡記錄相關交接內容，履行相關交接手續。

資料：2014 年 12 月 7 日，宏達公司的林立（此前，林立已經於 2014 年 9 月 1 日開始出任了三個月的出納員工作，當時的啟用財務負責人為陳志，此前的出納員為劉瑩。）被調離了出納崗位，接任材料會計工作，新接任出納工作的是張銘，前任材料會計為王石。林立和張銘對各自的原工作做了他們認為必要的處理，並辦理了交接手續，辦理完交接手續後庫存現金日記帳和材料明細帳的扉頁及相關帳頁資料如表 5-1、表 5-2 所示。

表 5-1　　　　　　　　　　　　　帳簿使用登記表

單位名稱	宏達公司			
帳簿名稱	庫存現金日記帳			
冊次及起止頁數	自壹頁起至壹佰頁止共壹佰頁			
啟用日期	2014 年 1 月 1 日			
停用日期	年　月　日			
經管人員姓名	接管日期	交出日期	經管人員蓋章	會計主管人員蓋章
林立	2014 年 9 月 1 日	2014 年 12 月 7 日	林立、張銘	陳志
	年　月　日	年　月　日		
	年　月　日	年　月　日		
	年　月　日	年　月　日		
	年　月　日	年　月　日		
備考				單位公章
				宏達公司財務專用章

表 5-2　　　　　　　　　　　　　庫存現金日記帳

2014 年		憑證號	摘要	對方科目	借方	貸方	核對號	借或貸	餘額
月	日								
9	1	略	期初餘額					借	5,000
	2	略	零星銷售	主營業務收入	8,000			借	13,000
	12	略	報差旅費	管理費用		5,000		借	8,000
	13	略	零星銷售	主營業務收入	5,000			借	13,000
	13	略	付廣告費	銷售費用		4,000		借	9,000

案例要求：

指出林立會計處理的不當之處，並加以糾正。

案例提示：

錯誤 1：林立是 2014 年 9 月 1 日接任出納工作的，但在庫存現金日記帳的扉頁中沒有林立接任出納工作前的相關記錄及林立接任時的帳簿交接記錄。

錯誤 2：在原材料的明細帳的扉頁中，王石接管日前的帳簿使用人與接管日不明，林立交出日期為 2014 年 12 月 31 日不一定正確，2014 年 12 月 31 日尚未到，2014 年 12 月 31 日會計主管人員陳志的監交記錄不應該有。

錯誤 3：在庫存現金日記帳中，2014 年 9 月 1 日的庫存現金結餘數是 5,000 元，在 2014 年 9 月 12 日報銷差旅費時全部支出，從 2014 年 9 月 1 日至 9 月 13 日，公司沒有從銀行提取現金，但 2014 年 9 月 13 日從公司金庫中支取現金 4,000 元，林立至少坐支現金 4,000 元，違反了有關現金管理的規定。

會計帳簿是繼會計憑證之後，記錄經濟業務的又一重要載體，是編制財務報表的直接依據。本章主要介紹會計帳簿的基本分類、格式、設置、帳簿啟用、登記和更正規則及對帳和結帳的方法。其中重點介紹日記帳和分類帳的設置和登記方法。

第一節 帳簿的含義和分類

一、會計帳簿的含義

會計帳簿，簡稱帳簿，是以會計憑證為依據，由一定格式、相互聯繫的帳頁組成，用來序時地、分類地、全面連續地反應企業各項經濟業務內容及其變動情況的會計簿籍。從原始憑證到記帳憑證，按照一定的會計科目和復式記帳法，大量經濟信息轉化為會計信息記錄在記帳憑證上。通過填制和審核原始憑證和記帳憑證，會計主體在生產經營活動中所發生的全部經濟業務都已記錄到了會計憑證中。而填制和審核會計憑證只能零散地反應某項經濟業務內容，不能全面、系統、連續地反應企業生產經營過程的變動情況，不能夠滿足經濟管理的需要，所以，還需要將記帳憑證所反應的經濟業務內容進行進一步的繼續加工和處理，即將記帳憑證上所記錄的內容在帳戶中進行分門別類的登記。這就需要設置會計帳簿，從而把會計憑證提供的大量零散的資料加以歸類、整理、集中、登記到帳簿中去，使其系統化、條理化，以便能為經濟管理提供系統、全面的會計信息資料。

會計帳簿的設置和登記，對於全面、系統、序時、分類反應各項經濟業務，充分發揮會計在經濟管理中的作用，具有重要意義。

二、會計帳簿的作用

設置和登記會計帳簿是會計核算工作的基本方法之一和重要環節。在會計信息的加工過程中，登記會計帳簿處於連接會計憑證和會計報表的中樞環節。它在會計核算工作中具有如下重要作用：

（1）可以為經濟管理提供系統、全面、連續的會計資料，為管理和決策提供重要的會計信息。

會計帳簿登記時，是分不同的帳戶，按照經濟業務發生的時間順序，毫無遺漏地進行記錄。通過登記會計帳簿，既可以按照經濟業務發生的先後順序，進行序時核算，提供某項業務活動的資料；又可以按照經濟業務性質的不同，在有關的分類帳中進行歸類核算，為經濟管理提供總括和明細的會計信息。因此，通過會計帳簿的記錄，可以把會計憑證提供的零散資料加以歸類匯總，形成系統、全面、連續的會計核算資料，集中反應企業資金使用及其變動情況，滿足企業經營管理的需要。

（2）可以隨時瞭解和掌握本單位的財務狀況和經營成果。

設置和登記會計帳簿，有利於加強對財產物質的管理與核算，合理地籌集和使用各項資金，提高資金的使用效果；有利於促進增收節支，及時、有效地控制成本費用，

提高會計主體的盈利水平和經濟效益，為會計分析、會計檢查以及考核企業經營成果提供重要依據。

（3）可以直接為編制會計報表提供綜合和詳細的資料。

企業經營進行到一定時期，要想總結其經營活動情況，就必須在會計帳簿中進行結帳和對帳，使會計帳簿記錄數與實有數核對相符，這能有效地保護企業財產物資的安全完整，為編制會計報表提供可靠的依據。

三、會計帳簿的分類

在會計核算中，帳簿的種類是多種多樣的，為了便於瞭解和使用，必須對帳簿進行分類。帳簿一般可以按其用途、帳頁格式和外形特徵進行劃分。

（一）按用途分類

帳簿按其用途不同，可分為序時帳簿、分類帳簿和備查帳簿三種。

1. 序時帳簿

序時帳簿又稱日記帳，是按照經濟業務發生或完成時間的先後順序逐日逐筆進行登記的帳簿。在實際工作中，這種帳簿通常是按照記帳憑證編號的先後順序逐日進行登記的，因此又稱為日記帳。日記帳的特點是序時登記和逐筆登記。序時帳簿通常有兩種，一種是用來登記全部經濟業務的發生情況的帳簿，稱為普通日記帳；另一種是用來登記某一類經濟業務發生情況的帳簿，稱為特種日記帳。在實際工作中，因經濟業務的複雜性，一般很少採用普通日記帳，應用較為廣泛的是特種日記帳。為了加強對貨幣資金的監督和管理，各單位應當專門設置專門記錄和反應庫存現金收付業務及其結存情況的庫存現金日記帳以及專門記錄和反應銀行存款收付業務及其結存情況的銀行存款日記帳。在中國，大多數單位一般只設現金日記帳和銀行存款日記帳，而不設置轉帳日記帳。同時，企業單位可根據自身管理的需要設置其他日記帳簿，如登記採購業務的購貨日記帳、登記銷售業務的銷售日記帳。

2. 分類帳簿

分類帳簿是對全部經濟業務事項進行登記的帳簿，它以按照會計要素的具體類別而設置的分類帳戶為標準。分類帳簿按照分類的概括程度不同，又分為總分類帳和明細分類帳兩種。按照總分類帳戶分類登記經濟業務事項的是總分類帳簿，簡稱總帳。按照明細分類帳戶分類登記經濟業務事項的是明細分類帳簿，簡稱明細帳。明細分類帳是對總分類帳的補充和具體化，並受總分類帳的控制和統馭。分類帳簿提供的核算信息是編制會計報表的主要依據。

分類帳簿和序時帳簿的作用不同。序時帳簿能提供連續系統的信息，反應企業資金運動的全貌；分類帳簿則是按照經營與決策的需要而設置的帳簿，歸集並匯總各類信息，反應資金運動的各種狀態、形式及其構成。在帳簿組織中，分類帳簿佔有特別重要的地位。因為只有通過分類帳簿，才能使數據按帳戶形成不同信息，滿足編制會計報表的需要。

3. 備查帳簿

備查帳簿簡稱備查簿，是對某些在序時帳簿和分類帳簿等主要帳簿中都不予登記

或登記不夠詳細的經濟業務事項進行補充登記時使用的帳簿。備查帳簿可以為某項經濟業務的內容提供必要的參考資料，是對帳簿記錄內容的一種補充，能加強企業對使用和保管的屬於他人的財產物資的監督。例如，租入固定資產登記簿、受託加工材料登記簿、代銷商品登記簿等。備查帳簿可以由各單位根據需要進行設置。

備查帳簿與序時帳簿和分類帳簿相比，存在兩點不同之處：一是登記依據可能不需要記帳憑證，甚至不需要一般意義上的原始憑證；二是帳簿的格式和登記方法不同，備查帳簿的主要欄目不記錄金額，它更注重用文字來表述某項經濟業務的發生情況。

(二) 按帳頁格式分類

按帳頁格式的不同，帳簿可以分為兩欄式、三欄式、多欄式和數量金額式四種。

1. 兩欄式帳簿

兩欄式帳簿是指只有借方和貸方兩個基本金額欄目的帳簿。普通日記帳和轉帳日記帳一般採用兩欄式。

2. 三欄式帳簿

三欄式帳簿是設有借方、貸方和餘額三個基本欄目的帳簿。各種日記帳、總分類帳以及資本、債權、債務明細帳都可採用三欄式帳簿。三欄式帳簿又分為設對方科目和不設對方科目兩種。區別是在摘要欄和借方科目欄之間是否有一欄「對方科目」。設有「對方科目」欄的，稱為設對方科目的三欄式帳簿；不設有「對方科目」欄的，稱為不設對方科目的三欄式帳簿。

3. 多欄式帳簿

多欄式帳簿是在帳簿的兩個基本欄目即借方和貸方按需要分設若干專欄的帳簿。如多欄式日記帳、多欄式明細帳。但是，其專欄設置在借方還是在貸方，或是兩方同時設專欄，專欄的數量等，均應根據需要確定。收入、費用明細帳一般均採用這種格式的帳簿。

4. 數量金額式帳簿

數量金額式帳簿的借方、貸方和餘額三個欄目內，都分設數量、單價和金額三小欄，借以反應財產物資的實物數量和價值量。如原材料、庫存商品、產成品等明細帳一般都採用數量金額式帳簿。

(三) 按外形特徵分類

帳簿按其外形特徵不同可分為訂本帳、活頁帳和卡片帳三種。

1. 訂本帳

訂本帳是啟用之前就已將帳頁裝訂在一起，並對帳頁進行了連續編號的帳簿。訂本帳的優點是能避免帳頁散失和防止抽換帳頁；其缺點是不能準確地為各帳戶預留帳頁，也不便於會計分工。這種帳簿一般適用於總分類帳、庫存現金日記帳、銀行存款日記帳。

2. 活頁帳

活頁帳是在帳簿登記完畢之前並不固定裝訂在一起，而是裝在活頁帳夾中。當帳簿登記完畢之後（通常是一個會計年度結束之後），才將帳頁予以裝訂，加具封面，並

給各帳頁連續編號。各種明細分類帳一般採用活頁帳形式。這類帳簿的優點是記帳時可以根據實際需要，隨時將空白帳頁裝入帳簿，或抽去不需要的帳頁，便於分工記帳；其缺點是如果管理不善，可能會造成帳頁散失或故意抽換帳頁。通常各種明細分類帳一般採用活頁帳形式。

3. 卡片帳

卡片帳是將帳戶所需格式印刷在硬卡上。嚴格說，卡片帳也是一種活頁帳，只不過它不是裝在活頁帳夾中，而是裝在卡片箱內。在中國，企業一般只對固定資產的核算採用卡片帳形式，也有少數企業在材料核算中使用材料卡片。

會計帳簿的總體分類情況，如圖5-1所示。

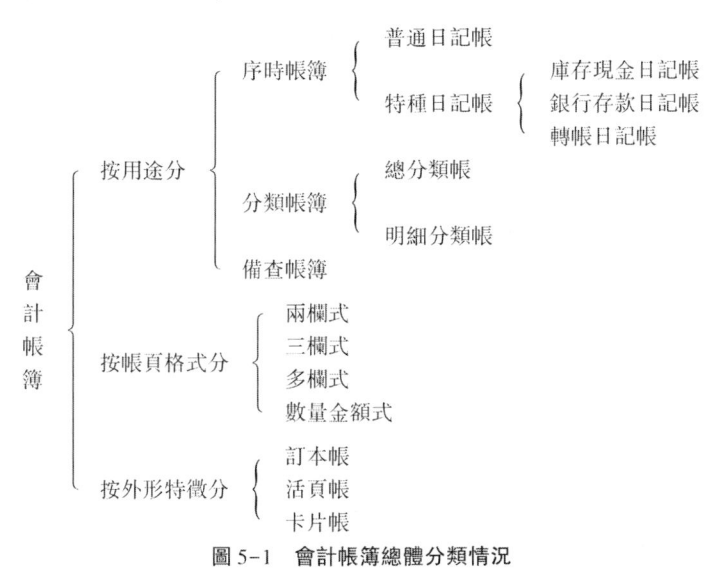

```
                        ┌ 普通日記帳
              ┌ 序時帳簿 ┤         ┌ 庫存現金日記帳
              │         └ 特種日記帳┤ 銀行存款日記帳
   ┌ 按用途分 ┤                     └ 轉帳日記帳
   │          │         ┌ 總分類帳
   │          │ 分類帳簿 ┤
會 │          │         └ 明細分類帳
計 ┤          └ 備查帳簿
帳 │              ┌ 兩欄式
簿 │              │ 三欄式
   ├ 按帳頁格式分 ┤ 多欄式
   │              └ 數量金額式
   │                ┌ 訂本帳
   └ 按外形特徵分 ─ ┤ 活頁帳
                    └ 卡片帳
```

圖5-1　會計帳簿總體分類情況

第二節　帳簿的內容、啟用和記帳規則

帳簿的登記通常叫作記帳或過帳。登記帳簿必須以審核無誤的記帳憑證為依據。由於會計帳簿記錄了企業完整、系統、全面的會計信息，是經常使用和查閱的重要會計資料，也是會計檔案的重要組成部分，因此會計帳簿的登記必須遵守一定的規則，以保證帳簿記錄清潔、美觀、清楚、正確。

一、會計帳簿的基本內容

在實際工作中，由於各種會計帳簿所記錄的經濟業務不同，帳簿的格式也多種多樣，但各種帳簿都應具備以下基本內容：

1. 封面

封面主要用來標明帳簿的名稱，如總分類帳、各種明細分類帳、庫存現金日記帳、

銀行存款日記帳等。

2. 扉頁

扉頁主要用來登載經管人員一覽表，其基本要素包括：①單位名稱；②帳簿名稱；③起止頁數；④啟用日期；⑤責任人（單位領導人、會計主管人員、經管人員）簽章；⑥移交人和移交日期；⑦接管人和接管日期等。其格式如表5-3所示。

表5-3　　　　　　　　　　　帳簿啟用及經管人員一覽表

單位名稱：_____　　　帳簿名稱：_____　　　帳簿編號：_____
帳簿冊數：_____　　　帳簿頁數：_____　　　啟用日期：_____
單位領導人簽章：_____　　　會計主管人員簽章：_____

經管人員		接管			移交			會計負責人		印花稅票粘貼處
姓名	簽章	年	月	日	年	月	日	姓名	簽章	

3. 帳頁

帳頁是帳簿的主體，是帳簿用來記錄經濟業務事項的載體，其基本要素內容包括：①帳戶的名稱或稱會計科目；②登記帳戶的日期欄；③憑證種類和號數欄；④摘要欄（記錄經濟業務內容的簡要說明）；⑤金額欄（記錄經濟業務的金額增減變動情況）；⑥總頁次和分戶頁次等基本內容。

二、會計帳簿的啟用

帳簿是重要的會計檔案。為了確保帳簿記錄的合法性和完整性，明確記帳責任，在啟用會計帳簿時，應當在帳簿的有關位置記錄以下相關信息：

（1）設置帳簿的封面與封底。

（2）填寫帳簿啟用及經管人員一覽表。在啟用新會計帳簿時，應填制帳簿扉頁上所附的附啟用表，表內詳細載明：單位名稱、帳簿名稱、帳簿編號、帳簿頁數、啟用日期、記帳人員和會計主管人員姓名，並加蓋有關人員的簽章和單位公章。更換記帳人員時，應辦理交接手續，在交接記錄內填寫交接日期和交接人員姓名並簽章，具體格式見表5-3。

（3）粘貼印花稅票。印花稅票應粘貼在帳簿的右上角，並且劃線註銷，在使用繳款書繳納印花稅時，應在右上角註明「印花稅已繳」及繳款金額。

啟用訂本式帳簿，應當從第一頁到最後一頁順序編定頁數，不得跳頁、缺號。使用活頁式帳頁，應當按帳戶順序編號，並須定期裝訂成冊；裝訂後再按實際使用的帳頁順序編定頁碼，另加目錄，記錄每個帳戶的名稱和頁次。

三、會計帳簿的記帳規則

在登記會計帳簿時，應遵循以下基本規則：

(一) 準確完整

為了保證帳簿記錄的準確、整潔，應當根據審核無誤的會計憑證連續、系統地登記會計帳簿，不能錯記、漏記、重記。登記會計帳簿時，應當將會計憑證日期、編號、業務內容摘要、金額和其他有關資料逐項記入帳簿內，必須使用會計科目、明細科目的全稱，不能簡化，做到數字準確、摘要清楚、登記及時、字跡工整。每一項會計事項，一方面要記入有關的總帳，另一方面要記入該總帳所屬的明細帳。帳簿記錄中的日期，應該填寫記帳憑證上的日期；以自製原始憑證（如收料單、領料單等）作為記帳依據的，帳簿記錄中的日期應按有關自製憑證上的日期填列。

(二) 註明記帳符號

帳簿登記完畢後，要在記帳憑證上簽名或者蓋章，並在記帳憑證上專門的「過帳」欄內註明帳簿頁數或畫對勾，註明已經登帳的符號，表示已經記帳完畢，避免重記、漏記。

(三) 書寫規範

帳簿書寫應採用標準的簡化漢字，不能使用不規範的漢字；金額欄的數字應該採用阿拉伯數字，並且對齊位數，注意「0」不能省略和連寫。文字和數字上面要留有適當的空格，不要寫滿格，一般應占格距的二分之一。這樣，在一旦發生登記錯誤時，能比較容易地進行更正，同時也方便查帳工作的展開。

(四) 正常記帳使用藍黑墨水筆

為了保持帳簿記錄的持久性，防止塗改，登記帳簿必須使用藍黑墨水或碳素墨水並用鋼筆書寫，不得使用圓珠筆（銀行的複寫帳簿除外）或者鉛筆書寫。在會計上，數字和文字的顏色是重要的語素之一，它同數字和文字一起傳遞出會計信息。如同數字和文字錯誤會表達錯誤的信息，書寫墨水的顏色用錯了，其導致的概念混亂也不亞於數字和文字錯誤。

(五) 特殊記帳使用紅墨水筆

在下列情況下，可以用紅色墨水筆記帳：
1. 按照紅字衝帳的記帳憑證，衝銷錯誤記錄。
2. 在不設借貸等欄的多欄式帳頁中，登記減少數。
3. 在三欄式帳戶的餘額欄前，如未印明餘額方向的，在餘額欄內登記負數餘額。
4. 根據國家統一的會計制度的規定可以用紅字登記的其他會計記錄。

由於會計中的紅字表示負數，因而除上述情況外，不得用紅色墨水筆登記帳簿。

(六) 順序連續登記

在登記各種帳簿時，應按頁次順序連續登記，不得隔頁、跳行。如無意發生隔頁、跳行現象，應在空頁、空行處用紅色墨水劃對角線註銷，或者註明「此頁空白」或「此行空白」字樣，並由記帳人員簽名或者簽章。這對防止帳簿登記中可能出現的漏洞，是十分必要的。

(七) 結出餘額

凡需要結出餘額的帳戶，結出餘額後，應當在「借或貸」欄目內註明「借」或「貸」字樣，以示餘額的方向；對於沒有餘額的帳戶，應在「借或貸」欄內寫「平」字，並在「餘額」欄用「Q」表示。庫存現金日記帳和銀行存款日記帳必須逐日結出餘額。一般說來，對於沒有餘額的帳戶，在餘額欄內標註的「Q」應當放在「元」位。

(八) 過次承前頁

每一帳頁登記完畢結轉下頁時，應當結出本頁合計數及餘額，寫在本頁最後一行和下頁第一行有關欄內，並在摘要欄內註明「過次頁」和「承前頁」字樣；也可以將本頁合計數及金額只寫在下頁第一行有關欄內，並在摘要欄內註明「承前頁」字樣，以保持帳簿記錄的連續性，便於對帳和結帳。

「過次頁」和「承前頁」的方法有兩種：一是在本頁最後一行內結出發生額合計數及餘額，然後過次頁在次頁第一行承前頁；二是只在次頁第一行承前頁寫出發生額合計數及餘額，不在上頁最後一行結出發生額合計數及餘額後過次頁。

對需要結計本月發生額的帳戶，結計「過次頁」的本頁合計數應當為自本月初起至本頁末止的發生額合計數。這樣做便於根據「過次頁」和合計數，隨時瞭解自本月初起到本頁末止的發生額，也便於月末結帳時，加計「本月合計數」。

對需要結計本年累計發生額的帳戶，結計「過次頁」的本頁合計數應當為自年初起至本頁末止的累計數。這樣做，便於根據「過次頁」的合計數，隨時瞭解自本年初起到本頁末止的累計發生額，也便於年終結帳時，加計「本年累計數」。

對既不需要結計本月發生額也不需要結計本年累計發生額的帳戶，可以只將每月末的金額結轉次頁。

第三節　帳簿的設置和登記

一、會計帳簿設置的原則

設置和登記會計帳簿是會計核算的一種基本方法，也是會計核算工作的重要環節，設置會計帳簿是登記帳簿的前提。由於不同企業的經濟業務性質、特點不同，對會計帳簿設置的要求也因此不同。為了全面、系統、連續地登記經濟業務，各單位應根據自己的實際情況和經營管理的需求，設置不同的會計帳簿。設置會計帳簿一般應遵循以下基本原則：

1. 設置會計帳簿要求統一性與實用性相結合

會計帳簿的設置，必須能保證反應和監督企業的全部經濟活動，提供全面、系統、連續的會計資料，為企業經營管理服務。由於各企業的經濟活動各有特點，在業務規模和會計人員配備上又不盡相同，所以在設置帳簿時，凡是國家統一規定和要求的，會計主體必須遵照執行，不得自行其是。企業應依照會計準則、國家統一規定和本企業的實際情況來設置會計帳簿。一般來說經濟業務複雜、規模大的企業，帳簿可以設

置細一些；對於業務簡單、規模小的企業，帳簿設置可以相應地簡略一些。但是設置帳簿必須保證提供準確而全面的會計信息，以滿足經營管理需要為前提。

2. 在會計帳簿的設置方面要組織嚴密，應避免繁瑣重複和片面地追求簡化

企業的經濟活動有主次之分，設置會計帳簿應以此為依據，使其所反應的經濟信息主次分明且相互配合、既不重複又不脫節，同時，還要適當地選擇會計核算形式，科學設計各種會計帳簿登記的合理流程，使會計信息在會計帳簿加工環節流動順暢。這樣既可以提高會計信息的質量，又有利於提高會計工作效率。

3. 設置會計帳簿要有利於會計部門內部的合理分工

設置會計帳簿要有利於會計部門內部合理分工，充分發揮整體效應，提高會計的工作效率和水平。

二、日記帳的設置與登記

日記帳是按照經濟業務發生或完成的時間先後順序逐筆進行登記的帳簿。設置日記帳的目的就是為了使經濟業務的時間順序清晰地反應在帳簿記錄中。日記帳按其所核算和監督經濟業務的範圍，可分為普通日記帳和特種日記帳。普通日記帳是將企業每天發生的所有經濟業務，不論其性質全部按發生時間順序登記；特種日記帳則是按經濟業務的性質單獨設置的帳簿，凡是相同性質的經濟業務，都在同一帳簿中登記。特種日記帳設置與否，應根據經濟業務的特點和單位管理的需要來決定。對於那些發生頻繁並且需要經常核算、嚴格控制的經濟業務，應該設置特種日記帳。

(一) 普通日記帳

1. 普通日記帳的格式

如果一個單位同時設置普通日記帳和特種日記帳，普通日記帳只需序時地登記特種日記帳以外的經濟業務；如果不設置特種日記帳，則要序時登記全部經濟業務。普通日記帳也稱分錄簿，一般採用兩欄式帳頁。

2. 普通日記帳的登記方法

普通日記帳是由會計人員根據審核無誤後的原始憑證序時地逐筆登記各項經濟業務，要登記日期、憑證編號、經濟業務內容摘要、借貸方科目和金額。如果分類帳是根據日記帳來登記，則在過帳後應在日記帳的帳頁數欄中註明分類帳的頁數。

普通日記帳是兩欄式日記帳，是序時地逐筆登記各項經濟業務的帳簿，它核算和監督全部經濟業務的發生和完成情況，其格式如表 5-4 所示。

表 5-4　　　　　　　　　　　普通日記帳　　　　　　　　　　單位：元

| 2014年 || 憑證 || 摘要 | 對方科目 | 借方金額 | 貸方金額 | 過帳 |
月	日	字	號					
3	1	轉	1	購材料，款未付	材料採購	20,000		
					應交稅費	3,400		
					應付帳款		23,400	

(二) 特種日記帳

特種日記帳是用來核算和監督某一類型經濟業務的發生和完成情況的帳簿，它是普通日記帳的進一步發展。各單位一般應設置特種日記帳，常見的特種日記帳有庫存現金日記帳、銀行存款日記帳兩種，有的單位也設置轉帳日記帳。這裡只介紹庫存現金日記帳與銀行存款日記帳的設置和登記方法。

1. 庫存現金日記帳的格式和登記方法

庫存現金日記帳是用來核算和監督庫存現金每天的收入、支出和結存情況的帳簿。在現實工作中，現金日記帳可以設置為既登記現金收入又登記現金支出的「庫存現金收付日記帳」（也簡稱現金日記帳），也可以分別設置「庫存現金收入日記帳」和「庫存現金支出日記帳」。

(1) 庫存現金日記帳的格式

庫存現金日記帳的格式可以設置為三欄式和多欄式兩種。無論採用三欄式還是多欄式庫存現金日記帳，都必須使用訂本帳。三欄式庫存現金日記帳設借方、貸方和餘額三個基本的金額欄目，一般將其分別稱為收入、支出和結餘三個基本欄目。在金額欄與摘要欄之間常常插入「對方科目」，以便記帳時標明庫存現金收入的來源科目和庫存現金支出的用途科目。三欄式庫存現金日記帳的格式如表 5-5 所示。多欄式庫存現金日記帳是在三欄式庫存現金日記帳的基礎上發展起來的，即在日記帳的借方（收入）和貸方（支出）金額欄內進一步設對方科目，也就是在收入欄內設應貸科目（反應庫存現金的來源），在支出欄內設應借科目（反應庫存現金的用途）。多欄式庫存現金日記帳的格式如表 5-6 所示。

(2) 庫存現金日記帳的登記方法

庫存現金日記帳由出納人員根據審核後的同庫存現金收付有關的記帳憑證，按時間順序逐日逐筆進行登記，並根據「本日餘額＝上日餘額＋本日收入－本日支出」的公式，逐日結出庫存現金餘額，與庫存現金實存數核對，以檢查每日庫存現金收付是否有誤。

表 5-5　　　　　　　　　　庫存現金日記帳（三欄式）　　　　　　　　單位：元

2014年		憑證		摘　要	對方科目	收入	支出	餘額
月	日	字	號					
1	1			結轉上年				1,000
	1	銀付	1	提現	銀行存款	2,000		3,000
	1	現付	1	零星購料	原材料		1,500	1,500
	1	現收	1	職工還款	其他應收款	500		2,000
	1			本日小計		2,500	1,500	

表 5-6　　　　　　　　　庫存現金日記帳（多欄式）　　　　　　　單位：元

年		憑證號	摘要	收入				支出				結餘
				應貸科目			合計	應借科目			合計	
月	日			銀行存款	主營業務收入	……		其他應收款	管理費用	……		

三欄式庫存現金日記帳的具體登記方法如下：

①日期欄：系指記帳憑證的日期，應與庫存現金實際收付日期一致。

②憑證欄：系指登記入帳的收付款憑證的種類和編號，如「庫存現金收（付）款憑證」，簡寫為「現收（付）」；「銀行存款收（付）款憑證」，簡寫為「銀收（付）」。憑證欄還應登記憑證的編號數，以便查帳和核對。

③摘要欄：摘要說明登記入帳的經濟業務的內容。文字要簡練，但要能說明問題。

對方科目欄：系指庫存現金收入的來源科目或支出的用途科目。如從銀行提取現金，其來源科目（即對方科目）為「銀行存款」。其作用在於瞭解經濟業務的來龍去脈。

④收入、支出欄：系指庫存現金實際收付的金額。每日終了，應分別計算庫存現金收入和支出的合計數，結出餘額，同時將餘額與出納員的庫存現金核對，即通常說的「日清」。如帳款不符應查明原因，並記錄備案。月終要結出庫存現金本月發生額和餘額，在摘要欄內註明「本月合計」字樣，並在下面通欄劃單紅線，通常稱為「月結」。

庫存現金收入日記帳按對應的貸方科目設置專欄，另設「支出合計」欄和「結餘」欄；庫存現金支出日記帳則只按支出的對方科目設專欄，不設「收入合計」欄和「結餘」欄。「庫存現金收入日記帳」和「庫存現金支出日記帳」的格式分別如表 5-7、表 5-8 所示。

表 5-7　　　　　　　　　庫存現金收入日記帳　　　　　　　　　第 1 頁
　　　　　　　　　　　　　　　　　　　　　　　　　　　　　　　單位：元

2014 年		收款憑證		摘　要	貸方科目			收入合計	支出合計	餘額
月	日	字	號		銀行存款	其他應收款	營業外收入			
1	1			結轉上年						1,500
	2	銀付	1	提現	800			800		
	3			轉記					500	1,800
	5			轉記					100	1,700
	6	現收	1	銷售零星材料			80	80		1,780
	6	現收	2	職工還款		50		50		1,830

借貸方分設的多欄式庫存現金日記帳的登記方法是：

①先根據有關庫存現金收入業務的記帳憑證登記庫存現金收入日記帳，根據有關庫存現金支出業務的記帳憑證登記庫存現金支出日記帳；

②每日營業終了，根據庫存現金支出日記帳結計的支出合計數，一筆轉入庫存現金收入日記帳的「支出合計」欄中，並結出當日餘額。

表5-8　　　　　　　　　　　庫存現金支出日記帳　　　　　　　　　第1頁

單位：元

2014年		付款憑證		摘要	結算憑證		借方科目		
月	日	字	號		種類	號數	其他應付款	管理費用	支出合計
1	3	現付	1	預支差旅費			500		500
	5	現付	2	支付電話費				100	100

2. 銀行存款日記帳的格式和登記方法

銀行存款日記帳是用來序時反應銀行存款每日的收入、支出和結餘情況的帳簿。銀行存款日記帳應按企業在銀行開立的帳戶和幣種分別設置，每個銀行帳戶設置一本日記帳。由出納員根據與銀行存款收付業務有關的記帳憑證，按時間先後順序逐日逐筆進行登記，並每日結出存款餘額。

（1）銀行存款日記帳的格式

銀行存款日記帳的格式與庫存現金日記帳相同，既可以採用三欄式，也可以採用多欄式。多欄式可以將收入和支出的核算在一本帳上進行，也可以分設「銀行存款收入日記帳」和「銀行存款支出日記帳」，其格式與表5-7、表5-8相似。銀行存款日記帳（三欄式）的具體格式如表5-9所示。

表5-9　　　　　　　　　　　銀行存款日記帳

帳號：2012202544　　　　　　　　　　　　　　　　　　　　　單位：元

2014年		憑證		對方科目	摘要	收入	支出	結餘
月	日	字	號					
1	1				上年結轉			100,000
	1	銀付	1	庫存現金	提現		2,000	98,000
	2	銀收	1	主營業務收入	銷售商品	50,000		148,000
	2	銀付	2	購料	原材料		30,000	118,000

（2）銀行存款日記帳的登記方法

銀行存款日記帳的登記方法也與庫存現金日記帳的登記方法基本相同，需要做到「日清月結」，並要定期與銀行對帳單對帳。

三、分類帳的設置與登記

分類帳是對全部經濟業務按照總分類帳戶和明細分類帳戶進行分類登記的帳簿。按照反應內容的詳細程度不同，分類帳又分為總分類帳和明細分類帳兩種。

(一) 總分類帳

1. 總分類帳的設置和格式

總分類帳，簡稱總帳，是根據總分類帳戶設置，用以對全部經濟業務進行分類登記，以提供總括會計核算資料的分類帳簿。在會計核算中，正確組織分類核算，提供總括資料，對全面反應和監督整個資金運動，具有極其重要的意義。總分類帳能夠全面、總括地反應經濟活動情況及其結果，對明細帳起著統馭控制作用，為編制會計報表提供總括資料，任何單位對其所有帳戶都必須設置總分類帳。

總分類帳一般只提供總括的金額指標，所以總分類帳的帳頁格式一般採用借、貸、餘三欄式訂本式帳簿。其一般格式如表 5-10、表 5-11 所示。

表 5-10　　　　　　　　　　　總分類帳　　　　　　　　　　　第　　頁
　　　　　　　　　　　　　　　　　　　　　　　　　　　　　　單位：元

年		憑證		摘要	借方	貸方	借或貸	餘額
月	日	字	號					

表 5-11　　　　　　　　　　　總分類帳　　　　　　　　　　　第　　頁
　　　　　　　　　　　　　　　　　　　　　　　　　　　　　　單位：元

年		憑證		摘要	對方科目	借方	貸方	借或貸	餘額
月	日	字	號						

2. 總分類帳的登記

總分類帳可以直接根據各種記帳憑證逐筆登記，也可以先將記帳憑證按照一定的方法定期進行匯總，編制成匯總記帳憑證或科目匯總表，然後根據匯總記帳憑證或科

目匯總表進行匯總登記。

[例5-1] 以訊達公司20××年1月發生的交易或事項為例，登記訊達公司20××年1月「銀行存款」科目的三欄式總帳，如表5-12所示。

表5-12　　　　　　　　　　總分類帳　　　　　　　　　　第　頁

會計科目：銀行存款　　　　　　　　　　　　　　　　　　單位：元

20××年			憑證		摘要	對方科目	借方	貸方	借或貸	餘額
月	日		字	號						
1	1				期初餘額				借	49,000
	3		收	1	投資者投入	實收資本	200,000			
	6		付	1	歸還短期借款	短期借款		80,000		
	13		付	2	付設備款	固定資產		40,000		
1	31				本月合計		200,000	120,000	借	129,000

(二) 明細分類帳

明細分類帳簡稱明細帳，是根據總分類帳所屬的明細帳戶設置，用以對各項經濟業務進行分類登記的帳簿。因為總分類帳只能提供總括的資料，為了對總分類帳進行補充，同時也為了向經營管理者提供詳細資料，企業必須設置明細分類帳。明細分類帳能夠詳細地、具體地反應經濟活動的情況和結果，對總分類帳起著輔助和補充的作用，為編制會計報表提供必要的明細資料。因此，任何單位都要根據具體情況設置必要的明細分類帳。

明細分類帳根據其所記錄內容的性質和管理的要求不同，有的只需反應金額的變化情況及其結果，有的則除了要反應金額的變化情況及其結果，還需要反應實物數量的變化情況及其結果。明細分類帳的格式也有所不同，主要有「三欄式明細帳」「數量金額式明細帳」「多欄式明細帳」等帳頁格式。

1. 三欄式明細分類帳

三欄式明細分類帳的帳頁格式與三欄式總分類帳的帳頁格式相同，其基本結構為「借方」「貸方」和「餘額」三欄，分別來登記金額的增加、減少和結餘，不設數量欄。這種帳頁格式的明細帳主要適用於只需要進行金額核算，而不需要進行數量核算的債權債務等結算類科目的明細分類核算。如「應收帳款」「應付帳款」等帳戶的明細分類核算。

三欄式明細分類帳根據記帳憑證及其所附原始憑證逐日逐筆進行借方、貸方金額登記，每月終了時，計算出全月借方發生額合計和貸方發生額合計，並結算出期末餘額。如為借方期末餘額，在「借或貸」欄目中填寫「借」字；如為貸方期末餘額，在「借或貸」欄目中填寫「貸」字。

[例5-2] 以訊達公司20××年1月發生的交易或事項為例，登記訊達公司20××年1月「應付帳款」科目所屬樂新公司的三欄式明細帳，如表5-13所示。

表 5-13　　　　　　　　　　　　(帳戶名稱) 明細帳　　　　　總帳科目：應付帳款
　　　　　　　　　　　　　　　　　　　　　　　　　　　　　子目或戶名：樂新公司
　　　　　　　　　　　　　　　　　　　　　　　　　　　　　　　　　　　　單位：元

20××年		憑證		摘要	借方	貸方	借或貸	餘額
月	日	字	號					
1	1			期初餘額			貸	25,000
	24	轉	1	賒購材料		70,000		
	30	轉	3	償還購料款	50,000			
1	31			本月合計	50,000	70,000	貸	45,000

2. 數量金額式明細分類帳

數量金額式明細分類帳是對具有實物形態的財產物資進行明細分類核算的帳簿。這類帳簿的帳頁基本結構是：設「收入」「發出」「結餘」三欄，每欄再分別設「數量」「單價」和「金額」三個專欄進行登記。這種帳頁格式的明細帳主要適用於既需要進行金額核算，又需要進行數量核算的各種財產物資科目。如「原材料」「庫存商品」「包裝物」和「低值易耗品」等科目的明細分類帳。

數量金額式明細分類帳的「收入」「發出」欄的數量，應根據有關憑證進行登記，同時根據數量、單價計算出金額並填入金額欄。每筆收入或發出數量、金額登記完畢後，計算出結存的數量和金額，填入其數量和金額欄。每月終了時，加算全月收入和發出的數量與金額合計，並結算出月末結存數量和金額。

數量金額式明細分類帳的一般帳頁格式，如表 5-14 所示。

表 5-14　　　　　　　　　　　　　原材料明細帳　　　　　　　　　　　　第　1　頁
一級科目：原材料　　　　　　　　　　　　　　　　　　　　　　　　　　　編號：2
品名及規格：甲材料　　　　　　存放地點：2號倉庫　　　　　　　計量單位：千克

20××年		憑證		摘要	收入（借方）			發出（貸方）			結存		
月	日	字	號		數量	單價（元）	金額（元）	數量	單價（元）	金額（元）	數量	單價（元）	金額（元）
1		略		期初餘額							2,000	10	20,000
	6			車間領用				500	10	5,000	1,500	10	15,000
	15			購買入庫	5,000	10	50,000				6,500	10	65,000
	20			車間領用				800	10	8,000	5,700	10	57,000
1	31			本月合計	5,000	10	50,000	1,300	10	13,000	5,700	10	57,000

3. 多欄式明細分類帳

多欄式明細分類帳是根據企業經濟業務和經營管理的需要，以及企業經濟業務的性質、特點，在一張帳頁內設若干專欄，集中反應某一總帳的各明細核算的詳細資料。

即在「借方發生額」和「貸方發生額」下，分別設置若干金額專欄，分欄登記各明細分類帳的發生額。這種帳頁格式適用於只記金額、不記數量，並且在管理上需要瞭解和分析其構成內容科目的明細分類核算。主要適用於費用、成本、收入、成果等科目的明細核算，如「管理費用」「銷售費用」「生產成本」「製造費用」「主營業務收入」「本年利潤」等科目的明細核算。多欄式明細分類帳是根據有關原始憑證、記帳憑證、費用分配計算表進行登記的。

在實際工作中，費用成本類多欄式明細分類帳簿一般為借方多欄式，即只按借方發生額設置專欄。因為這些帳戶每月貸方發生額的筆數較少，可運用紅字衝帳原理，發生時在明細帳中用紅字登記在借方相關欄內。會計期末將借方發生淨額從貸方結轉到「本年利潤」或其他帳戶。其一般格式如表 5-15 所示。

表 5-15　　　　　　　　　　　　管理費用明細帳　　　　　　　　　　　　第　　頁
單位：元

| 20××年 || 憑證 || 摘要 | 借方 |||||||| 餘額 |
月	日	字	號		職工薪酬	折舊費	辦公費	工會經費	招待費	水電費	其他	合計	

與費用成本類多欄式明細帳相對應，收入明細帳一般為貸方多欄式，即只按貸方發生額設置專欄，需要衝減收入的事項，可以用紅字在貸方登記。會計期末將貸方金額從借方結轉到「本年利潤」帳戶。收入類多欄式明細帳的一般格式如表 5-16 所示。

表 5-16　　　　　　　　　　　　主營業務收入明細帳　　　　　　　　　　　第　　頁
單位：元

| 20××年 || 憑證 || 摘要 | 貸方 ||||| 餘額 |
月	日	字	號		甲產品	乙產品	丙產品	其他	合計	

利潤類明細帳一般按借方和貸方分設專欄，即按利潤構成項目設置專欄，一般適用於「本年利潤」「利潤分配」等帳戶。其一般格式如表 5-17 所示。

表 5-17　　　　　　　　　　　（利潤）明細帳　　　　　　　第　　頁
　　　　　　　　　　　　　　　　　　　　　　　　　　　　　單位：元

年		憑證		摘要	借方				貸方				借或貸	餘額
月	日	字	號		主營業務成本	管理費用	……	合計	主營業務收入	投資收益	……	合計		

（三）總分類帳與明細分類帳的關係和平行登記

1. 總分類帳和明細分類帳的關係

（1）兩者反應的經濟內容相同，登記帳簿的原始依據相同，只不過提供核算指標的詳細程度不同；前者提供某類經濟業務總括的核算指標，後者提供某類經濟業務詳細具體的核算指標。

（2）總分類帳控制、統馭明細分類帳，即總分類帳控制著明細分類帳的核算內容和核算數據；明細分類帳則對總分類帳起著輔助和補充說明的作用。

2. 平行登記

平行登記是指對於發生的每一項經濟業務，根據審核無誤的會計憑證，一方面要在總分類帳中進行匯總登記，同時還要在其所屬的明細分類帳中進行詳細的登記。

總分類帳和明細分類帳平行登記的要點如下：

（1）同時登記。對於發生的每一項經濟業務，在登記有關總分類帳戶的同時，還要登記總分類帳戶所屬的有關明細分類帳戶。

（2）依據相同。對於發生的每一項經濟業務，登記總分類帳戶及其所屬明細分類帳戶的依據是相同的。即均是以同一記帳憑證、記帳憑證匯總表或科目匯總表及其所附的原始憑證為依據進行登記的。

（3）方向一致。對於發生的每一項經濟業務，登記總分類帳戶及其所屬明細分類帳戶的方向應當一致。即總分類帳戶記入借方，明細分類帳戶也應記入借方；總分類帳戶記入貸方，明細分類帳戶也應記入貸方。

（4）金額相等。對於發生的每一項經濟業務，記入總分類帳戶的金額必須與記入所屬明細分類帳戶的金額之和相等。

總分類帳戶和所屬明細分類帳戶平行登記後，總分類帳戶和所屬明細分類帳戶之間必然存在以下相等關係：

總分類帳戶期初餘額＝所屬明細分類帳戶期初餘額之和

總分類帳戶本期借方（或貸方）發生額＝所屬明細分類帳戶本期借方（或貸方）發生額之和

總分類帳戶期末餘額＝所屬明細分類帳戶期末餘額之和

總分類帳戶和所屬明細分類帳戶之間的數字相等關係，可以用以檢查總分類帳戶

和所屬明細分類帳戶記錄的完整性和準確性。

3. 總分類帳戶和明細分類帳戶平行登記的實例

20××年1月1日，企業的「原材料」和「應付帳款」總分類帳戶及其所屬的明細分類帳戶的餘額如下：

（1）「原材料」總帳帳戶借方餘額為35,000元，其所屬明細帳戶結存情況為：

①「甲材料」明細帳戶，結存2,000千克，單位成本為10元，金額計20,000元；

②「乙材料」明細帳戶，結存50噸，單位成本為300元，金額計15,000元。

（2）「應付帳款」總帳帳戶為貸方餘額10,000元，其所屬明細帳戶餘額為：

①「A工廠」明細帳戶，貸方餘額6,000元；

②「B工廠」明細帳戶，貸方餘額4,000元。

20××年1月，企業發生的有關交易或事項及其會計處理如下：

（1）1月9日，從A工廠購入甲材料500千克，單價10元，計5,000元；從齊魯工廠購入乙材料100噸，單價300元，計30,000元，甲、乙材料已驗收入庫，貨款均尚未支付。

對發生的該交易或事項，企業應編製的會計分錄如下：

借：原材料——甲材料　　　　　　　　　　　　　　　5,000
　　　　　——乙材料　　　　　　　　　　　　　　　30,000
　　貸：應付帳款——A工廠　　　　　　　　　　　　　5,000
　　　　　　　　——B工廠　　　　　　　　　　　　　30,000

（2）1月12日，從A工廠購入甲材料400千克，單價10元，計4,000元；乙材料50噸，單價300元，計15,000元，材料均已驗收入庫，貨款尚未支付。

對發生的該交易或事項，企業應編製的會計分錄如下：

借：原材料——甲材料　　　　　　　　　　　　　　　4,000
　　　　　——乙材料　　　　　　　　　　　　　　　15,000
　　貸：應付帳款——A工廠　　　　　　　　　　　　　19,000

（3）1月20日，以銀行存款償付前欠A工廠的貨款20,000元，B工廠貨款30,000元。

對發生的該交易或事項，企業應編製的會計分錄如下：

借：應付帳款——A工廠　　　　　　　　　　　　　　20,000
　　　　　　——B工廠　　　　　　　　　　　　　　30,000
　　貸：銀行存款　　　　　　　　　　　　　　　　　50,000

（4）1月26日，生產車間為生產產品從倉庫領用甲材料1,000千克，金額為10,000元；領用乙材料100噸，金額為30,000元。

對發生的該交易或事項，企業應編製的會計分錄如下：

借：生產成本　　　　　　　　　　　　　　　　　　　40,000
　　貸：原材料——甲材料　　　　　　　　　　　　　 10,000
　　　　　　　——乙材料　　　　　　　　　　　　　 30,000

根據平行登記的要求，將上述交易或事項在「原材料」和「應付帳款」總帳帳戶及其所屬的明細帳戶中進行登記。平行登記結果如表 5-18、表 5-19、表 5-20、表 5-21、表 5-22 和表 5-23 所示。

表 5-18　　　　　　　　　　　　　總分類帳　　　　　　　　　　　　　　第　　頁

帳戶名稱：原材料　　　　　　　　　　　　　　　　　　　　　　　　　單位：元

20××年		憑證號數	摘要	借方	貸方	借或貸	餘額
月	日						
1	1		期初餘額			借	35,000
	9	(1)	購入材料	35,000			
	12	(2)	購入材料	19,000			
	26	(4)	生產領用材料		40,000		
1	31		本月合計	54,000	40,000	借	49,000

表 5-19　　　　　　　　　　　　　總分類帳　　　　　　　　　　　　　　第　　頁

帳戶名稱：應付帳款　　　　　　　　　　　　　　　　　　　　　　　　單位：元

20××年		憑證號數	摘要	借方	貸方	借或貸	餘額
月	日						
1	1		期初餘額			貸	10,000
	9	(1)	購料欠款		35,000		
	12	(2)	購料欠款		19,000		
	20	(3)	償還欠款	50,000			
1	31		本月合計	50,000	54,000	貸	14,000

表 5-20　　　　　　　　　　　　原材料明細帳　　　　　　　　　　　計量單位：千克

明細帳戶：甲材料　　　　　　　　　　　　　　　　　　　　　　　　金額單位：元

20××年		憑證號數	摘要	收入（借方）			發出（貸方）			結存		
月	日			數量	單價	金額	數量	單價	金額	數量	單價	金額
1			期初餘額							2,000	10	20,000
	9	(1)	購料入庫	500	10	5,000				2,500	10	25,000
	12	(2)	購料入庫	400	10	4,000				2,900	10	29,000
	26	(4)	生產領用				1,000	10	10,000	1,900	10	19,000
1	31		本月合計	900	10	9,000	1,000	10	10,000	1,900	10	19,000

表 5-21　　　　　　　　　　　原材料明細帳　　　　　　　　　計量單位：噸
明細帳戶：乙材料　　　　　　　　　　　　　　　　　　　　　　　金額單位：元

20××年		憑證號數	摘要	收入（借方）			發出（貸方）			結存		
月	日			數量	單價	金額	數量	單價	金額	數量	單價	金額
1			期初餘額							50	300	15,000
	9	(1)	購料入庫	100	300	30,000				150	300	45,000
	12	(2)	購料入庫	50	300	15,000				200	300	60,000
	26	(4)	生產領用				100	300	30,000	100	300	30,000
1	31		本月合計	150	300	45,000	100	300	30,000	100	300	30,000

表 5-22　　　　　　　　　　　應付帳款總分類帳　　　　　　　　　　第　　頁
帳戶名稱：A 工廠　　　　　　　　　　　　　　　　　　　　　　　　單位：元

20××年		憑證號數	摘要	借方	貸方	借或貸	餘額
月	日						
1	1		期初餘額			貸	6,000
	9	(1)	購料欠款		5,000		
	12	(2)	購料欠款		19,000		
	20	(3)	償還欠款	20,000			
1	31		本月合計	20,000	24,000	貸	10,000

表 5-23　　　　　　　　　　　應付帳款總分類帳　　　　　　　　　　第　　頁
帳戶名稱：B 工廠　　　　　　　　　　　　　　　　　　　　　　　　單位：元

20××年		憑證號數	摘要	借方	貸方	借或貸	餘額
月	日						
1	1		期初餘額			貸	4,000
	9	(1)	購料欠款		30,000		
	20	(3)	償還欠款	30,000			
1	31		本月合計	30,000	30,000	貸	4,000

第四節　對帳和結帳

一、對帳和結帳的意義

真實性是會計核算的重要原則，對帳是保證會計核算資料真實可靠的一項重要工作。《會計基礎工作規範》要求做到，會計憑證和實際情況應相符，帳簿的記錄和記帳

憑證應相符，帳簿和帳簿之間的相關數字應相符。即帳證、帳帳、帳實三個方面相符。但在實際工作中，由於各種原因及各個環節上可能發生的錯誤會造成帳實不符等情況。因此，需要定期或不定期地進行清查對帳，及時發現問題，找出差錯原因，進行更正，以求達到會計記錄真實以及提供的會計資料準確可靠。對帳以後，就要將各種帳簿結算清楚，以便根據帳簿記錄編制會計報表。結帳是總結某一會計期間（月份、季度、年度）經濟活動發生的情況、考核經濟效果和財務收支情況的一項重要工作，並且能使我們瞭解企業的資產狀況。

二、對帳

對帳就是核對帳目，即是對帳簿記錄進行的檢查核對，是保證會計核算資料真實、正確、可靠的一項會計工作。通過對帳，可以使各種帳簿記錄完整且正確，能如實反應和監督經濟活動的情況，為編制會計報表提供真實可靠的數據資料。

對帳分為日常核對和定期核對兩種。日常核對是對日常填制的記帳憑證的審核以及登帳時對帳簿記錄和會計憑證的核對。日常核對工作應隨時進行，發現錯誤隨時更正。定期核對一般在月末、季末、年末結帳前進行。

對帳的主要內容包括帳證核對、帳帳核對、帳實核對三個方面。

1. 帳證核對

帳證核對，是指對各種帳簿（包括總帳、明細帳以及現金、銀行存款日記帳）的記錄與有關的記帳憑證及其所附原始憑證進行核對，做到帳證相符。帳證核對通常在日常工作中進行，主要檢查登帳中的錯誤。帳證核對的主要內容包括：

（1）核對會計帳簿記錄與記帳憑證或記帳憑證匯總表及其所附原始憑證是否相符。

（2）核對記帳憑證匯總表與記帳憑證是否相符。

（3）核對明細帳與記帳憑證及其所涉及的支票號碼同其他結算票據種類是否相符。

2. 帳帳核對

帳帳核對是指核對不同會計帳簿之間的帳簿記錄是否相符。為了保證帳帳相符，必須將各種帳簿之間的有關數據進行核對。具體核對的內容包括：

（1）總分類帳簿有關帳戶的餘額核對

資產類帳戶的餘額應等於權益類帳戶的餘額，或總帳帳戶的借方期末餘額合計數應與貸方期末餘額合計數核對相符。

（2）總分類帳簿與所屬明細分類帳簿核對

總帳帳戶的期末餘額應與所屬明細分類帳戶期末餘額之和核對相符。

（3）總分類帳簿與序時帳簿核對

如前所述，序時帳簿包括特種日記帳和普通日記帳。而中國企事業單位必須設置的特種日記帳是庫存現金日記帳和銀行存款日記帳。這兩類業務同時還必須設置總分類帳。庫存現金日記帳和銀行存款日記帳期末餘額應分別同有關總分類帳戶的期末餘額核對相符。

（4）明細分類帳簿之間的核對

會計部門各種財產物資明細分類帳的期末餘額應與財產物資保管或使用部門有關

明細帳的期末餘額核對相符。

3. 帳實核對

帳實核對，是指各種財產物資的帳面餘額與貨幣資金、財產物資、債權債務的實際數額核對時，做到帳實相符。帳實核對的主要內容包括：

（1）現金日記帳的帳面餘額，與現金實際庫存數每日終了應核對相符，不準以白條抵充現金或挪用現金。

（2）銀行存款日記帳的帳面餘額，定期（一般每月核對一次）與開戶銀行的對帳單核對。

（3）各種財產物資，如原材料、庫存商品、固定資產等明細帳的帳面餘額與財產物資保管部門或使用部門的實物數量核對。

（4）各種債權、債務如應收帳款、應收票據、應付帳款、應付票據等明細帳的帳面餘額，定期與有關往來單位或個人的債權、債務核對。

三、結帳

結帳是一項將帳簿記錄定期結算清楚的帳務工作。在一定時期結束時（如月末、季末或年末），為了編制會計報表，需要進行結帳。結帳的內容通常包括兩個方面：一是結清各種損益類帳戶，並據以計算確定本期利潤；二是結清各資產、負債和所有者權益帳戶，分別結出本期發生額合計和餘額。

（一）結帳程序

結帳主要包括四個基本程序。

1. 將本期發生的經濟業務事項全部登記入帳，並保證其正確性。檢查本期內日常發生的交易或事項是否已全部登記入帳，若發現漏帳、錯帳，應及時補記、更正。

2. 根據權責發生制的要求，調整有關帳項，合理確定本期應計的收入和應計的費用，編制帳項調整的會計分錄，並據以登記入帳。期末帳項調整包括以下幾個方面：

（1）成本類帳戶轉帳。為了正確計算產品成本，期末「製造費用」應按企業成本核算的有關規定，分配計入有關成本核算對象，即將本帳戶本期發生額分配轉入「生產成本」帳戶；「生產成本」帳戶匯集的費用應在完工產品和在產品之間進行分配，計算出完工產品的生產成本，並通過本帳戶貸方轉入「庫存商品」帳戶借方。

（2）收入分攤和成本分攤的調整。收入分攤是指企業已經收取有關款項，但未完成或未全部完成銷售商品或提供勞務，需在期末按本期已完成的比例，分攤確認本期已實現收入的金額，並調整以前預收款項時形成的負債。如企業銷售商品預收定金、提供勞務預收佣金。在收到預收收入時，應借記「銀行存款」等科目，貸記「預收帳款」等科目；在以後提供商品或勞務、確認本期收入時，進行期末帳項調整，借記「預收帳款」等科目，貸記「主營業務收入」等科目。

成本分攤是指企業的支出已經發生、能使若干個會計期間受益，為正確計算各個會計期間的盈虧而將這些支出在其受益的會計期間進行分配。如企業已經支出，但應由本期和以後各期負擔的報刊費，在支付時，應借記「預付帳款」等科目，貸記「銀

行存款」等科目；在會計期末進行帳項調整時，借記「管理費用」等科目，貸記「預付帳款」等科目。

（3）應計收入和應計費用的調整。應計收入是指那些已在本期實現、因款項未收而未登記入帳的收入。企業發生的應計收入，主要是本期已經發生且符合收入確認標準，但尚未收到相應款項的商品或勞務。對於這類調整事項，應確認為本期收入，借記「應收帳款」等科目，貸記「主營業務收入」等科目；待以後收妥款項時，借記「庫存現金」「銀行存款」等科目，貸記「應收帳款」等科目。

應計費用是指那些已在本期發生、因款項未付而未登記入帳的費用。企業發生的應計費用，本期已經受益，如應付未付的借款利息等。由於這些費用已經發生，應當在本期確認為費用，確認時，借記「財務費用」等科目，貸記「應付利息」等科目；待以後實際支付款項時，借記「應付利息」等科目，貸記「庫存現金」「銀行存款」等科目。

3. 將損益類科目轉入「本年利潤」科目，結平所有損益類科目。期末將「主營業務收入」「其他業務收入」「營業外收入」等收入類帳戶的本期發生額合計數轉入「本年利潤」帳戶的貸方；同時，將「主營業務成本」「其他業務成本」「管理費用」「財務費用」「銷售費用」「營業外支出」「所得稅費用」等支出類帳戶的本期發生額合計數轉入「本年利潤」帳戶的借方，並計算本期利潤。

4. 在本期全部經濟業務登記入帳的基礎上，結算出所有資產、負債和所有者權益類帳戶的本期發生額和期末餘額，並結轉下期，作為下期的期初餘額。

（二）結帳方法

1. 日結或月結。日結或月結是在每日或每月終了進行。日結或月結時，應在該日或該月最後一筆經濟業務下面劃一條通欄單紅線，在紅線下「摘要」欄內註明「本日合計」或「本月合計」「本月發生額及餘額」字樣，在「借方」「貸方」或「餘額」欄分別填入本日、本月合計數和月末餘額，同時在「借或貸」欄內註明借貸方向，如無餘額，應在「借或貸」欄內登記「平」字，在「餘額」欄中註明「0」。然後，在這一行下面再劃一條通欄單紅線，以便與下日、下月發生額劃清。

2. 季結。季結是在每季終了進行。季結時，通常在每季度的最後一個月月結的下一行，在「摘要」欄內註明「本季合計」或「本季度發生額及餘額」，同時結出借、貸方發生額及季末餘額。然後，在這一行下面劃一條通欄單紅線，表示季結的結束。

3. 年結。年結是在每年終了進行。年結時，在12月份月結或第四季度季結的下一行，在「摘要」欄註明「本年合計」或「本年發生額及餘額」，同時結出借、貸方發生額及期末餘額。然後，在這一行下面劃上通欄雙紅線。

4. 年度終了，各個帳戶都需要平衡。平衡的方法是：將年初借方或貸方餘額記入「本年發生額及餘額」欄的下一行「貸方」或「借方」內，並在「摘要」欄內註明「上年餘額」字樣，同時將本年年末餘額記入「上年餘額」下一行的「借方」或「貸方」欄內，並在「摘要」欄內註明「結轉下年」字樣；然後在「結轉下年」數字下面

劃通欄單紅線,將借、貸雙方數字加計總數,列入紅線下一欄的「借方」或「貸方」,並在「摘要」欄內註明「總計」字樣;最後在「總計」數字下面劃通欄雙紅線,表示雙方平衡和年度結帳工作的結束。

5. 年度結帳後,總帳和日記帳應當更換新帳,明細帳一般也應更換。但有些明細帳,如固定資產明細帳等可以連續使用,不必每年更換。年終時,要把各帳戶的餘額結轉到下一會計年度,只在「摘要」欄註明「結轉下年」字樣,結轉金額不再抄寫。如果帳頁的「結轉下年」行以下還有空行,應當自「餘額」欄的右上角至「日期」欄的左下角用紅筆劃對角斜線註銷。在下一會計年度新建有關會計帳簿的第一行「餘額」欄內填寫上年結轉的餘額,並在「摘要」欄註明「上年結轉」或「年初餘額」字樣。年末餘額轉入新帳,不必填製記帳憑證。

另外,對於需要反應年初至各月末累計發生額的某些帳戶,應在月結或季結的下面,結算出年初至本月末的累計發生額,在「摘要」欄中註明「本年累計」字樣,並在下面劃一條通欄單紅線,12月末的「本年累計」就是全年累計發生額,全年累計發生額下通欄劃雙紅線。

第五節　錯帳更正方法

一、查找錯帳的方法

在對帳過程中,可能會發生各種各樣的差錯。產生差錯的原因可能是重記、漏記、數字顛倒、數字錯位、數字記錯、科目記錯、借貸方向記反,從而影響會計信息的正確性。如發現差錯,會計人員應及時查找並予以更正。常見的差錯查找方法有以下幾種:

1. 差數法

差數法是指按照錯帳的差數來查找錯帳的方法。主要用於查找借貸方有一方漏記的錯誤。例如,在記帳過程中只登記了經濟業務的借方或者貸方,漏記了另一方,從而形成試算平衡中借方合計數與貸方合計數不相等。如果借方金額遺漏,就會使該金額在貸方超出;如果貸方金額遺漏,則會使該金額在借方超出。對於這樣的差錯,可由會計人員通過回憶和核對相關金額的記帳來查找。如會計憑證上記錄的是:

借:應交稅費——應交消費稅　　　　　　　　　　　　5,250
　　　　——應交城市維護建設稅　　　　　　　　　　367.5
　　　　——應交個人所得稅　　　　　　　　　　　　500
　　　　——應交教育費附加　　　　　　　　　　　　157.5
　貸:銀行存款　　　　　　　　　　　　　　　　　　6,275

若會計人員在記帳時漏記了城市維護建設稅367.5元,那麼在進行應交稅費總帳和明細帳核對時,就會出現總帳借方餘額比明細帳借方餘額多367.5元的現象。

2. 尾數法

對所有帳戶的借方發生額合計數和貸方發生額的合計數的差額，看其尾數，乃至小數點以後的角或分的數字。對於發生的角、分的差錯可以只查找小數部分，以提高查錯的效率。如只差 0.06 元，只需看一下尾數有「0.06」的金額，看是否已將其登記入帳。

3. 二除法

二除法，是指以差數除以 2 來查找錯帳的方法，主要用於查找因數字記反方向而發生的錯帳。如在記帳時，有時由於會計人員疏忽，錯將應記入借方的數字誤記入了貸方，或將貸方金額登記到了借方，這必然會導致一方的合計數增大，而另一方的合計數減少，其差異數字恰好是記錯了方向數字的一倍，且差異數字必定是偶數。對於這種錯誤的檢查，可用差異數除以 2，則其商數就可能是帳中記帳方向的反方向數字，然後再到帳簿中去查找與這個商數相同的數字，看其是否記錯了方向，即可找到錯帳的所在之處。如：

借：其他應收款——總務科　　　　　　　　　　　　　　　　　　500
　貸：庫存現金　　　　　　　　　　　　　　　　　　　　　　　　500

登記明細帳時，錯把其他應收款登記入貸方，總帳與明細帳核對時，就會出現總帳借方餘額大於明細帳借方餘額 1,000 元的情況。這時將 1,000 元除以 2，正好是貸方記錯的 500 元。

4. 九除法

九除法是指用對帳差額除以 9 來查找差錯的一種方法，主要適用於下列兩種錯誤的查找：

（1）數字錯位。在查找錯誤時，如果差錯的數額較大，就應該檢查一下是否在記帳時發生了數字錯位。在登記帳目時，會計人員有時會把位數看錯，把十位數看成百位數，把百位數看成千位數，把小數看大了；也有可能把百位數看成十位數，把千位數看成百位數，把大數看小了。這種情況下，差錯數額一般比較大，可以用除 9 法進行檢查。如將 70 元看成了 700 元並登記入帳，此時在對帳時就會出現餘額差 700-70=630（元），用 630 元除以 9，商為 70 元，70 元就是應該記錄的正確的數額。又如收入現金 800 元，誤記為 80 元，對帳結果會出現 800-80=720（元）的差值，用 720 元除以 9，商為 80 元，商數即為差錯數。

（2）相鄰數字顛倒錯誤的查找。在記帳時，有時易將相鄰的兩位數或三位數的數字登記顛倒，如將 86 記成 68，315 記成 513，它們的差值分別是 18 和 198，都可以被 9 整除，這樣知道錯誤問題之後，再進一步判斷錯在哪一筆業務上就可以了。

如果用上述方法檢查均未發現錯誤，而對帳結果又確實不符，還可以採用順查、逆查、抽查等方法檢查是否有漏記和重記等現象。順查是指按帳務處理的順序，從憑證開始到帳簿記錄止，從頭到尾進行普遍檢查的方法。逆查法是指與帳務處理順序相反，從尾到頭進行普遍檢查的方法。抽查法是指抽取帳簿記錄中某些局部數據進行檢查的方法。

二、錯帳更正的方法

在記帳過程中,有時會由於各種原因造成帳簿的記錄發生錯誤。如果帳簿記錄發生錯誤,不準塗改、挖補、刮擦或用藥水消除字跡,不準重新抄寫,必須按照規定的方法進行更正。錯帳更正的方法有:劃線更正法、紅字更正法和補充登記法。

1. 劃線更正法

劃線更正法適用於在結帳前發現帳簿記錄中有文字、數字錯誤,而其所依據的記帳憑證正確無錯的情況。

更正錯誤的具體方法是:先在錯誤的文字或數字上劃一條紅線予以註銷,但必須使原有的文字或數字字跡仍可辨認,以備查考;然後在劃線的上方用藍字填寫正確的文字或數字,並由會計人員和會計機構負責人在更正處蓋章,以明確責任。

對於錯誤的數字,應當全部劃線更正,不得只更正其中的錯誤數字。例如:記帳員李三在登記「管理費用」帳戶時,誤將4,725.64寫成4,752.64,更正時,應將錯誤數字4,752.64全部用紅線劃銷,然後在其上方記錄4,725.64,而不能只將其中的「52」改為「25」。對於文字錯誤,可以只在錯誤的文字上劃線註銷,在其上方空白處填上正確的文字。在帳簿上用劃線更正法更正金額的方法如圖5-2所示。

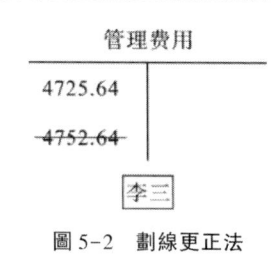

管理費用

4725.64

~~4752.64~~

李三

圖 5-2 劃線更正法

2. 紅字更正法

紅字更正法一般適應於以下兩種情況:

(1)記帳以後,如果發現記帳憑證中的會計科目名稱錯誤,或應借、應貸方向錯誤,或科目和金額同時錯誤,進而造成帳簿記錄錯誤,可採用紅字更正法予以更正。

對於帳簿記錄錯誤,其更正方法是:應先用紅字金額填寫一張與原錯誤記帳憑證完全相同的記帳憑證,且在「摘要」欄內註明「註銷×年×月×日×字×號憑證的錯誤」,並據以用紅字金額登記入帳,以衝銷原有的錯誤記錄;然後用藍字金額填制一張正確的記帳憑證,在「摘要」欄內註明「更正×年×月×日×字×號憑證」,並據以用藍字金額登記入帳。舉例如下:

職工張勇出差預借差旅費1,000元,以現金支付。填制記帳憑證時,誤記為:

借:管理費用   1,000
　　貸:庫存現金   1,000①
並已登記入帳。

當發現這一記帳錯誤時,應先用紅字金額填寫一張與上述記帳憑證相同的記帳憑證,其會計分錄如下:

借：管理費用　　　　　　　　　　　　　　　　　　　　1,000
　　貸：庫存現金　　　　　　　　　　　　　　　　　　　　1,000②

然後用藍字金額填制一張正確的記帳憑證，其會計分錄如下：
借：其他應收款——張勇　　　　　　　　　　　　　　　1,000
　　貸：庫存現金　　　　　　　　　　　　　　　　　　　1,000③

同時將②、③兩張記帳憑證中的會計分錄登入相應的帳簿中。在帳簿中用紅字更正法更正記帳憑證中的記帳錯誤，如圖 5-3 所示。

借　庫存現金　貸	借　管理費用　貸	借　其他應收款　貸
① 1 000	① 1 000	③ 1 000
② 1 000	② 1 000	
③ 1 000		

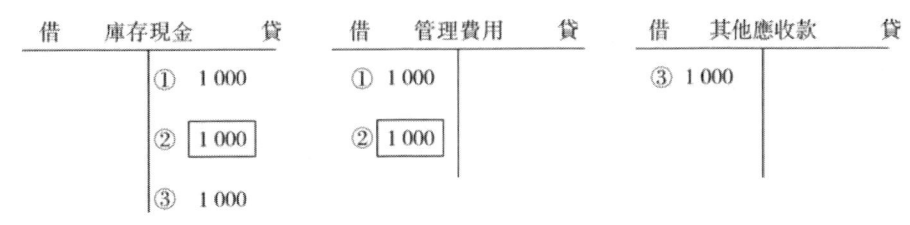

圖 5-3　紅字更正法

（2）記帳以後，如果發現記帳憑證中應借、應貸科目正確無誤，只是所記金額大於應記金額並已過帳；或者記帳憑證完全正確，只是登帳時發生筆誤，使得錯誤金額大於正確金額且已結帳，均應採用紅字更正法予以更正。

具體更正方法是：將多記的金額，用紅字填制一張與原錯誤憑證的記帳方向、會計科目完全相同的記帳憑證，且在「摘要」欄註明「衝銷×年×月×日×字×號憑證多記金額」，並據以用紅字金額登記入帳。舉例如下：

某企業銷售甲產品取得收入 5,000 元，暫未收到貨款（假設不考慮相關稅費）。填制記帳憑證時，誤記為：

借：應收帳款　　　　　　　　　　　　　　　　　　　50,000
　　貸：主營業務收入　　　　　　　　　　　　　　　　50,000④

並已登記入帳。

更正時，將多記金額 45,000 元用紅字金額填制如下記帳憑證：

借：應收帳款　　　　　　　　　　　　　　　　　　　45,000
　　貸：主營業務收入　　　　　　　　　　　　　　　　45,000⑤

同時將記帳憑證⑤登入相應的帳簿中。在帳簿中用紅字更正法衝銷多記金額的登記如圖 5-4 所示。

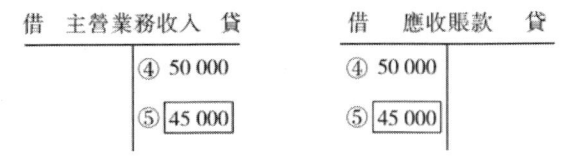

借　主營業務收入　貸	借　應收賬款　貸
④ 50 000	④ 50 000
⑤ 45 000	⑤ 45 000

圖 5-4　紅字更正法

3. 補充登記法

補充登記法是指對原記帳憑證記錄中少記的金額予以補充登記的一種方法。適用於記帳以後，發現記帳憑證中應借、應貸科目正確無誤，只是所記金額少於正確金額並已過帳；或者記帳憑證完全正確，只是登帳時發生筆誤，導致所記金額少於正確金額且已結帳，均可採用補充登記法予以更正。

具體更正方法是：將少記的金額，用藍字填制一張與原記帳憑證的記帳方向、會計科目相同的記帳憑證，且在「摘要」欄註明「補充×年×月×日×字×號憑證少記金額」，並據以登記入帳。舉例如下：

企業本月辦公室固定資產應提取折舊費 6,500 元。填制記帳憑證時，誤記為：

借：管理費用　　　　　　　　　　　　　　　　　　　　　　　　5,600
　貸：累計折舊　　　　　　　　　　　　　　　　　　　　　　　　5,600⑥

並已登記入帳。

更正時，只需填制一張與原記帳憑證的記帳方向、會計科目相同，金額為 900 元的藍字記帳憑證，並據以登記入帳即可。如圖 5-5 所示。

借：管理費用　　　　　　　　　　　　　　　　　　　　　　　　900
　貸：累計折舊　　　　　　　　　　　　　　　　　　　　　　　　900⑦

借	累計折舊	貸	借	管理費用	貸
	⑥ 5 600		⑥ 5 600		
	⑦ 900		⑦ 900		

圖 5-5　補充登記法

三、帳簿的更換與保管規則

1. 帳簿的更換規則

為了保證帳簿記錄的連續性，在每一會計年度結束，新的會計年度開始時，應按會計準則的規定進行帳簿的更換。

更換新帳時，應將舊帳簿各帳戶的餘額直接記入新帳簿有關帳戶中新帳頁第一頁第一行的「餘額」欄內，並在「摘要」欄註明「上年結轉」或「年初餘額」字樣，不必填制記帳憑證。

總分類帳、日記帳和大部分明細分類帳必須每年更換一次；只有少部分明細分類帳，如固定資產明細帳，不必每年更換，可以跨年使用。但需在「摘要」欄中註明「結轉下年」的字樣。

2. 帳簿的保管規則

帳簿同會計憑證一樣，都是重要的會計檔案，因而都應按照規定妥善保管。正在使用的帳簿應由經管帳簿的有關人員負責保管，保證其安全、完整。年度終了的舊帳，會計機構可保管一年，期滿後應裝訂成冊或封扎，加齊封面後統一編號，交檔案室統一由專人保管。現金和銀行存款日記帳的保管期限為 25 年，總帳、明細帳、輔助帳簿

及其他日記帳的保管期限為 15 年，固定資產卡片帳在固定資產報廢清理後應保管 5 年。保管期滿以後，應按照規定的審批程序報經批准才能銷毀。

本章小結

　　會計帳簿是以審核無誤的會計憑證為依據，全面、系統、連續、分類記錄各項經濟業務的簿籍，由具有專門格式、相互聯繫的若干帳頁所組成。為了把分散記錄在會計憑證上的大量的經濟信息加以分類歸集，並為經營管理提供系統、完整的核算資料，任何單位必須設置和登記帳簿。設置和登記帳簿是會計核算的專門方法之一，是對會計憑證的歸集，也是編制會計報表的基礎。因此，會計帳簿是連接會計憑證和會計報表的中間環節。

　　會計帳簿按用途不同，可分為序時帳簿、分類帳簿和備查帳簿；按外表形式不同可分為訂本式帳簿、活頁式帳簿和卡片式帳簿。各種帳簿相互聯繫、相互制約形成一個完整的帳簿體系。企業、事業等單位都要按照自己的業務特點和經營管理的需要設置帳簿。

　　日記帳可以用來記錄全部經濟業務的完成情況，也可以用來連續記錄某一類經濟業務的完成情況。為了逐日反應現金和銀行存款的收付情況，一般來說，各單位都應設置現金日記帳和銀行存款日記帳等特種日記帳。

　　總分類帳是根據總分類科目開設帳戶，用來登記全部經濟業務，進行總分類核算，提供總括核算資料的分類帳簿。總分類帳所提供的核算資料，是編制會計報表的主要依據，任何單位都必須設置總分類帳簿。總分類帳一般採用訂本式帳簿，帳頁格式一般採用「借方」「貸方」「餘額」三欄式。明細分類帳是按照明細分類帳戶設置，用來詳細記錄經濟業務的帳簿。它既可以反應資產、負債、所有者權益、收入、費用等具體項目金額的變動情況，也可以反應實物數量的增減變化。其所提供的詳細核算資料是對總分類帳的詳細反應和補充說明，也是編制會計報表的依據。明細分類帳的帳頁根據不同的經濟內容和管理要求採用不同的格式，主要有「三欄式」「數量金額式」和「多欄式」。明細分類帳的帳頁一般採用活頁式，有的也採用卡片式（如固定資產明細帳）。總分類帳和明細分類帳之間的關係通過平行登記得以體現。總分類帳和明細分類帳的平行登記具有同時登記、依據相同、方向一致、金額相等的要點。總分類帳戶和所屬明細分類帳戶之間的數字相等關係可以用來檢查總分類帳戶和所屬明細分類帳戶記錄的完整性和準確性。

　　會計帳簿是重要的會計檔案，因此企業必須按照《中華人民共和國會計法》（以下簡稱《會計法》）和《會計基礎工作規範》等法規、制度的規定使用、登記和更正帳簿。同時還必須對帳簿記錄進行定期對帳和結帳。

思考題

1. 設置和登記帳簿對會計核算有何意義?
2. 什麼是對帳?對帳包括哪些內容?
3. 簡述總分類帳與明細分類帳的關係以及平行登記的要點。
4. 錯帳更正的方法有幾種?它們的適用範圍如何?
5. 簡述帳簿登記的基本要求。
6. 簡述月結和年結的方法。

第六章　製造業主要經濟業務的核算

學習目標

1. 瞭解籌資業務核算的內容；
2. 掌握籌資業務的核算；
3. 瞭解採購業務核算的內容；
4. 掌握採購業務的核算；
5. 瞭解產品生產業務的核算內容；
6. 掌握產品生產業務的核算；
7. 瞭解銷售業務核算的內容；
8. 掌握銷售業務的核算；
9. 瞭解財務成果的構成；
10. 掌握財務成果的計算和核算。

案例：

李志敏原在某事業單位任職，月薪 3,500 元。2015 年年初他辭去公職，投資 100,000 元（該 100,000 元為個人從銀行借入的款項，年利率為 4%）開辦了一個公司，從事餐飲服務。該公司開業一年來，有關收支項目的發生情況如下：

（1）餐飲收入 560,000 元。
（2）出租場地的租金收入 60,000 元。
（3）兼營小食品零售業務收入 48,000 元。
（4）各種飲食品的成本 320,000 元。
（5）支付的各種稅費 48,000 元。
（6）支付的雇員工資 160,000 元。
（7）購置設備支出 200,000 元，其中本年應負擔該批設備的磨損成本為 50,000 元。
（8）李志敏的個人支出 40,000 元。

案例要求：

確定該公司的經營成果並運用你掌握的會計知識評價劉志敏的辭職是否合適。

案例提示：

該餐飲公司 2015 年的有關損益項目確定如下：
收入 = 560,000+60,000+48,000 = 668,000（元）

費用＝320,000+48,000+160,000+50,000＝578,000（元）

利潤＝668,000-578,000＝90,000（元）

通過以上計算可以看出，李志敏經營的餐飲公司開業一年來實現的經營成果是盈利90,000元。李志敏原在事業單位任職，月薪3,500元，年薪為42,000元，顯然，李志敏開辦的餐飲公司獲得的盈利要超過其在單位任職的收入，也就是說，李志敏辭去公職而開辦公司是合適的。

對於本案例需要注意，李志敏個人的支出40,000元不能作為公司的開支看待。因為按照會計主體前提條件的要求，公司的會計只核算本公司的業務，必須將公司這個會計主體的業務與公司所有者即李志敏本人的業務區別開來。另外，對於李志敏來說，在做出這個決策時，需要考慮借款投資的利息問題。在本案例中，借款的年利息額為4,000（100,000×4%）元，但由於這個利息額度比較小，因此並不改變最終的結果。

相對於其他行業而言，製造業企業的經濟活動更為複雜多樣，也更為完整，因此本章我們將以製造業企業為對象，學習一個完整的生產、經營的會計核算過程。

一個製造業企業為了組織生產經營活動，必須完成六個環節。第一，必須通過一定的籌資渠道籌集資金以滿足生產經營的需要；第二，將籌集的資金用於購置各種物質生產條件，如建造廠房、購買機器設備、購買材料等；第三，組織產品生產；第四，銷售產品，取得收入；第五，實現利潤並對利潤進行分配；第六，將未分配的利潤再次投入到生產經營中。可見，籌資、採購、生產、銷售及利潤形成與分配這五個環節在製造業企業的經營過程中不斷地循環，我們將這一過程稱為企業的經濟業務循環。

因此，本章對製造業企業的經濟業務循環的會計核算在內容上包括籌資業務核算、採購業務核算、生產業務核算、銷售業務核算以及財務成果的核算五個方面。

第一節　資金籌集業務的核算

企業的建立，首先必須籌集到所需要的資金。企業籌集資金的方式按照籌資渠道可以分為股權籌資和債務籌資。其中，股權籌資是指企業所有者投入的資本，它是企業的永久性資本，使企業在承擔經營風險的同時，也享有經營收益的分配。債務籌資是指企業向債權人借入的資本，如向銀行的貸款等，這部分資本具有明確的還本付息期限，到期必須予以償還，並受法律保護。下面簡要說明這兩種主要籌資業務的核算。

一、資金籌集業務核算的內容

資金籌集業務的核算主要包括所有者投入資本的核算和債權人投入資本的核算兩部分內容。

《中華人民共和國公司法》（以下簡稱《公司法》）規定，為了使企業具備與其生產經營相適應的資金數額，保證企業從事生產經營活動的需要，作為企業的所有者，必須向企業投入一定的資本金。資本金是指企業在工商行政管理部門登記的註冊資本。

設立企業必須達到法定的註冊資本的最低限額。資本金按照投資主體的不同可分為國家資本金、法人資本金、個人資本金和外商資本金等。投資者按照企業章程或合同、協議的規定而實際投入企業的資本，就是企業的實收資本（股份公司為股本）。投資者可以用貨幣資金出資，也可以用實物資產、無形資產等能夠用貨幣估價並能夠依法轉讓的非貨幣財產作價出資；但是，法律、行政法規規定不得作為出資的財產除外。

企業為了進行正常的生產經營活動，除了必須吸收所有者的投資，還必須經常向銀行或其他非銀行的金融機構借款，通過發行債券、賒購貨物、推遲付款等方式籌集資金，這些資金均屬於債權人投入的資金，形成企業的負債。本節只介紹企業向銀行或其他非銀行的金融機構借入資金的核算。

二、投資者投入資本的核算

投資者將資金投入企業，並成為企業的股東（或稱為投資者），進而可以參與企業的經營決策並獲得企業盈利分配。企業吸收投資者的投資後，企業的資產增加了，同時投資者在企業中所享有的權益也增加了。

（一）投入資本核算的帳戶設置

為了核算企業投入資本的經濟業務，應設置以下帳戶進行核算。

1.「實收資本或股本」帳戶

「實收資本」（股份公司為「股本」）帳戶，核算企業接受投資者投入的、與企業註冊資本數額相同的資本的增減變動及結存情況。該帳戶屬於所有者權益類帳戶，貸方登記企業實際收到的投資者投入的資本，以及按規定用資本公積、盈餘公積轉增資本金的數額；借方登記企業按法定程序報經批准減少的資本，平時一般沒有數額；期末餘額在貸方，反應企業實有的資本或股本總額。本帳戶可按投資者設置明細帳以進行明細分類核算。

企業收到投資者出資額超過其在註冊資本或股本中所占份額的部分，作為資本溢價或股本溢價，在「資本公積」帳戶中核算。

2.「資本公積」帳戶

「資本公積」帳戶，核算企業實際收到投資者出資額超出其在註冊資本或股本中所占份額以及直接計入所有者權益的利得和損失等。該帳戶屬於所有者權益類帳戶，貸方登記資本公積的增加數額；借方登記資本公積的減少數額；期末餘額在貸方，反應資本公積的結存數額。本帳戶可設置「資本溢價」或「股本溢價」「其他資本公積」明細帳，進行明細分類核算。

3.「庫存現金」帳戶

「庫存現金」帳戶，核算企業庫存現金的增減變動及其結存情況。該帳戶屬於資產類帳戶，借方登記庫存現金的增加數；貸方登記庫存現金的減少數；期末餘額在借方，反應企業持有的庫存現金。本帳戶一般不進行明細分類核算。

4.「銀行存款」帳戶

「銀行存款」帳戶，核算企業存入銀行或其他金融機構的各種款項的增減變動及其

結存情況。該帳戶屬於資產類帳戶，借方登記銀行存款的增加數；貸方登記銀行存款的減少數；期末餘額在借方，反應企業存在銀行或其他金融機構的各種款項的實有數。本帳戶一般不進行明細分類核算。

5.「固定資產」帳戶

「固定資產」帳戶，核算企業固定資產原始價值（原價）的增減變動及其結存情況。該帳戶屬於資產類帳戶，借方登記增加的固定資產的原始價值；貸方登記減少的固定資產的原始價值；期末餘額在借方，反應企業現有固定資產的帳面原價。本帳戶可按固定資產類別和項目設置明細帳，進行明細分類核算。

6.「無形資產」帳戶

「無形資產」帳戶，核算企業無形資產成本的增減變動及其結存情況。無形資產包括專利權、非專利技術、商標權、著作權、土地使用權等。該帳戶屬於資產類帳戶，借方登記無形資產的增加；貸方登記無形資產的減少；期末餘額在借方，反應企業無形資產的成本。本帳戶可按無形資產項目設置明細帳，進行明細分類核算。

（二）投入資本的核算舉例

樂大公司是一個生產型企業，於 2015 年 1 月註冊成立，本月發生以下經濟業務：

[例 6-1] 樂大公司註冊成立，接受中原公司投入現金 1,000,000 元，款項已通過銀行轉入；設備兩臺，價值 500,000 元；專利權一項，價值 100,000 元。

分析：設備屬於企業的固定資產，專利權屬於企業的無形資產。因此，這項經濟業務的發生，一方面引起企業的銀行存款、固定資產和無形資產的增加，「銀行存款」「固定資產」「無形資產」均屬於資產類帳戶，資產的增加應記入對應「銀行存款」「固定資產」「無形資產」帳戶的借方。另一方面引起企業實收資本的增加，「實收資本」屬於所有者權益類帳戶，所有者權益的增加，應記入對應「實收資本」帳戶的貸方。因此，本筆業務應編制的會計分錄如下：

借：銀行存款　　　　　　　　　　　　　　　　　1,000,000
　　固定資產　　　　　　　　　　　　　　　　　　 500,000
　　無形資產　　　　　　　　　　　　　　　　　　 100,000
　貸：實收資本——中原公司　　　　　　　　　　　1,600,000

[例 6-2] 科華企業向樂大公司投入 3 臺設備，評估確認總價值為 2,100,000 元。科華企業投入資本占樂大公司註冊資本的總額為 2,000,000 元。

分析：科華企業作為企業的投資者，向企業投入的設備屬於企業的固定資產。這筆經濟業務的發生，一方面引起企業的固定資產增加了 2,100,000 元；另一方面引起企業的資本增加了 2,100,000 元。固定資產的增加是資產的增加，應記入對應「固定資產」帳戶的借方；資本的增加是所有者權益的增加，其中 2,000,000 元屬於企業的註冊資本，記入「實收資本」及其相關明細帳戶的貸方，超過註冊資本的 100,000 元應作為資本溢價，記入「資本公積」及其相關明細帳戶的貸方。應編制的會計分錄為：

借：固定資產　　　　　　　　　　　　　　　　　2,100,000
　貸：實收資本——科華企業　　　　　　　　　　　2,000,000

資本公積——資本溢價　　　　　　　　　　　　　　　　　　　　　100,000

三、借入資本的核算

　　企業自有資金不足以滿足企業經營活動的需要時，可以通過從銀行或其他金融機構借款的方式籌集資金，並按借款協議約定的利率承擔支付利息及到期歸還借款本金的義務。企業借入的資本按照償還期限的長短可分為短期借款和長期借款。短期借款是指企業向銀行或其他金融機構借入的、償還期限在一年或超過一年的一個營業週期以內的各種借款，屬於流動負債的範疇。長期借款是指企業向銀行或其他金融機構借入的、償還期限在一年或超過一年的一個營業週期以上的各種借款，屬於非流動負債的範疇。企業借入資金時，一方面銀行存款增加，另一方面負債也相應增加。

（一）帳戶設置

　　借入資本的核算包括借入資本的取得、償還和利息的核算。因而應設置以下帳戶進行核算。

　　1.「短期借款」帳戶

　　「短期借款」帳戶，用於核算企業向銀行或其他金融機構等借入的償還期限在一年（包含一年）或超過一年的一個營業週期以內的各種借款的取得、償還及結存情況。該帳戶屬於負債類帳戶，貸方登記取得的各種短期借款；借方登記歸還的各種短期借款；期末餘額在貸方，反應企業尚未償還的短期借款。本帳戶可按借款種類、貸款人和幣種設置明細帳，進行明細分類核算。

　　2.「長期借款」帳戶

　　「長期借款」帳戶，用於核算企業向銀行或其他金融機構借入的償還期限在一年或超過一年的一個營業週期以上的各種借款的取得、應付未付利息、本息償還及其結存情況。該帳戶屬於負債類帳戶，貸方登記取得的各種長期借款及其計算的應付未付的利息；借方登記償還的各種長期借款的本金和利息；期末餘額在貸方，反應企業尚未償還的長期借款的本金和利息。本帳戶可按貸款單位和貸款種類設置明細帳，進行明細分類核算。

　　3.「財務費用」帳戶

　　「財務費用」帳戶，用於核算企業為籌集生產經營所需資金等而發生的各項籌資費用，包括利息支出（減利息收入）、匯兌損益以及相關的手續費、企業發生的現金折扣或收到的現金折扣等。該帳戶屬於損益類（費用）帳戶，借方登記企業發生的利息支出、匯兌損失及相關的手續費；貸方登記利息收入、匯兌收益及期末自本帳戶轉入「本年利潤」帳戶的餘額；期末結轉後本帳戶無餘額。本帳戶可按費用項目設置明細帳，進行明細分類核算。

　　4.「應付利息」帳戶

　　「應付利息」帳戶，用於核算企業按照合同約定應支付的利息，包括吸收存款、分期付息到期還本的長期借款、企業債券等應支付的利息。該帳戶屬於負債類帳戶，貸方登記短期借款中按合同利率計算確定的應付未付的利息；借方登記實際支付的利息；

期末餘額在貸方，反應企業短期借款中應付未付的利息。本帳戶可按存款人或債權人設置明細帳，進行明細分類核算。

(二) 借入資本的核算舉例

[例6-3] 樂大公司於2015年1月1日從工商銀行取得期限為6個月，利率為6%的借款200,000元，款項存入銀行。假設按借款合同規定，該借款的本息於2015年7月1日借款到期時一次歸還。

①2015年1月1日，從工商銀行借入款項時：

分析：企業借入的期限為6個月的借款屬於企業的短期借款。企業取得短期借款時，一方面引起企業的銀行存款增加了200,000元；另一方面引起企業的短期借款增加了200,000元。銀行存款的增加是資產的增加，記入「銀行存款」帳戶的借方；短期借款的增加是負債的增加，記入「短期借款」及其相關明細帳戶的貸方。應編制的會計分錄為：

借：銀行存款　　　　　　　　　　　　　　　　　200,000
　　貸：短期借款——工行　　　　　　　　　　　　　　200,000

②2015年1月31日，計提當月借款利息時：

分析：按照權責發生制基礎，企業借入短期借款的利息在借款使用期內應按月預提，到期支付。企業每月應計提的借款利息為：200,000×6%/12＝1,000元。每月末企業確認的應當歸屬於當月的借款利息費用時，應增加企業的財務費用，同時形成企業對銀行的一項負債。計提當月借款利息時，一方面引起企業的財務費用增加了1,000元；另一方面引起企業的應付利息增加了1,000元。財務費用的增加是費用的增加，記入「財務費用」帳戶的借方；應付利息的增加是負債的增加，記入「應付利息」帳戶的貸方。應編制的會計分錄為：

借：財務費用　　　　　　　　　　　　　　　　　1,000
　　貸：應付利息——工行　　　　　　　　　　　　　　1,000

2、3、4、5、6月末計提借款利息時，做相同的會計處理。

③2015年7月1日，借款到期，歸還借款本息時：

分析：借款到期，企業應歸還到期短期借款本金200,000元，支付在借款使用期內各月末已計提的借款利息6,000（1,000×6）元，共計206,000元。2015年7月1日借款到期，支付借款本息時，一方面引起企業的銀行存款減少了206,000元；另一方面引起企業的短期借款減少了200,000元、應付利息減少了6,000元。短期借款的減少是負債的減少，記入「短期借款」及其相關明細帳戶的借方；應付利息的減少是負債的減少，記入「應付利息」帳戶的借方；銀行存款減少是資產的減少，記入「銀行存款」帳戶的貸方。應編制的會計分錄為：

借：短期借款——工行　　　　　　　　　　　　　200,000
　　應付利息——工行　　　　　　　　　　　　　　6,000
　　貸：銀行存款　　　　　　　　　　　　　　　　　206,000

[例6-4] 樂大公司於2015年1月1日向建設銀行借入期限為3年，利率為9%，

到期一次還本付息的借款 100,000 元，款項已存入銀行。假設本筆借款的本金與企業實際收到的借款金額相等。

①2015 年 1 月 1 日，從建設銀行取得借款時：

分析：企業借入的期限為 3 年的借款屬於企業的長期借款。取得長期借款時，一方面引起企業的銀行存款增加了 100,000 元；另一方面引起企業的長期借款增加了 100,000 元。銀行存款的增加是資產的增加，記入「銀行存款」帳戶的借方；長期借款的增加是負債的增加，記入「長期借款」及其相關明細帳戶的貸方。應編制的會計分錄為：

借：銀行存款　　　　　　　　　　　　　　　　　　100,000
　　貸：長期借款——建行　　　　　　　　　　　　　　100,000

② 2015 年 12 月 31 日，計提當年借款利息時：

分析：按照權責發生制基礎，對於到期一次還本付息的長期借款，企業應在每年年末計算其借款利息。企業每年應計提的借款利息為：100,000×9% = 9,000 元。每年年末企業確認的應當歸屬於當年的借款利息費用時，應增加企業的財務費用，同時形成企業對銀行的一項負債，增加企業的長期借款。年末，計提當年借款利息時，一方面引起企業的財務費用增加了 9,000 元；另一方面引起企業的長期借款增加了 9,000 元。財務費用的增加是費用的增加，記入「財務費用」帳戶的借方；長期借款的增加是負債的增加，記入「長期借款」及其相關明細帳戶的貸方。應編制的會計分錄為：

借：財務費用　　　　　　　　　　　　　　　　　　9,000
　　貸：長期借款——建行　　　　　　　　　　　　　　9,000

2016 年年末和 2017 年年末，計提借款利息時，做相同會計處理。

③2018 年 1 月 1 日，借款到期，歸還到期長期借款本息時：

借款到期，企業應歸還到期長期借款本金 100,000 元，支付在借款使用期內各年末已計提的借款利息 27,000（9,000×3）元，共計 127,000 元。2018 年 1 月 1 日借款到期，歸還到期長期借款本息時，一方面引起企業的銀行存款減少了 127,000 元；另一方面引起企業的長期借款減少了 127,000 元。長期借款的減少是負債的減少，記入「長期借款」及其相關明細帳戶的借方；銀行存款減少是資產的減少，記入「銀行存款」帳戶的貸方。應編制的會計分錄為：

借：長期借款——建行　　　　　　　　　　　　　　127,000
　　貸：銀行存款　　　　　　　　　　　　　　　　　127,000

第二節　採購業務的核算

一、材料採購業務核算的內容

企業籌集到資金後，就必須購入設備、廠房、材料、工（器）具等，以保證生產經營活動的正常進行。這些經濟資源大都是通過企業的供應過程完成的。設備、廠房屬於企業的固定資產，而中國的固定資產一般是通過基本建設或者專項採購完成的，

所以，企業的供應過程一般是指材料物資等勞動對象的採購過程，供應過程的核算一般是指材料採購業務的核算。

材料物資的採購過程是指從上游供應商經訂貨、運輸、裝卸等到材料物資驗收入庫及支付貨款的全過程，其實質是通過材料物資採購形成企業的各種存貨。因此，材料採購過程核算的主要內容包括：材料實際採購成本的形成、材料的驗收入庫以及採購過程中與供貨單位之間的款項結算等。

企業購入材料的採購成本，也稱實際成本，主要由材料的買價和採購費用構成。

（1）買價。買價是指企業購入材料的發票帳單上列明的價款。

（2）採購費用。採購費用是指企業在採購商品過程中發生的除買價和準予抵扣的增值稅以外的各項費用，包括運輸費、裝卸費、保險費、倉儲費、包裝費、運輸途中的合理損耗、入庫前的挑選整理費、企業應負擔的除準予抵扣的增值稅以外的各項稅費（如消費稅、關稅等）和其他費用。

對於增值稅一般納稅人來說，隨貨款一併支付給供應單位的增值稅屬於價外稅，不應計入外購材料的採購成本。

企業日常發生的市內小額的運雜費和採購人員的差旅費，如果不是專門為某一批材料採購發生，或不是由專門的運輸、裝卸部門承接，而是由企業自己處理，按照重要性原則的要求，可以直接計入當期的管理費用，而不計入材料的採購成本；如果具有明確的材料採購批次，或是為幾批材料採購而由專門的運輸、裝卸部門承接並單獨付費，則應該計入對應批次材料的採購成本。

按照材料計價方法的不同，可將材料的核算分為按實際成本計價的核算和按計劃成本計價的核算。本章只介紹材料按實際成本計價的核算，材料按計劃成本計價的核算將在其他課程中介紹，此處不再贅述。

二、材料採購業務核算的帳戶設置

根據對材料採購業務核算的要求，在實際成本計價下，需要設置以下主要帳戶來進行會計核算。

（一）「在途物資」帳戶

「在途物資」帳戶，用於核算實際成本計價法下，企業購入的尚在途中或雖已運達但尚未驗收入庫的各種材料的實際成本，包括買價和採購費用。該帳戶屬於資產類帳戶，其借方登記購入材料的買價和採購費用；貸方登記已經驗收入庫而轉入「原材料」帳戶的材料的實際成本；期末餘額在借方，表示已經購入但尚未到達或尚未驗收入庫的在途材料的實際成本。本帳戶應當按照材料種類和供應單位設置明細帳，進行明細分類核算。

（二）「原材料」帳戶

「原材料」帳戶，用於核算企業庫存的各種材料（包括原料及主要材料、輔助材料、外購半成品、修理用備件、包裝材料、燃料等）的實際成本。該帳戶屬於資產類帳戶，其借方登記企業驗收入庫材料的實際成本；貸方登記企業因領用等原因而減少

的材料（或發出材料）的實際成本；期末餘額在借方，反應企業庫存材料的實際成本。企業應當按照材料的保管地點（倉庫）、材料的類別、品種和規格等設置明細帳，進行明細分類核算。

(三)「應付帳款」帳戶

「應付帳款」帳戶，用於核算企業因購買材料、商品和接受勞務供應等經營活動而應付給供應單位的款項。該帳戶屬於負債類帳戶，其貸方登記應付未付的應付帳款，即因購貨而增加的應付帳款；借方登記償還的應付帳款，即因償還貨款而減少的應付帳款；期末餘額在貸方，表示尚未歸還的應付帳款。本科目應當按照債權人設置明細帳，進行明細分類核算。

(四)「應付票據」帳戶

「應付票據」帳戶，用於核算因企業購買材料、商品和接受勞務供應等而開出承兌的商業匯票，包括銀行承兌匯票和商業承兌匯票。該帳戶屬於負債類帳戶，開出承兌商業匯票時，記入本帳戶的貸方；以銀行存款支付匯票款時，記入本帳戶的借方；本帳戶的期末餘額在貸方，反應企業尚未到期的商業匯票的票面金額。

企業應當設置「應付票據備查簿」，詳細登記每一商業匯票的種類、號數和出票日期、到期日、票面餘額、交易合同號和收款人姓名或單位名稱以及付款日期和金額等資料。應付票據到期結清時，應當在備查簿內逐筆註銷。

(五)「預付帳款」帳戶

「預付帳款」帳戶，用於核算企業按照合同規定預付的各種款項，主要包括企業按照合同規定預付給供應單位的款項、預付的保險費、預付租金等。該帳戶屬於資產類帳戶，借方登記企業預付或補付的款項；貸方登記企業收到所購物資按發票金額沖銷的預付帳款、退回多付的預付帳款，以及按照權責發生制原則分攤的應由本期負擔的費用；期末餘額一般在借方，反應企業實際預付的款項；期末如為貸方餘額，反應企業尚未補付的款項。本帳戶可按供應單位設置明細帳，進行明細分類核算。

預付款項情況不多的企業，也可以不設置本帳戶，將預付的款項直接記入「應付帳款」帳戶。

(六)「其他應收款」帳戶

「其他應收款」帳戶，用來核算企業除應收票據、應收帳款、預付帳款、應收股利、應收利息等經營活動以外的其他各種應收、暫付的款項。該帳戶屬於資產類帳戶，企業發生其他各種應收、暫付款項時，記入本帳戶的借方；企業收回或轉銷其他各種應收、暫付款項時，記入本帳戶的貸方；期末餘額在借方，反應企業尚未收回的其他應收款。本帳戶應當按照其他應收款的項目和對方單位（或個人）設置明細帳，進行明細分類核算。

(七)「應交稅費——應交增值稅」帳戶

「應交稅費——應交增值稅」帳戶，用於核算企業按照稅法等規定應交納的增值

稅。該帳戶屬於負債類帳戶，借方登記企業購進貨物或接受應稅勞務而支付給供貨單位、準予從銷項稅額中抵扣的增值稅進項稅額等；貸方登記企業銷售貨物或提供應稅勞務而向購買方收取的增值稅銷項稅額、進項稅額轉出等；期末餘額一般在貸方，反應企業尚未交納的增值稅；期末如為借方餘額，反應企業多交或尚未抵扣的增值稅。本帳戶應分別按「進項稅額」「銷項稅額」「出口退稅」「進項稅額轉出」「已交稅金」等設置明細項目，進行明細分類核算。

三、共同性間接費用的分配

所謂間接費用是指內部生產經營單位為組織和管理生產經營活動而發生的共同費用和不能直接計入產品成本的各項費用，如由多種產品共同承擔的採購費用、不能直接計入產品生產成本的製造費用等，這些費用發生後應按一定標準分配計入生產經營成本。

共同性採購費用是指在材料採購中由多種材料共同承擔的採購費用。對於外購材料的採購費用，凡是能直接區分費用歸屬對象的，應作為直接採購費用，直接計入購入材料的採購成本；凡是由兩種或兩種以上材料共同發生，不能直接區分費用歸屬對象的，應作為共同性採購費用（也稱間接採購費用），根據「誰受益，誰承擔」的原則，確定適當的費用分配標準，選擇合理的分配方法，分配計入有關購入材料的採購成本。

共同性採購費用通常可以按所購貨物的重量或採購價格的比例等進行分配。共同性採購費用可以按下列方法進行分配：

（1）確定費用分配標準：採購費用的分配標準有買價、重量、體積等。
（2）計算採購費用分配率：
某項採購費用分配率＝該項待分配的採購費用總額／購入材料的標準量之和
（3）計算各種材料應分攤的採購費用
某種材料應分攤的採購費用＝該種材料的標準量×採購費用分配率

四、材料採購業務的核算舉例

企業外購材料時，按材料是否驗收入庫分為兩種情況進行核算：發票帳單已到，若材料已經驗收入庫，借方直接借記「原材料」「應交稅費——應交增值稅（進項稅額）」等科目，貸記「銀行存款」「預付帳款」「應付帳款」「應付票據」等科目；若材料尚未驗收入庫，借記「在途物資」「應交稅費——應交增值稅（進項稅額）」等科目，貸記「銀行存款」「預付帳款」「應付帳款」「應付票據」等科目，待材料驗收入庫後，再借記「原材料」科目，貸記「在途物資」科目。

假定樂大公司為增值稅一般納稅人，2015年1月發生如下經濟業務：

［例6-5］從長宏廠購入甲材料300千克，單價200元，取得增值稅專用發票，上面列明買價60,000元，增值稅進項稅額10,200元；對方代墊運雜費600元，取得普通發票。貨款及代墊運雜費均未支付，材料已驗收入庫。

分析：該項業務中的運雜費是樂大公司購入甲材料單獨發生的，應直接計入甲材

料的採購成本；同時，運雜費是由供貨單位墊付的，因而形成企業的一項負債，應計入應付帳款總額。因此，材料的買價 60,000 元及運雜費 600 元構成購入甲材料的採購成本，支付給長宏廠的增值稅進項稅額準予從增值稅銷項稅額中抵扣，減少企業的應交稅費。因此，這筆經濟業務的發生，一方面引起企業的材料採購成本增加了 60,600（60,000+600）元，應交稅費（進項稅額）減少了 10,200 元；另一方面引起企業的應付帳款增加了 70,800（60,000+600+10,200）元。材料採購成本的增加是資產的增加，記入「在途物資」及其相關明細帳戶的借方，應交稅費的減少是負債的減少，記入「應交稅費——應交增值稅」及其相關明細帳戶的借方；應付帳款的增加是負債的增加，記入「應付帳款」及其相關明細帳戶的貸方。應編制的會計分錄為：

借：原材料——甲材料　　　　　　　　　　　　　　　　60,600
　　應交稅費——應交增值稅（進項稅額）　　　　　　　10,200
　　貸：應付帳款——長宏廠　　　　　　　　　　　　　　70,800

[例 6-6] 根據合同協議，企業以銀行存款 30,000 元，預付中原廠購買乙材料的貨款。

分析：這筆經濟業務的發生，一方面引起企業的銀行存款減少了 30,000 元；另一方面預付供貨單位購買材料的貨款，形成企業的一項債權，引起企業預付帳款增加了 30,000 元。預付帳款的增加是資產的增加，記入「預付帳款」及其相關明細帳戶的借方；銀行存款的減少是資產的減少，記入「銀行存款」帳戶的貸方。應編制的會計分錄為：

借：預付帳款——中原廠　　　　　　　　　　　　　　　30,000
　　貸：銀行存款　　　　　　　　　　　　　　　　　　　30,000

[例 6-7] 從興豐公司購入甲材料 50 千克，單價 200 元，增值稅進項稅額為 1,700 元；購入乙材料 300 千克，單價 100 元，增值稅進項稅額為 5,100 元；購入甲、乙兩種材料共發生運雜費 910 元。企業開出商業匯票一張抵付上述款項，材料已運達企業，並已驗收入庫。假設購入甲、乙兩種材料發生的運雜費按購入材料的重量比例分配。

分析：本筆業務中購入材料發生的運雜費是甲、乙兩種材料共同發生的，屬於共同性採購費用，應選擇一定的標準在甲、乙兩種材料之間進行分配，由甲、乙兩種材料共同承擔。本題選用購入甲、乙材料的重量作為標準進行分配。具體分配如下：

共同運雜費分配率=910/（50+300）= 2.6（元/千克）

每種材料應承擔的運雜費為：

甲材料應承擔的運雜費=50×2.6=130（元）

乙材料應承擔的運雜費=300×2.6=780（元）

材料的買價及運雜費構成材料的採購成本，支付給興豐公司的增值稅進項稅額準予從增值稅銷項稅額中抵扣，減少企業的應交稅費；企業開出商業匯票抵付貨款，表明企業對興豐公司承擔了一項債務，增加了企業的應付票據。因此，這筆經濟業務的發生，一方面引起企業甲材料的採購成本增加了 10 130（10,000+130）元，乙材料的採購成本增加了 30,780（30,000+780）元，應交稅費減少了 6,800（1,700+5,100）元；另一方面引起企業的應付票據增加了 47,710（10 130+30,780+6,800）元。材料採

購成本的增加是資產的增加，記入「在途物資」及其相關明細帳戶的借方，應交稅費的減少是負債的減少，記入「應交稅費——應交增值稅」及其相關明細帳戶的借方；應付票據的增加是負債的增加，記入「應付票據」帳戶的貸方。應編制的會計分錄為：

　　借：原材料——甲材料　　　　　　　　　　　　　　　　10 130
　　　　　　——乙材料　　　　　　　　　　　　　　　　30,780
　　　　應交稅費——應交增值稅（進項稅額）　　　　　　　6,800
　　　貸：應付票據　　　　　　　　　　　　　　　　　　　47,710

[例6-8] 以銀行存款70,800元，償還所欠長宏廠的購貨款。

分析：這筆經濟業務的發生，一方面引起企業的銀行存款減少了70,800元；另一方面引起企業對樂大廠的應付帳款的債務減少了70,800元。應付帳款的減少是負債的減少，記入「應付帳款」及其相關明細帳戶的借方；銀行存款的減少是資產的減少，記入「銀行存款」帳戶的貸方。應編制的會計分錄為：

　　借：應付帳款——長宏廠　　　　　　　　　　　　　　70,800
　　　貸：銀行存款　　　　　　　　　　　　　　　　　　70,800

[例6-9] 採購員李三預借差旅費2,000元，企業以現金付訖。

分析：這筆經濟業務的發生，一方面引起企業庫存現金的減少；另一方面引起企業對採購員李三的暫付款項的增加，形成了企業對李三的一項債權。暫付款債權的增加是資產的增加，記入「其他應收款」帳戶的借方，庫存現金的減少是資產的減少，記入「庫存現金」帳戶的貸方。應編制的會計分錄為：

　　借：其他應收款——李三　　　　　　　　　　　　　　2,000
　　　貸：庫存現金　　　　　　　　　　　　　　　　　　2,000

[例6-10] 收到中原廠發來的採購乙材料的發票帳單：200千克，單價100元，對方代墊運雜費800元，增值稅進項稅額為3,400元，材料尚未到達。所有款項均以預付款抵付，中原廠退回餘款，結清預付款。

分析：企業原預付中原廠乙材料的貨款30,000元，以預付款抵付的貨款、代墊運雜費及支付的增值稅進項稅額共計24,200（20,000+800+3,400）元，中原廠應退回餘款5,800元。這筆經濟業務的發生，一方面引起企業乙材料的採購成本增加了20,800元，應交稅費減少了3,400元，銀行存款增加了5,800元；另一方面引起企業的預付帳款減少了30,000元。材料採購成本的增加是資產的增加，記入「在途物資」及其相關明細帳戶的借方，應交稅費的減少是負債的減少，記入「應交稅費——應交增值稅」及其相關明細帳戶的借方，銀行存款的增加是資產的增加，記入「銀行存款」帳戶的借方；預付帳款的減少是資產的減少，記入「預付帳款」及其相關明細帳戶的貸方。應編制的會計分錄為：

　　借：在途物資——乙材料　　　　　　　　　　　　　　20,800
　　　　應交稅費——應交增值稅（進項稅額）　　　　　　3,400
　　　　銀行存款　　　　　　　　　　　　　　　　　　　5,800
　　　貸：預付帳款——中原廠　　　　　　　　　　　　　30,000

需要注意的是，如果該公司預付帳款的金額小於最終應支付的金額，則需要補付

貨款，借方記「預付帳款」，貸方記「銀行存款」。

[例6-11] 月末，收到中原廠發來的乙材料，全部驗收入庫，計算並結轉入庫材料的實際採購成本。

分析：這筆經濟業務的發生，表明材料的採購業務已經完成，材料驗收入庫，月末應結轉入庫材料的實際採購成本。結轉入庫材料的實際採購成本時，一方面使企業的庫存乙材料增加了20,800元；另一方面使企業的在途乙材料減少了20,800元。庫存材料的增加是資產的增加，記入「原材料」及其相關明細帳戶的借方；在途材料的減少是資產的減少，記入「在途物資」及其相關明細帳戶的貸方。這筆經濟業務應編制的會計分錄為：

借：原材料——乙材料　　　　　　　　　　　　　　　　　20,800
　　貸：在途物資——乙材料　　　　　　　　　　　　　　　20,800

實際工作中，材料的採購過程結束後，常常還應編制材料採購成本計算表，用以確定外購材料的採購成本。外購材料的採購成本包括購入材料的總成本和單位成本。總成本等於購入材料的買價和採購費用之和，單位成本是總成本與購入材料的實物量（如重量、數量等）之比。外購材料的採購成本一般是指購入材料的總成本，常常通過編制材料採購成本計算表來完成。根據上述材料採購業務，編制樂大公司2015年1月外購材料的採購成本計算表，如表6-1所示。

表6-1　　　　　　　　樂大公司材料採購成本計算表
2015年1月　　　　　　　　　　　　　　　　　　　單位：元

成本項目	甲材料（350千克）		乙材料（500千克）	
	總成本	單位成本	總成本	單位成本
買價	70,000	200	50,000	100
採購費用	730	2.09	1,580	3.16
採購成本	70,730	202.09	51,580	103.16

五、固定資產購入的核算

(一) 固定資產的概念

固定資產是指同時具有下列兩個特徵的有形資產。
（1）為生產商品、提供勞務、出租或經營管理而持有的；
（2）使用壽命超過一個會計年度。

使用壽命是指企業使用固定資產的預計期間，或者該固定資產所能生產產品或提供勞務的數量。

固定資產包括房屋、建築物、機器、設備等。

(二) 購入固定資產的計價

外購固定資產的成本，包括購買價款、相關稅費（增值稅一般納稅人購入的固定

資產成本不含增值稅）、使固定資產達到預定可使用狀態前所發生的可歸屬於該項資產的運輸費、裝卸費、安裝費和專業人員服務費等。

(三) 購入固定資產帳戶設置

「固定資產」帳戶屬於資產類，用來核算企業所有固定資產的原始價值，總括反應企業固定資產的增減變動和結存情況。借方登記增加固定資產的原始價值；貸方登記減少固定資產的原始價值；期末餘額在借方，反應企業現有固定資產的原始價值。「固定資產」帳戶核算固定資產的原價，並按固定資產項目進行明細分類核算。固定資產明細帳一般採用卡片的形式，也叫固定資產卡片。

(四) 購買固定資產的核算實例

企業購買的固定資產包括購入無需安裝就可直接交付使用的固定資產和購入後需要安裝後才能交付使用的固定資產。這裡僅介紹購入無需安裝就可直接交付使用的固定資產的核算。

企業購入不需要安裝就可以直接交付使用的固定資產，應按實際支付的買價、包裝費、運輸費、安裝成本、繳納的有關稅金（增值稅一般納稅人購入的固定資產成本不含增值稅）等作為固定資產的入帳價值。借記「固定資產」帳戶，增值稅一般納稅人還需按購入的固定資產的增值稅專用發票上註明的增值稅額借記「應交稅費——應交增值稅（進項稅額）」，貸記「銀行存款」帳戶。

[例6-12] 2015年12月23日，甲公司購入一臺不需要安裝就可以投入使用的生產設備，取得的增值稅專用發票上註明的設備價款為600,000元，增值稅稅額為102,000元，以上均以銀行轉帳支付。假定不考慮其他稅費。會計分錄為：

借：固定資產——××設備　　　　　　　　　　　　600,000
　　應交稅費——應交增值稅（進項稅額）　　　　　102,000
　貸：銀行存款　　　　　　　　　　　　　　　　　　702,000

第三節　產品生產業務的核算

一、產品生產業務核算的內容

(一) 生產業務核算的內容

產品的生產過程是製造業最具特色的階段，也是企業主要的經營活動階段。這一過程，是物化勞動（勞動資料和勞動對象）和活勞動的消耗過程，也是價值增值的創造過程。

在產品的生產過程中，企業必然要發生各種材料的消耗、勞動力的消耗以及固定資產的磨損等各種生產費用。企業在一定期間為生產產品所發生的各項生產費用，應按成本計算對象進行歸集和分配，並在期末計算出完工產品的生產成本。因此，在產品生產過程中，生產費用的發生、歸集和分配，以及完工產品成本的計算等業務，就

構成了產品生產業務核算的主要內容。

(二) 產品生產成本的構成

現行的成本核算方法稱為製造成本法，也稱為完全成本法，在這種成本核算方法下，首先應將企業當期所發生的各種成本耗費分為生產費用和非生產費用兩類，生產費用計入產品的生產成本，非生產費用作為期間費用，直接計入當期損益。

1. 生產費用

生產費用是指製造業在產品的生產過程中所發生的與產品生產有直接聯繫的各種耗費，主要包括為生產產品所消耗的原材料、輔助材料、燃料和動力，生產工人的工資及職工福利費等職工薪酬，廠房和機器設備等固定資產的折舊費，以及管理和組織生產、為生產服務而發生的各種費用。在產品生產過程中，計入產品成本的各項生產費用具有不同的用途，有直接用於產品生產的直接費用，也有間接用於產品生產的間接費用。因而，為了具體反應各種生產費用的用途，提供產品成本的構成情況，還應將生產費用進一步分為若干個成本項目，製造業企業的生產費用至少應設置以下幾個基本的生產成本項目：

(1) 直接材料。直接材料是指企業在生產產品和提供勞務過程中所消耗的直接用於產品生產的構成產品實體的各種原材料及主要材料、外購半成品以及有助於產品形成的輔助材料等。

(2) 直接人工。直接人工是指企業在生產產品和提供勞務過程中直接從事產品生產的工人工資、獎金、津貼、補貼及按職工工資總額計提的職工福利費等各種薪酬。

(3) 製造費用。製造費用是指間接用於產品生產的各項費用，以及雖直接用於產品生產，但沒有專設成本項目的費用。包括生產車間管理人員的工資及福利費、生產車間固定資產折舊費、修理費、辦公費、差旅費、水電費、勞動保護費、機物料消耗、季節性停工損失等。

2. 非生產費用

非生產費用也稱為期間費用，是指企業在產品的生產過程中，發生的與產品生產沒有直接聯繫，屬於某一生產經營期間被耗用的費用，包括管理費用、財務費用和銷售費用。

(1) 管理費用。管理費用是指企業的行政單位為組織生產經營活動而發生的各項費用。如管理人員的薪酬、折舊費、修理費、辦公費等。

(2) 財務費用。財務費用是指企業為籌集生產經營所需資金等而發生的各項費用，包括利息支出（減利息收入）、匯兌損益以及相關的手續費等。

(3) 銷售費用。銷售費用是指企業銷售商品和材料、提供勞務的過程中發生的各種費用，包括保險費、包裝費、展覽費和廣告費、商品維修費、預計產品質量保證損失、運輸費、裝卸費等以及為銷售本企業商品而專設銷售機構的職工薪酬、業務費、折舊費等經營費用。

管理費用、財務費用和銷售費用統稱為期間費用，直接從當期收入中扣除，計入當期損益，而不能計入產品生產成本。

二、產品生產業務核算的帳戶設置

為了反應和監督各項生產費用的發生、歸集和分配,正確計算完工產品的生產成本,產品生產業務核算需要設置以下主要帳戶。

(一)「生產成本」帳戶

「生產成本」帳戶,用於核算企業進行產品生產而發生的各項生產費用,包括直接材料、直接人工和製造費用等。該帳戶屬於成本類帳戶,其借方登記應計入產品成本的各項費用,包括應計入產品成本的直接材料費用和直接人工費用,以及月末分配計入產品成本的製造費用;貸方登記已完工驗收入庫的產品的實際生產成本;期末餘額在借方,表示尚未完工產品(月末在產品)的生產成本。由於企業產品成本核算需要計算出每一種產品的成本,因此,該帳戶一般按產品的種類設置明細帳,進行明細分類核算。

(二)「製造費用」帳戶

「製造費用」帳戶,用於核算企業生產車間為生產產品或提供勞務而發生的、應計入產品成本的各項間接費用,包括固定資產折舊費、生產車間管理人員工資及福利費、辦公費、機物料消耗、水電支出、停工損失等。該帳戶屬於成本類帳戶,當企業產品生產發生各項製造費用時,記入本帳戶的借方;期末,將該帳戶借方歸集的製造費用在各受益產品之間按一定的分配方法分配轉入各受益產品的「生產成本」帳戶時,記入本帳戶的貸方;期末結轉後本帳戶一般無餘額。本帳戶可按不同的生產車間和費用項目設置明細帳,進行明細分類核算。

(三)「管理費用」帳戶

「管理費用」帳戶,用於核算企業為組織和管理企業生產經營活動所發生的各項費用,包括企業在籌建期間內發生的開辦費、董事會和行政管理部門在企業的經營管理中發生的或者應由企業統一負擔的公司經費(包括行政管理部門職工工資及福利費、物料消耗、低值易耗品攤銷、辦公費和差旅費等)、工會經費、董事會費(包括董事會成員津貼、會議費和差旅費等)、聘請仲介機構費、諮詢費(含顧問費)、訴訟費、業務招待費、房產稅、車船使用稅、土地使用稅、印花稅、技術轉讓費、礦產資源補償費、研究費用、排污費等。該帳戶屬於損益類(費用)帳戶,借方登記月份內發生的各項管理費用,貸方登記期末轉入「本年利潤」帳戶的管理費用;期末結轉後本帳戶無餘額。本帳戶可按費用項目設置明細帳,進行明細分類核算。

(四)「應付職工薪酬」帳戶

「應付職工薪酬」帳戶,用於核算企業根據有關規定應付給職工的各種薪酬,包括工資、獎金、津貼、職工福利、社會保險費、住房公積金、工會經費、職工教育經費、非貨幣性福利、辭退福利等。該帳戶屬於負債類帳戶,當企業計算確認應付的職工薪酬時,記入本帳戶的貸方;當企業實際支付職工薪酬時,記入本帳戶的借方;期末餘額在貸方,反應企業應付未付的職工薪酬。本帳戶可按「工資」「職工福利」「社會保

險費」「住房公積金」「工會經費」「職工教育經費」「非貨幣性福利」「辭退福利」等設置明細帳，進行明細分類核算。

(五)「累計折舊」帳戶

「累計折舊」帳戶，用來核算企業固定資產價值的累計損耗。作為企業主要勞動資料的固定資產，在使用過程中始終保持其原有的實物形態不變，但其價值將逐漸損耗。因此，會計上為了反應和監督企業的固定資產，不僅要設置「固定資產」帳戶來反應固定資產的原始價值，同時還要設置「累計折舊」帳戶來反應固定資產的損耗價值，而不直接衝減固定資產的原始價值，以保持固定資產原始價值的記錄，體現企業整體的生產能力和生產規模。「累計折舊」帳戶是一個特殊的資產類帳戶，具有資產的性質但具有權益的結構，即企業按月計提固定資產折舊時，表明累計折舊的增加，記入本帳戶的貸方；固定資產因報廢、變賣或毀損等原因而註銷固定資產原始價值時，相應轉銷已累計計提的折舊額，表明累計折舊的減少，記入本帳戶的借方；該帳戶的期末餘額在貸方，反應企業已提取的固定資產的累計折舊額。本帳戶應按固定資產的類別或項目設置明細帳，進行明細分類核算。

(六)「庫存商品」帳戶

「庫存商品」帳戶，用於核算企業庫存的各種商品的增減變動及其結存情況。企業的庫存商品包括庫存產成品、外購商品、存放在門市部準備出售的商品、發出展覽的商品以及寄存在外的商品等。該帳戶屬於資產類帳戶，其借方登記驗收入庫商品的實際成本；貸方登記因出售、生產領用等原因而減少的庫存商品的實際成本；期末餘額在借方，反應企業庫存商品的實際成本。本帳戶應按庫存商品的種類、品種和規格等設置明細帳，進行明細分類核算。

三、產品生產業務的核算舉例

樂大公司 2015 年 1 月發生的產品生產業務如下：

[例6-13] 車間生產 A 產品領用甲材料一批，材料成本 20,000 元。

分析：這筆經濟業務的發生，一方面引起企業庫存的原材料減少了 20,000 元，「原材料」屬於資產類帳戶，原材料的減少記入「原材料」帳戶的貸方；另一方面減少的原材料直接用於車間生產產品，引起產品的生產成本增加了 20,000 元，「生產成本」屬於成本類帳戶，生產成本的增加記入「生產成本」帳戶的借方。故企業應編制的會計分錄為：

借：生產成本——A 產品　　　　　　　　　　　　　　20,000
　　貸：原材料——甲材料　　　　　　　　　　　　　　　　20,000

[例6-14] 車間領用甲材料一批，價值 18,040 元。

分析：這筆經濟業務的發生，一方面引起企業庫存原材料的減少，記入「原材料」帳戶的貸方；另一方面減少的原材料用於車間一般耗費，應作為車間發生的間接費用，先歸集記入「製造費用」帳戶，表明製造費用的增加，「製造費用」屬於成本費用類帳戶，製造費用的增加記入「製造費用」帳戶的借方。故企業應編制的會計分錄為：

借：製造費用 18,040
　　貸：原材料——甲材料 18,040

[**例6-15**] 期末，計提應付職工工資65,000元，其中A產品直接生產人員工資20,000元，B產品直接生產人員工資16,000元，車間管理人員工資14,000元，廠部行政管理人員工資15,000元。

分析：企業計算確認應付職工工資時，一方面表明企業應付給職工薪酬的增加，形成企業對職工的一項負債，記入「應付職工薪酬」帳戶的貸方；另一方面表明企業有關成本、費用的增加，成本、費用的增加記入對應帳戶的借方。對於應由企業負擔的職工薪酬，應根據職工所在部門的不同，分別記入不同的帳戶進行核算：直接從事產品生產的工人工資是直接費用，應直接記入「生產成本」帳戶；車間管理人員的工資，是車間為組織產品生產而發生的間接費用，應記入「製造費用」帳戶；廠部行政管理部門人員的工資，是企業為組織和管理生產經營活動所發生的期間費用，應記入「管理費用」帳戶。故應編制的會計分錄為：

借：生產成本——A產品 20,000
　　　　　　——B產品 16,000
　　製造費用 14,000
　　管理費用 15,000
　　貸：應付職工薪酬——工資 65,000

[**例6-16**] 按工資總額的14%計提職工福利費。

分析：企業除了應按月向職工支付工資以外，還應按工資總額的一定比例提取職工福利費，用於職工醫藥衛生、集體福利、生活困難補助等職工福利方面的支出，所提取的職工福利費計入當期成本、費用。提取職工福利費時，按職工所在部門的不同分別記入「生產成本」「製造費用」「管理費用」等帳戶的借方，同時形成企業對職工的一項負債，記入「應付職工薪酬——職工福利」帳戶的貸方。月末，按工資總額應計提職工福利費的金額如下：

按A產品生產工人工資計提：20,000×14% = 2,800（元）
按B產品生產工人工資計提：16,000×14% = 2,240（元）
按車間管理人員工資計提：14,000×14% = 1,960（元）
按行政管理人員工資計提：15,000×14% = 2,100（元）

故應編制的會計分錄為：

借：生產成本——A產品 2,800
　　　　　　——B產品 2,240
　　製造費用 1,960
　　管理費用 2,100
　　貸：應付職工薪酬——職工福利 9,100

[**例6-17**] 以銀行存款30,000元預付第一季度廠房租金（每月10,000元）。

分析：這是一筆支付在先，受益在後的經濟業務。根據權責發生制原則，本月支付的30,000元廠房租金，應由租賃期內的1、2、3月份分別承擔，每月承擔10,000

元。預付租金時，一方面引起企業銀行存款的減少，記入「銀行存款」帳戶的貸方；另一方面形成了企業的一項債權，表明企業預付帳款的增加，記入「預付帳款」帳戶的借方。故企業應編制的會計分錄為：

借：預付帳款　　　　　　　　　　　　　　　　　　　　　30,000
　　貸：銀行存款　　　　　　　　　　　　　　　　　　　　　　30,000

[例6-18] 月末，分攤應由本月負擔的廠房租金10,000元。

分析：租入廠房租金是企業車間發生的間接費用，應記入「製造費用」帳戶的借方；分攤應由本月負擔的廠房租金時，表明企業預付帳款債權的減少，應記入「預付帳款」帳戶的貸方。故企業應編制的會計分錄為：

借：製造費用　　　　　　　　　　　　　　　　　　　　　10,000
　　貸：預付帳款　　　　　　　　　　　　　　　　　　　　　　10,000

[例6-19] 企業當月計提固定資產的折舊20,000元，其中車間固定資產計提折舊16,000元，行政管理部門計提折舊4,000元。

分析：固定資產折舊是在固定資產用於產品生產過程而發生的價值損耗，企業對固定資產計提折舊，一方面表明企業固定資產損耗價值即累計折舊的增加，記入「累計折舊」帳戶的貸方；另一方面表明有關的成本、費用的增加，記入對應成本、費用帳戶的借方。固定資產折舊應按固定資產使用部門的不同，分別記入不同的帳戶進行核算：車間使用固定資產計提的折舊費用，記入「製造費用」帳戶；廠部行政管理部門使用固定資產計提的折舊費用，記入「管理費用」帳戶。故應編制的會計分錄為：

借：製造費用　　　　　　　　　　　　　　　　　　　　　16,000
　　管理費用　　　　　　　　　　　　　　　　　　　　　　4,000
　　貸：累計折舊　　　　　　　　　　　　　　　　　　　　　　20,000

[例6-20] 月末，企業將當月累計發生的製造費用（由A產品和B產品共同承擔）共計60,000元，按A、B兩種產品的生產工時比例分配轉入A、B兩種產品的生產成本。其中，A產品的生產工時為600小時，B產品的生產工時為400小時。

月末，企業應將本月累計發生的製造費用在不同的產品之間進行分配，並將其轉入相應產品的生產成本中去。製造費用是一種間接費用，其具體的分配標準一般有產品數量、產品生產工時、產品體積、產品重量等，其分配方法與上一節共同性採購費用的分配方法相同。本例中，A、B兩種產品應分攤的製造費用如下：

A產品應分攤的製造費用＝60,000×600/（600+400）=36,000（元）
B產品應分攤的製造費用＝60,000×400/（600+400）=24,000（元）

分析：月末，將本期歸集的間接生產費用（製造費用）分配轉入產品的生產成本時，一方面製造費用因分配結轉而減少，記入「製造費用」帳戶的貸方；另一方面生產成本因轉入分配的製造費用而增加，記入「生產成本」帳戶的借方。故應編制的會計分錄為：

借：生產成本——A產品　　　　　　　　　　　　　　　　　36,000
　　　　　　——B產品　　　　　　　　　　　　　　　　　24,000
　　貸：製造費用　　　　　　　　　　　　　　　　　　　　　　60,000

[例6-21] 月末，企業完工 A 產品一批，驗收入庫，該批完工產品的生產成本共計 40,000 元。

分析：產品完工入庫，一方面表明企業庫存商品的增加，記入「庫存商品」帳戶的借方；另一方面表明企業產品的生產成本因完工而減少，記入「生產成本」帳戶的貸方。故應編制的會計分錄為：

借：庫存商品——A 產品　　　　　　　　　　　40,000
　　貸：生產成本——A 產品　　　　　　　　　　40,000

在實際工作中，企業發生的生產費用如何在完工產品和月末產品之間進行分配是一個既重要又複雜的問題。對於這一問題將在後續課程「成本會計」中予以介紹，此處不再贅述。

第四節　銷售業務的核算

一、銷售業務核算的內容

企業生產產品的主要目的是為了銷售，銷售過程是企業產品價值的實現過程，也是企業生產經營活動的最後一個階段。企業能否將所生產的產品順利地銷售出去，直接關係到企業在激烈的市場競爭中能否生存、發展和不斷壯大。

在產品的銷售過程中，企業要從倉庫發出產品、發生產品包裝、運輸、廣告宣傳等銷售費用，確定產品的銷售收入，與購貨單位結算貨款，計算銷售稅金等。確認銷售收入必須以讓渡商品的所有權為代價，即企業為取得銷售收入而將庫存商品轉讓給客戶，就構成了取得收入的代價，進而就產生了企業的一項費用。因此，確定產品的銷售收入，與購貨單位結算貨款，支付各項銷售費用，計算銷售稅金，結轉已售產品的生產成本等就構成了銷售業務核算的主要內容。

二、銷售業務核算的帳戶設置

為了進行銷售業務的核算，按照銷售業務核算的要求，需要設置以下主要帳戶。

(一)「主營業務收入」帳戶

「主營業務收入」帳戶，用於核算企業確認的銷售商品、提供勞務等主營業務實現的收入。該帳戶屬於損益類（收入）帳戶，企業銷售商品或提供勞務實現銷售收入時，記入本帳戶的貸方；期末，將本帳戶的餘額轉入「本年利潤」帳戶時，記入本帳戶的借方；結轉後本帳戶無餘額。本帳戶可按主營業務的種類設置明細帳，進行明細分類核算。

(二)「主營業務成本」帳戶

「主營業務成本」帳戶，用於核算企業確認銷售商品、提供勞務等主營業務收入時應結轉的成本。該帳戶屬於損益類（費用）帳戶，月末，企業根據本月銷售各種商品、

提供各種勞務等的實際成本，計算應結轉的主營業務成本，記入本帳戶的借方；期末，將本帳戶的餘額轉入「本年利潤」帳戶時，記入本帳戶的貸方；結轉後本帳戶無餘額。本帳戶可按主營業務的種類設置明細帳，進行明細分類核算。

(三)「其他業務收入」帳戶

「其他業務收入」帳戶，用於核算企業確認的除主營業務活動以外的其他經營活動實現的收入，包括出租固定資產、出租無形資產、出租包裝物和商品、銷售材料等實現的收入。該帳戶屬於損益類（收入）帳戶，企業確認實現的其他業務收入時，記入本帳戶的貸方；期末，將本帳戶的餘額轉入「本年利潤」帳戶時，記入本帳戶的借方；結轉後本帳戶無餘額。本帳戶可按其他業務收入的種類設置明細帳，進行明細分類核算。

(四)「其他業務成本」帳戶

「其他業務成本」帳戶，用於核算企業確認的除主營業務活動以外的其他經營活動所發生的支出，包括銷售材料的成本、出租固定資產的累計折舊、出租無形資產的累計攤銷、出租包裝物的成本或攤銷額等。該帳戶屬於損益類（費用）帳戶，企業發生其他業務成本時，記入本帳戶的借方；期末，將本帳戶的餘額轉入「本年利潤」帳戶時，記入本帳戶的貸方；結轉後本帳戶無餘額。本帳戶可按其他業務成本的種類設置明細帳，進行明細分類核算。

(五)「稅金及附加」帳戶

「稅金及附加」帳戶，用於核算企業經營活動發生的消費稅、城市維護建設稅、資源稅和教育費附加等相關稅費。該帳戶屬於損益類（費用）帳戶，企業按規定計算確定與經營活動相關的稅費時，記入本帳戶的借方；期末，將本帳戶的餘額轉入「本年利潤」帳戶時，記入本帳戶的貸方；結轉後本帳戶無餘額。本帳戶一般不設明細帳。

(六)「銷售費用」帳戶

「銷售費用」帳戶，用於核算企業銷售商品和材料、提供勞務的過程中發生的各種費用，包括保險費、包裝費、展覽費和廣告費、運輸費、裝卸費等以及為銷售本企業商品而專設的銷售機構（含銷售網點、售後服務網點等）的職工薪酬、業務費、折舊費等經營費用。該帳戶屬於損益類（費用）帳戶，企業在銷售商品過程中發生各種銷售費用時，記入本帳戶的借方；期末，將本帳戶的餘額轉入「本年利潤」帳戶，記入本帳戶的貸方；結轉後本帳戶無餘額。本帳戶可按費用項目設置明細帳，進行明細分類核算。

(七)「應收帳款」帳戶

「應收帳款」帳戶，用於核算企業因銷售商品、提供勞務等經營活動而形成的應收未收的款項。該帳戶屬於資產類帳戶，其借方登記企業發生的應收帳款；貸方登記企業收回的應收帳款；期末餘額一般在借方，反應企業尚未收回的應收帳款；期末如為貸方餘額，反應企業預收的帳款。該帳戶可按債務人設置明細帳，進行明細分類核算。

(八)「應收票據」帳戶

「應收票據」帳戶，用於核算企業因銷售商品、提供勞務等而收到的商業匯票，包括銀行承兌匯票和商業承兌匯票。該帳戶屬於資產類帳戶，借方登記企業因銷售商品、提供勞務等而收到開出、承兌的商業匯票的票面金額；貸方登記商業匯票到期或持未到期的應收票據向銀行貼現而減少的商業匯票的票面金額；期末餘額在借方，反應企業持有的商業匯票的票面金額。該帳戶可按開出、承兌商業匯票的單位設置明細帳，進行明細分類核算。

企業還應當設置「應收票據備查簿」，逐筆登記商業匯票的種類、號數和出票日、票面金額、交易合同號和付款人、承兌人、背書人的姓名或單位名稱、到期日、背書轉讓日、貼現日、貼現率和貼現淨額以及收款日和收回金額、退票情況等資料。商業匯票到期結清票款或退票後，應在備查簿中予以註銷。

(九)「預收帳款」帳戶

「預收帳款」帳戶，用於核算企業按照合同規定向購貨單位預收的款項。該帳戶屬於負債類帳戶，貸方登記企業按照合同規定向購貨單位預收的款項；借方登記銷售實現時，按實現的收入和應交的增值稅銷項稅額衝銷的預收帳款或退回多收的預收帳款；期末餘額一般在貸方，反應企業向購貨單位預收的款項，期末如為借方餘額，反應企業應由購貨單位補付的款項。本帳戶應按購貨單位設置明細帳，進行明細分類核算。

預收帳款情況不多的企業，也可以不設置本帳戶，將預收的款項直接記入「應收帳款」帳戶。

三、銷售業務的核算舉例

樂大公司 2015 年 1 月發生如下銷售業務：

[例 6-22] 樂大公司銷售 A 產品一批，不含稅售價 100,000 元，收到購貨方開出的承兌商業匯票一張，金額 80,000 元，其餘款項暫欠，適用增值稅稅率為 17%。

分析：產品銷售屬於企業的主行銷售業務。企業在銷售產品時，不僅要向客戶收取貨款，還應按適用的稅率計算並代收增值稅（銷項稅額）。所以，企業在確認收入的同時，還應確認一筆負債（應交稅費）。江南公司該筆業務的發生，引起各相關項目及其金額的確認如下：

實現主營業務收入 100,000 元，表明主營業務收入的增加，記入「主營業務收入」帳戶的貸方；

應繳納增值稅 17,000 元（100,000×17%），形成企業的一項負債，記入「應交稅費——應交增值稅（銷項稅額）」帳戶的貸方；

應向客戶收取款項 117,000（100,000+17,000）元，形成企業的債權，記入對應帳戶的借方。其中，80,000 元應記入「應收票據」帳戶，餘下的 37,000 元應記入「應收帳款」帳戶。

故該筆業務應編制的會計分錄為：

借：應收票據	80,000
應收帳款	37,000
貸：主營業務收入——A產品	100,000
應交稅費——應交增值稅（銷項稅額）	17,000

[例6-23] 上例中所售出A產品的實際生產成本為60,000元，結轉該批產品的生產成本。

分析：企業為獲得產品銷售收入，將庫存商品A產品的所有權出讓，並交付了商品，一方面表明企業庫存商品A產品的減少，記入「庫存商品」帳戶的貸方；另一方面表明企業已售A產品成本的增加，記入「主營業務成本」帳戶的借方。故應編制的會計分錄為：

借：主營業務成本——A產品	60,000
貸：庫存商品——A產品	60,000

企業在結轉銷售成本時有兩種方式：一種是在確認銷售收入的同時結轉銷售成本，如上例；另一種是將當月的銷售成本於月末進行匯總，一次性進行結轉，這種方式可以簡化核算工作。

[例6-24] 企業將一批原材料甲售出，不含稅售價10,000元，收到購貨方貨款和增值稅，存入銀行，適用增值稅稅率為17%。

分析：材料銷售屬於企業的其他銷售業務。企業通過銷售材料，取得了貨款及代收的增值稅款，並實現了一項其他業務收入，同時還產生一筆應納稅的負債（應交稅費）。該筆業務的發生，一方面使企業實現了10,000元的其他業務收入，記入「其他業務收入」帳戶的貸方；同時形成了一項負債，使企業當期應繳納的增值稅增加了1,700（10,000×17%）元，記入「應交稅費——應交增值稅（銷項稅額）」帳戶的貸方；另一方面企業取得貨款和增值稅而導致銀行存款增加了11,700（10,000+1,700）元，記入「銀行存款」帳戶的借方。故該筆業務應編制的會計分錄為：

借：銀行存款	11,700
貸：其他業務收入	10,000
應交稅費——應交增值稅（銷項稅額）	1,700

[例6-25] 上例中所售出甲材料的帳面成本為8,000元，結轉該批材料的銷售成本。

分析：企業為獲得其他銷售收入，將庫存材料的所有權出讓，並交付了材料，一方面表明企業庫存原材料的減少，記入「原材料」帳戶的貸方；另一方面表明企業已售材料成本的增加，記入「其他業務成本」帳戶的借方。應編制的會計分錄為：

借：其他業務成本	8,000
貸：原材料——甲材料	8,000

[例6-26] 企業為銷售商品，以現金支付產品運雜費1,000元。

分析：企業為銷售商品而支付的運雜費屬於銷售費用的範疇。這筆業務的發生，一方面引起企業庫存現金的減少，記入「庫存現金」帳戶的貸方；另一方面引起銷售費用的增加，記入「銷售費用」帳戶的借方。企業應編制的會計分錄為：

借：銷售費用　　　　　　　　　　　　　　　　　　　　　1,000
　　貸：庫存現金　　　　　　　　　　　　　　　　　　　　　1,000

［例6-27］企業銷售部門計提當期固定資產折舊5,000元。

分析：企業計提固定資產折舊，一方面表明累計折舊的增加，記入「累計折舊」帳戶的貸方；同時，因銷售部門計提固定資產折舊所引起的固定資產價值的減少應作為一項銷售費用的增加，記入「銷售費用」帳戶的借方。故企業應編制的會計分錄為：

借：銷售費用　　　　　　　　　　　　　　　　　　　　　5,000
　　貸：累計折舊　　　　　　　　　　　　　　　　　　　　　5,000

［例6-28］期末，經計算，企業當期銷售商品應繳納的消費稅為4,000元，城市維護建設稅為1,000元。

分析：企業因銷售商品必須承擔相應的納稅義務，企業計算當期因銷售商品應繳納的稅費，一方面引起企業相應稅費的增加，應記入「營業稅金及附加」帳戶的借方；另一方面形成企業的一項負債，表明企業應交稅費的增加，應記入「應交稅費」及其相關明細帳戶的貸方。故企業應編制的會計分錄為：

借：營業稅金及附加　　　　　　　　　　　　　　　　　　　5,000
　　貸：應交稅費——應交消費稅　　　　　　　　　　　　　　4,000
　　　　應交稅費——應交城市維護建設稅　　　　　　　　　　1,000

第五節　財務成果的核算

一、財務成果的構成與計算

財務成果是指企業在一定會計期間的經營成果，是企業生產經營活動的最終成果。通常用企業在一定會計期間的各項收入抵補各項支出後的差額來反應，表現為盈利或虧損。當收入大於費用時，差額為正，形成盈利，說明企業實現了利潤；反之，當收入小於費用時，則說明企業發生了虧損。利潤（或虧損）是企業最終的財務成果，是反應企業生產經營活動質量的一項綜合指標，也是評價企業經濟效益優劣的重要標誌。企業在一定會計期間實現的淨利潤，應按照國家的有關規定進行分配。因此，利潤形成的核算和利潤分配的核算，就構成了企業財務成果核算的主要內容。

（一）利潤的構成與計算

企業的收入，廣義地講不僅包括營業收入，還包括營業外收入；企業的費用，廣義地講不僅包括為取得營業收入而發生的各種耗費，還包括營業外支出和所得稅。因此，企業在一定會計期間實現的利潤（或虧損）是由以下幾部分構成的：

1. 營業利潤

營業利潤是指企業在一定會計期間從事日常經營活動所實現的利潤，是企業利潤的主要來源。其計算方法如下：

營業利潤=營業收入-營業成本-營業稅金及附加-銷售費用-管理費用-財務費用-

資產減值損失+公允價值變動收益+投資收益

其中：營業收入＝主營業務收入+其他業務收入

營業成本＝主營業務成本+其他業務成本

2. 利潤總額

利潤總額又稱為稅前利潤，是指企業在一定時期實現的營業利潤與營業外收支淨額的總額，即企業在一定時期實現的在交納所得稅之前的利潤。其計算方法如下：

利潤總額＝營業利潤+營業外收入－營業外支出

3. 淨利潤

淨利潤又稱為稅後利潤，是指本期實現的利潤總額扣除所得稅後的利潤。其計算方法如下：

淨利潤＝利潤總額－所得稅費用＝利潤總額×（1－所得稅稅率）

(二) 利潤分配的內容

利潤分配是指企業根據國家有關利潤分配政策和投資協議的規定，對企業在一定期間所實現的可供分配利潤進行的分配。可供分配利潤是指企業本年實現的淨利潤加上年初未分配的利潤或減去年初未彌補虧損後的餘額。

企業實現的淨利潤，除國家另有規定外，一般應按以下順序進行分配：

(1) 彌補以前年度虧損。按照中國企業所得稅法規定，企業納稅年度發生的虧損，準予向以後年度結轉，用以後年度的所得彌補，但結轉年限最長不得超過五年。即企業納稅年度發生的虧損，可以用以後連續五年的稅前利潤彌補，從第六年開始，只能用稅後利潤和發生虧損以前提取的盈餘公積來彌補。但是，企業在匯總計算繳納企業所得稅時，其境外營業機構的虧損不得抵減境內營業機構的盈利。如果稅後利潤還不足以彌補虧損的，則可以用企業發生虧損以前提取的盈餘公積來彌補。但是，用盈餘公積彌補虧損應當由董事會提議，經股東大會或者類似的機構批准。

(2) 提取盈餘公積。盈餘公積是指企業按照國家有關規定從淨利潤中提取的各種累積資金。提取盈餘公積的主要目的是為了對投資者的利潤分配進行限制，擴大公司生產經營規模，增強企業自我發展和承受風險的能力。經股東大會或類似機構決議，盈餘公積可以用來彌補虧損和按規定程序轉增資本，符合條件的企業，也可以用盈餘公積分配現金股利。盈餘公積一般可以分為法定盈餘公積和任意盈餘公積。《公司法》規定，有限責任公司和股份有限公司應當按照公司當年稅後利潤的10%提取法定盈餘公積，提取的法定盈餘公累積計額達到公司註冊資本的50%以上時，可以不再提取。公司從稅後利潤中提取法定盈餘公積後，經公司董事會或者股東大會決議，還可以從稅後利潤中提取任意盈餘公積，任意盈餘公積的提取比例視企業情況而定。盈餘公積轉增資本時，轉增後留存的盈餘公積的數額不得少於公司註冊資本的25%。

(3) 向投資者分配利潤。企業的淨利潤用於彌補虧損和提取盈餘公積後的剩餘部分，為可供向投資者分配的利潤，企業可以按投資協議、合同或法律的規定向投資者進行分配。

企業可供分配的利潤按照上述順序分配後，剩餘的部分即為未分配利潤或未彌補

虧損。

二、財務成果核算的帳戶設置

企業利潤是隨生產經營活動的進行逐步形成的。為了反應利潤的形成過程，應設置一系列的損益類帳戶，以便在有關經濟業務發生時，用來歸集形成利潤的各項收入和費用。因此，企業應設置以下主要帳戶來進行財務成果的核算。

(一)「營業外收入」帳戶

「營業外收入」帳戶，用於核算企業發生的與其經營活動無直接關係的各項淨收入，主要包括處置非流動資產利得、非貨幣性資產交換利得、債務重組利得、罰沒利得、政府補助利得、確實無法支付而按規定程序經批准後轉作營業外收入的應付款項等。該帳戶屬於損益類（收入）帳戶，企業發生各項營業外收入時，記入本帳戶的貸方；期末，將本帳戶的餘額轉入「本年利潤」帳戶時，記入本帳戶的借方；結轉後本帳戶無餘額。本帳戶可按營業外收入項目設置明細帳戶，進行明細分類核算。

(二)「營業外支出」帳戶

「營業外支出」帳戶，用於核算企業發生的與其經營活動無直接關係的各項淨支出，包括處置非流動資產損失、非貨幣性資產交換損失、債務重組損失、罰款支出、捐贈支出、非常損失等。該帳戶屬於損益類（費用）帳戶，企業發生各項營業外支出時，記入本帳戶的借方；月末，將本帳戶的餘額轉入「本年利潤」帳戶時，記入本帳戶的貸方；結轉後本帳戶無餘額。本帳戶可按營業外支出項目設置明細帳戶，進行明細分類核算。

(三)「投資收益」帳戶

「投資收益」帳戶，用於核算企業確認的投資收益或投資損失。該帳戶屬於損益類（收入）帳戶，企業取得投資收益或期末將投資淨損失轉入「本年利潤」帳戶時，記入本帳戶的貸方；企業發生投資損失或期末將投資淨收益轉入「本年利潤」帳戶時，記入本帳戶的借方；結轉後本帳戶無餘額。本帳戶可按投資項目設置明細帳戶，進行明細分類核算。

(四)「本年利潤」帳戶

「本年利潤」帳戶，用於核算企業在本年度實現的淨利潤（或發生的淨虧損）。為了反應各個會計期間的財務成果，企業應將各損益類帳戶的餘額於月末結轉至本帳戶。該帳戶屬於所有者權益類帳戶，月末，企業將各項收入類帳戶的餘額結轉至本帳戶時，記入本帳戶的貸方；將各項費用類帳戶的餘額結轉至本帳戶時，記入本帳戶的借方。收入和費用相抵後，本帳戶若有貸方餘額，表示企業本年度累計實現的淨利潤；若有借方餘額，表示企業本年度累計發生的淨虧損。年度終了，應將本帳戶的餘額全部轉入「利潤分配」帳戶及其所屬的「未分配利潤」明細帳戶，結轉後本帳戶無餘額。

(五)「所得稅費用」帳戶

「所得稅費用」帳戶，用於核算企業按稅法規定從當期利潤總額中扣除的所得稅費

用。該帳戶屬於損益類（費用）帳戶，企業按照稅法規定計算確定當期應交的所得稅時，記入本帳戶的借方；月末，將本帳戶的餘額轉入「本年利潤」帳戶時，記入本帳戶的貸方；結轉後本帳戶無餘額。

(六)「利潤分配」帳戶

「利潤分配」帳戶，用來核算企業本年度利潤的分配（或虧損的彌補）和歷年利潤分配（或虧損的彌補）的結餘情況。該帳戶屬於所有者權益類帳戶，企業按規定進行利潤分配時，記入本帳戶的借方；企業用盈餘公積彌補虧損以及年度終了，企業應將全年實現的淨利潤，自「本年利潤」帳戶轉入本帳戶時，記入本帳戶的貸方；如為虧損，則記入本帳戶的借方；本帳戶的餘額一般在貸方，反應企業歷年積存的未分配利潤；餘額若在借方，反應企業歷年積存的未彌補虧損。本帳戶可設置「提取法定盈餘公積」「提取任意盈餘公積」「盈餘公積補虧」「應付現金股利或利潤」「未分配利潤」等明細帳戶，進行明細分類核算。

(七)「盈餘公積」帳戶

「盈餘公積」帳戶，用於核算企業從利潤中提取的盈餘公積。該帳戶屬於所有者權益類帳戶，企業按規定提取盈餘公積時，記入本帳戶的貸方；按規定用途使用盈餘公積時，記入本帳戶的借方；期末餘額在貸方，表示企業按規定提取尚未使用的盈餘公積餘額。本帳戶應當分別設置「法定盈餘公積」和「任意盈餘公積」明細帳戶，進行明細分類核算。

(八)「應付利潤或應付股利」帳戶

「應付利潤」帳戶，用於核算企業應付給投資者的現金股利或利潤。該帳戶屬於負債類帳戶，企業按規定提取應付投資者的現金股利或利潤時，記入本帳戶的貸方；向投資者實際支付現金股利或利潤時，記入本帳戶的借方；期末餘額在貸方，表示企業尚未支付的現金股利或利潤。本帳戶按投資者設置明細帳戶，進行明細分類核算。

三、財務成果的核算舉例

樂大公司 2015 年 1 月發生如下與財務成果有關的經濟業務：

[例 6-29] 向希望工程捐贈 2,000 元，已通過銀行付訖。

分析：企業的對外捐贈，是一項與企業的正常生產經營活動沒有直接關係的支出，因而應將其列為營業外支出的增加，記入「營業外支出」帳戶的借方；通過銀行付訖，表明企業銀行存款的減少，記入「銀行存款」帳戶的貸方。故企業應編制的會計分錄為：

借：營業外支出　　　　　　　　　　　　　　2,000
　　貸：銀行存款　　　　　　　　　　　　　　　　2,000

[例 6-30] 收到本單位職工李明交來的違反企業管理制度規定的罰款 800 元。

分析：罰款收入是一項與企業正常經營活動沒有直接關係的收入，取得罰款收入表明企業營業外收入的增加，記入「營業外收入」帳戶的貸方。故企業應編制的會計

分錄為：

借：庫存現金 800
　　貸：營業外收入 800

[例6-31] 採購員李三報銷差旅費1,700元，退回餘款300元，結清預借款。

分析：採購員報銷的差旅費應由企業的管理費用承擔，表明企業管理費用的增加，記入「管理費用」帳戶的借方；退回的款項，增加了企業的庫存現金，記入「庫存現金」帳戶的借方；報銷的差旅費應沖銷企業的原預借款，表明企業其他應收款債權的減少，記入「其他應收款」帳戶的貸方。故企業應編制的會計分錄為：

借：管理費用 1,700
　　庫存現金 300
　　貸：其他應收款——李三 2,000

[例6-32] 企業對外投資，取得投資收益6,000元，存入銀行。

分析：企業取得投資收益，表明企業投資收益的增加，記入「投資收益」帳戶的貸方；存入銀行，表明企業銀行存款的增加，記入「銀行存款」帳戶的借方。故企業應編制的會計分錄為：

借：銀行存款 6,000
　　貸：投資收益 6,000

[例6-33] 月末結轉各損益類帳戶。2010年1月31日，綜合樂大公司本月份發生的所有經濟業務，確定各損益類帳戶期末結轉前的餘額如表6-2所示。

表6-2　　　　　　　　損益類帳戶期末結轉前的餘額表　　　　　　　　單位：元

帳戶名稱	借方餘額	貸方餘額
主營業務收入		100,000
主營業務成本	60,000	
其他業務收入		10,000
其他業務成本	8,000	
稅金及附加	5,000	
銷售費用	6,000	
管理費用	22,800	
財務費用	1,000	
投資收益		6,000
營業外收入		800
營業外支出	2,000	
合計	104,800	116,800

分析：期末，結轉各損益類帳戶之前，本期所實現的各項收入和與之相配比的各項成本費用均已全部分散記入各損益類帳戶中。為了使收入和成本費用相配比，計算本期的利潤或虧損，確定本期的經營成果，應將各損益類帳戶的餘額結轉到「本年利

潤」帳戶，結清各損益類帳戶。其相應編制的會計分錄如下：

(1) 結轉各項收入：

借：主營業務收入	100,000
其他業務收入	10,000
投資收益	6,000
營業外收入	800
貸：本年利潤	116,800

(2) 結轉各項費用：

借：本年利潤	104,800
貸：主營業務成本	60,000
其他業務成本	8,000
稅金及附加	5,000
銷售費用	6,000
管理費用	22,800
財務費用	1,000
營業外支出	2,000

以上各項收入抵補各項支出後的差額為：116,800-104,800=12,000（元），差額為正，表明企業當月實現了利潤總額12,000元，通過「本年利潤」帳戶的借貸方差額體現。

[例6-34] 計算並結轉企業當期所得稅費用，假定該企業適用的所得稅稅率為25%。

分析：企業本月實現了利潤，按現行稅法規定，企業應從當期利潤總額中計算確定本月應交納的所得稅。該企業本月應交所得稅=12,000×25%=3,000（元）。

企業計算當期應交所得稅時，一方面表明企業所得稅費用的增加，記入「所得稅費用」帳戶的借方；另一方面形成了企業的一項負債，表明企業應交所得稅的增加，記入「應交稅費」帳戶的貸方。故企業計算當期應交所得稅費用，應編制的會計分錄為：

借：所得稅費用	3,000
貸：應交稅費——應交所得稅	3,000

會計期結束時，還應將「所得稅費用」帳戶的餘額結轉到「本年利潤」帳戶，其應編制的會計分錄為：

借：本年利潤	3,000
貸：所得稅費用	3,000

[例6-35] 假定樂大公司2015年全年實現淨利潤670,000元，經董事會決定，按本年淨利潤的10%提取法定盈餘公積，按5%提取任意盈餘公積。

企業全年取得的淨利潤（即稅後利潤）應根據有關規定進行分配，利潤分配的工作平時是不進行的，應在年終決算時處理。一般來說，利潤分配的去向主要包括兩個部分：一是提取盈餘公積，包括法定盈餘公積和任意盈餘公積；二是按董事會或類似

機構的決定向投資者分配利潤。剩下的部分稱為未分配利潤，轉到下年度再進行分配。

樂大公司 2015 年提取法定盈餘公積和任意盈餘公積的計算如下：

提取法定盈餘公積＝670,000×10%＝67,000（元）

提取任意盈餘公積＝670,000×5%＝33,500（元）

分析：這項經濟業務的發生，一方面引起企業利潤分配的增加（即利潤的減少）；另一方面引起企業盈餘公積的增加。利潤分配的增加（即利潤的減少）是所有者權益的減少，應記入「利潤分配」及其相關明細帳戶的借方；盈餘公積的增加是所有者權益的增加，應記入「盈餘公積」及其相關明細帳戶的貸方。應編製的相應會計分錄為：

借：利潤分配——提取法定盈餘公積　　　　　　　　　67,000
　　　　　　——提取任意盈餘公積　　　　　　　　　33,500
　　貸：盈餘公積　　　　　　　　　　　　　　　　　100,500

[例 6-36] 根據公司決議，將本年淨利潤的 50% 分配給投資者。

應分配給投資者的利潤＝670,000×50%＝335,000（元）

分析：這項經濟業務的發生，一方面，企業利潤由於分配減少了 335,000 元，應記入「利潤分配」及其相關明細帳戶的借方；另一方面，形成了企業的一項負債，即應付利潤增加了 335,000 元，應記入「應付利潤」帳戶的貸方。具體的會計分錄為：

借：利潤分配——應付利潤　　　　　　　　　　　　　335,000
　　貸：應付利潤　　　　　　　　　　　　　　　　　335,000

[例 6-37] 年終決算：將本年取得的淨利潤結轉到利潤分配帳戶。

年度終了，企業應對本年度實現的淨利潤（或虧損總額）和已分配的利潤進行結算。企業在年末對利潤進行分配時，已根據利潤分配的去向先將已分配的利潤計入到利潤分配各有關明細帳中，而不是直接在「本年利潤」帳戶上反應。因此，年終結帳時，應將「本年利潤」帳戶的餘額轉入「利潤分配」帳戶所屬的「未分配利潤」明細帳戶；同時，將全年已分配的利潤，自「利潤分配」帳戶所屬的其他明細帳戶轉入「利潤分配」帳戶所屬的「未分配利潤」明細帳戶。結轉後，通過「利潤分配」帳戶所屬的「未分配利潤」明細帳戶借、貸雙方記錄金額的比較，即可確定年末未分配利潤（或未彌補虧損）的數額。也就是說，年終結帳後，除「利潤分配」帳戶所屬的「未分配利潤」明細帳戶有餘額之外，「利潤分配」帳戶所屬的其他明細帳戶是無餘額的。

分析：這項經濟業務的發生，一方面，因年末結轉使本年利潤減少 670,000 元，應記入「本年利潤」帳戶的借方；另一方面，企業可供分配的利潤增加 670,000 元，應記入「利潤分配」及其所屬的「未分配利潤」明細帳戶的貸方。具體的會計分錄為：

借：本年利潤　　　　　　　　　　　　　　　　　　　670,000
　　貸：利潤分配——未分配利潤　　　　　　　　　　670,000

[例 6-38] 年終決算：將「利潤分配」帳戶所屬的其他各明細帳戶的餘額結轉到「利潤分配」帳戶所屬的「未分配利潤」明細帳戶。

分析：這項經濟業務的發生，一方面，利潤分配其他明細帳戶的金額因結轉而減少，應記入「利潤分配」帳戶及其所屬的相關明細帳戶的貸方；另一方面，將結轉的金額記入「利潤分配」帳戶及其所屬的「未分配利潤」明細帳戶的借方。具體的會計

分錄為：
　　借：利潤分配——未分配利潤　　　　　　　　　　　　435,500
　　　　貸：利潤分配——提取法定盈餘公積　　　　　　　67,000
　　　　　　　　　　——提取任意盈餘公積　　　　　　　33,500
　　　　　　　　　　——應付利潤　　　　　　　　　　　335,000

通過「利潤分配——未分配利潤」明細帳戶借、貸方記錄金額的比較，可以得出，該企業年末未分配利潤的金額為：

年末未分配利潤＝670,000-435,500＝234,500（元）

年末未分配利潤234,500元，存在於「利潤分配——未分配利潤」明細帳戶的貸方，表明該企業可結轉到以後會計年度，留待以後會計年度分配的利潤為234,500元。

本章小結

本章在講述會計確認與會計計量的基礎上，主要介紹了在借貸記帳法下對極具代表性的製造業的整個生產經營活動的基本經濟業務如何進行會計處理。

製造業的生產經營活動主要包括資金籌集、供應、生產、銷售和利潤的形成及其分配五個環節。相應地，製造業的主要經濟業務的核算也應包括資金籌集業務的核算、材料採購業務的核算、產品生產業務的核算、銷售業務的核算和利潤形成及其分配業務的核算五個方面。

在製造業的生產經營活動中，不同階段起著不同的作用，因而，各階段所涉及的經濟業務的內容也不相同。資金籌集主要包括所有者投入資本和債權人投入資本業務；供應過程一般是指材料物資等勞動對象的採購過程，供應過程主要包括材料實際採購成本的形成、材料的驗收入庫以及採購過程中與供貨單位之間的款項結算等業務；銷售過程主要包括確定產品銷售收入、與購貨單位結算貨款、支付各項銷售費用、計算銷售稅金、結轉已售產品的生產成本等業務；財務成果是指企業在一定會計期間的最終經營成果，是反應企業生產經營活動質量的一項綜合指標，也是評價企業經濟效益優劣的重要標誌，表現為盈利或虧損。企業在一定會計期間實現的淨利潤，應按照國家的有關規定進行分配。因此，財務成果主要包括利潤的形成和利潤的分配業務。

思考題

1. 企業資金籌集的途徑有哪些？其會計處理如何？
2. 材料採購業務核算的主要經濟業務有哪些？其會計處理如何？
3. 產品生產業務核算的主要經濟業務有哪些？其會計處理如何？
4. 銷售業務核算的主要經濟業務有哪些？其會計處理如何？
5. 企業的經營成果是如何實現的？
6. 怎樣計算淨利潤？
7. 利潤分配的主要內容有哪些？分配的順序如何？

8. 利潤的形成及其分配的會計處理如何？

第七章　財產清查

學習目標

1. 瞭解財產清查的概念和意義；
2. 掌握財產清查的種類和財產物資的盤存制度；
3. 瞭解財產清查的程序；
4. 掌握財產清查的方法和內容；
5. 瞭解財產清查結果的處理程序；
6. 掌握財產清查結果的帳務處理。

案例：

M企業2015年發生了虧損80,000元，經理為了表明其工作業績，要求會計人員在帳面上「扭虧為盈」。於是，會計人員在年底虛報盤盈庫存商品80噸，價值160,000元，進行的帳務處理是：

發現時：
借：庫存商品　　　　　　　　　　　　　　　　　　　160,000
　　貸：待處理財產損溢　　　　　　　　　　　　　　　　160,000
核銷時：
借：待處理財產損溢　　　　　　　　　　　　　　　　160,000
　　貸：營業外收入　　　　　　　　　　　　　　　　　　160,000

案例要求：

審計人員在次年發現了這筆弄虛作假的業務，應如何調整上年利潤和庫存商品？

案例提示：

審計人員應編制的調整分錄為：
借：利潤分配——未分配利潤　　　　　　　　　　　　160,000
　　貸：庫存商品　　　　　　　　　　　　　　　　　　　160,000

當企業在某一會計期間的所有經濟業務全部處理完畢並登記到相關帳簿以後，為了向信息使用者提供總括、系統的會計信息，到了會計期末，企業就要準備編制會計報表。而為了保證帳簿記錄的正確、完整、真實可靠，以便為編制會計報表提供有效的會計信息資料，企業在日常會計處理的基礎上，還必須定期進行財產清查，做到帳實相符。

第一節　財產清查的意義和種類

一、財產清查的概念

　　財產清查是指通過對財產物資、現金的實地盤點和對銀行存款、債權、債務的核對，確定其實存數，並將實存數與帳簿記錄中相應的帳存數相核對，以查明帳實是否相符的一種專門方法。

　　企業日常發生的各項經濟業務，通過填制和審核會計憑證、登記帳簿、試算平衡和對帳等會計處理後，理論上講帳簿記錄的數字應該同實際情況一致，即帳實相符。

　　但是由於實際工作中一些主觀和客觀的原因會使帳簿記錄的結存數與各項財產的實存數不相一致，出現差異，即帳實不符。造成帳實不符的原因主要有以下幾個方面：

　　（1）財產物資在保管過程中發生的自然損益。如由於干耗、銷蝕、升重等自然現象而發生的數量或質量上的變化，這種變化在日常會計核算中是不反應的，於是出現了帳實不符；

　　（2）財產物資在收發時，由於計量、計算、檢驗不準確而發生的品種、數量、質量上的差錯，使得所填制的憑證與實際情況不符；

　　（3）財產物資增減變動時，沒有及時地填制憑證、登記帳簿，或者在填制憑證和登記帳簿時發生了計算上或登記上的錯誤；

　　（4）由於管理不善或工作人員失職而造成財產物資的損壞、變質短缺，以及貨幣資金、往來款項的差錯；

　　（5）由於不法分子貪污盜竊、營私舞弊等造成的財產物資損失；

　　（6）自然災害造成的非常損失；

　　（7）未達帳項引起的帳實不符等。

　　帳實不符會影響會計信息的真實性和準確性，為了確保帳簿記錄真實，財產物資安全完整，就必須通過財產清查這一會計核算方法，對各項財產定期或不定期地進行盤點或核對，對實存數與帳存數不相符的差異，要調整帳簿記錄，查明原因和責任，按有關規定做出處理，做到帳實相符，為定期編制會計報表提供準確、完整、系統的核算信息。

二、財產清查的意義

　　加強財產清查工作，對於加強企業管理、充分發揮會計的監督作用具有重要意義：

　　（1）通過財產清查，可以查明各項財產物資的實有數，確定實有數額與帳面數額的差異，查明發生差異的原因和責任，以便及時調整帳面數額，做到帳實相符，從而保證會計信息的真實性、可靠性、保護各項財產的安全完整，提高會計信息的質量。

　　（2）通過財產清查，可以查明各項財產物資的保管情況是否良好，有無因管理不善造成霉爛、變質、損失浪費，或者被非法挪用、貪污盜竊的情況，通過財產清查發

現問題，及時採取措施彌補經營管理中存在的漏洞，建立健全各項規章制度，提高企業的管理水平，並切實保障各項財產物資的安全完整。

（3）通過財產清查，可以查明各項財產物資的儲備和利用情況，有無儲備不足、積壓、呆滯以及不配套的財產物資，對於儲備不足，應設法及時補充，以保證生產需要；對於積壓、呆滯和不配套的，應及時進行處理，避免損失浪費，以充分挖掘財產物資的潛力，提高其使用效能。

（4）通過財產清查，可以查明財產物資盤盈盤虧的原因，落實經濟責任，從而完善企業管理制度，挖掘財產物資潛力，提高資金的使用效能，加速資金週轉。

三、財產清查的種類

財產清查可以按不同的標準進行以下的分類：

（一）按財產清查的範圍，分為全面清查和局部清查

1. 全面清查

全面清查是指對全部財產進行盤點與核對，清查內容包括：貨幣資金、固定資產、原材料、在產品、半成品、產成品、在途物料、各種往來結算款項、委託其他單位代管、代加工、代售的各種材料物資及其他物資。全面清查的特點是：清查範圍較大、涉及內容較多、所需時間較長、參與人員較多。需要進行全面清查的情況通常主要有：年終決算之前；單位撤銷、合併或改變隸屬關係前；中外合資、國內合資前；企業股份制改制前；開展全面的資產評估、清產核資前；單位主要領導調離工作前等。

2. 局部清查

局部清查是指根據需要只對部分財產物資進行盤點與核對。主要是對貨幣資金、存貨等流動性較大的財產的清查。局部清查的特點在於清查範圍較小、涉及內容較少、所需時間較短、參與人員較少，但專業性較強。局部清查一般包括下列清查內容：現金應由出納人員在每日業務終了時清點，銀行存款應由出納人員每月至少同銀行核對一次，債權債務每年至少核對一至兩次，各項存貨應有計劃地輪流清點或有重點地抽查，貴重物品應每月清查一次等。

（二）按財產清查的時間，分為定期清查和不定期清查

1. 定期清查

定期清查是指根據事先計劃安排的時間對財產物資進行的清查。定期清查一般在會計期間的期末進行，即一般在年末、季末或是月末結帳時進行。其清查的範圍既可以是全面清查，也可以是局部清查。

2. 不定期清查

不定期清查是指不事先規定清查時間，根據實際需要對財產物資所進行的臨時性清查。不定期清查一般是局部清查，如改換財產物資保管人員進行的有關財產物資的清查，以明確經濟責任；發生意外災害等非正常損失時，進行的損失情況的清查，以查明受損情況；有關部門進行的臨時性檢查；單位撤銷、合併或改變隸屬關係前，應進行全面清查，以摸清家底等。

(三) 按照清查的執行單位不同，可分為內部清查和外部清查

1. 內部清查

內部清查是由企業自行組織清查工作小組所進行的財產清查工作。多數的財產清查都屬於內部清查。

2. 外部清查

外部清查是由上級主管部門、審計機關、司法部門、註冊會計師根據國家的有關規定或情況的需要對企業所進行的財產清查。如註冊會計師對企業報表進行審計，審計、司法機關對企業在檢查、監督中所進行的清查工作等。

企業在編制年度財務會計報告前，應當全面清查財產、核實債務。各單位應當定期將會計帳簿記錄與實物、款項及有關資料相互核對，保證會計帳簿記錄與實物及款項的實有數額相符。

四、財產物資的盤存制度

(一) 實地盤存制

實地盤存制也稱為定期盤存制。指會計期末通過對全部存貨進行實地盤點以確定期末存貨的數量，再乘以各項存貨的單價，計算出期末存貨的成本，並據以計算出本期耗用或已銷售存貨成本的一種存貨盤存方法。採用這一盤存方法時，平時只記錄存貨購進的數量和金額，不記發出的數量，期末通過實地盤點確定存貨的實際結存數量，並據以計算出期末存貨的成本和當期耗用或已銷售存貨的成本。這一方法通常也稱為「以存計耗」或「以存計銷」。其公式為：

本期耗用（或銷貨）成本＝期初存貨成本＋本期購貨成本－期末存貨成本

採用實地盤存制，平時不記錄發出存貨的數量和金額，對存貨明細帳的設置也不要求非常詳細，因此，其最大的優點是簡便易行。但也有明顯的缺點：不能隨時反應存貨收入、發出、結存的動態，管理不夠嚴格；由於採用「以存計耗」和「以存計銷」倒擠成本，使非正常銷售或耗用的存貨損失等全部擠入耗用或銷售成本，容易掩蓋存貨管理中存在的問題；由於只能在期末才能結出結餘存貨的成本，因此這一方法適用性較差。這一方法主要適用於那些自然損耗大、數量比較穩定的鮮活商品或少數價低、零星的物料用品。

(二) 永續盤存制

永續盤存制又稱為帳面盤存制，是指通過設置詳細的存貨明細帳，逐筆或逐日地記錄存貨收入、發出的數量、金額，以隨時結出結餘存貨的數量、金額的一種存貨盤存方法。採用這一存貨盤存方法時，要求對企業存貨分品名、規格等設置詳細的明細帳，逐日逐筆地登記收入、發出存貨的數量和金額，並結出期末存貨的數量和金額。採用這一方法時，為了核對存貨帳面記錄，加強對存貨的管理，企業應視具體情況對存貨進行不定期的盤點。

永續盤存制的優點是核算手續嚴密，其不僅對財產物資的收發都有逐筆記錄，且

有原始憑證為依據，容易追查差錯的來龍去脈，也容易控制差錯和非法行為的發生。同時，這一方法還可以通過帳簿記錄隨時瞭解各種財產物資的增減變動和結存情況，便於管理。其缺點是核算的工作量較大。但是，在各單位對管理的要求越來越高的情況下，永續盤存制更能滿足管理的要求。因此，除一些特殊的財產物資外，都應該採用這種制度。

第二節　財產清查的程序、方法和內容

一、財產清查的一般程序

財產清查是改善經營管理和加強會計核算的重要手段，也是一項涉及面較廣、工作量較大、既複雜又細緻的工作。因此，為了做好財產清查工作，使其發揮應有的積極作用，必須按照規定的程序進行。財產清查的一般程序如下：

（一）做好組織準備

財產清查，尤其是進行全面清查，涉及面較廣，工作量較大，為了能使財產清查工作順利進行，在進行財產清查前要根據財產清查工作的實際需要組建財產清查專門機構，具體負責財產清查的組織和管理。清查機構應由主要領導負責，會同財會部門，由財產管理、財產使用等有關部門人員組成，以保證財產清查工作在統一領導下，分工協作，圓滿完成。

（二）做好業務準備

為了使財產清查工作順利進行，清查之前會計部門和有關業務部門要在清查組織的指導下，做好以下準備工作：

（1）會計部門必須把有關帳目登記齊全，結出餘額，並且核對清楚，做到帳證相符，帳帳相符，為財產清查提供準確、可靠的帳簿資料。

（2）物資保管和使用等業務部門必須對所要清查的財產物資進行整理、排列、標註標籤（品種、規格、結存數量等），以便在進行清查時與帳簿記錄核對。

（3）清查前必須按國家標準計量校正各種度量衡器具，減少誤差。

（4）準備好各種空白的清查盤存報告表。例如「盤點表」「實存帳存對比表」「未達帳項登記表」等。

（三）實施財產清查

在做好各項準備工作以後，應由清查人員根據清查對象的特點，依據清查的目的，採用相應的清查方法，實施財產清查。

（四）清查結果的處理

實地清查完畢，清查人員應將清查的結果及處理意見向企業的董事會或者相應機構報告，並根據中國《企業會計準則》的規定進行相應的會計處理。

二、財產清查的一般方法

財產清查是確定其實存數，查明實存數與帳存數是否相符的一種專門方法。因此，進行財產清查，首先就要清查其實存數量和金額，確定其帳存數量和金額，有了實存數與帳存數的比較，便可以查明實存數與其帳存數是否相符。

（一）清查財產物資實存數量的方法

對於各項財產物資實存數量的清查，一般採用實地盤點法或技術推算法。

1. 實地盤點法

實地盤點法是通過實地逐一點數或用計量器具確定實存數量的一種常用方法。如逐臺清點有多少臺機床，用秤計量庫存原材料的重量等。

2. 技術推算法

技術推算法是通過技術推算確定實存數量的一種方法。對有些價值低、數量大的材料物資，如露天堆放的原煤、沙石等，不便於逐一過磅、點數的，可以在抽樣盤點的基礎上，進行技術推算，從而確定其實存數量。

（二）清查財產物資金額的方法

在清查對象的實存數量確定後，就要進一步確定其金額。有些財產物資沒有實存數量，只有金額時，可直接確定其金額。

對於各項財產物資實存金額的清查，一般可採用帳面價值法、評估確認法和查詢核實法等。

1. 帳面價值法

帳面價值法是根據財產物資的帳面單位價值來確定實存金額的方法。即根據各項財產物資的實存數量乘以單位帳面價值，計算出各項財產物資的實存金額。

2. 評估確認法

評估確認法是根據資產評估的價值確定財產物資實存金額的方法。這種方法根據資產的特點，由專門的評估機構依據資產評估方法對有關的財產物資進行評估，以評估確認的價值作為財產物資實存金額。這種方法適用於企業改組、隸屬關係改變、聯營、單位撤銷、清產核資等情況。

3. 查詢核實法

查詢核實法是依據帳簿記錄，以一定的查詢方式，清查財產物資、貨幣資金、債權債務數量及價值量的方法。這種方法根據查詢結果進行分析，來確定有關財產物資、貨幣資金、債權債務的實物數量和價值量，適用於債權債務、出租出借的財產物資以及外埠存款的查詢核實。

三、財產清查的主要內容

（一）實物資產的清查

實物資產的清查是指對原材料、產成品、在產品、貨幣資金、固定資產以及受外單位委託加工、代管的各項資產進行的清點檢查工作。對於實物資產的清查一般分為

存貨的清查和固定資產的清查兩大類。

1. 存貨的清查

存貨的清查主要採用實地盤點法和技術推算法，一般按下列步驟進行：

第一，要由清查人員協同材料物資保管人員在現場對材料物資採用上述相應的清查方法進行盤點，確定其實有數量，並同時檢查其質量情況。

第二，對盤點的結果要如實登記在「盤存單」（格式如表7-1所示）上，並由盤點人員、檢查負責人和實物保管人員簽章，以明確經濟責任。

表7-1　　　　　　　　　　　盤　存　單
單位名稱：　　　　　　　　　年　月　日　　　　　　　　　單位：元

編號	名稱	規格	計量單位	數量	單價	金額	備註

盤點：　　　　　　　　保管：　　　　　　　　負責人：

第三，根據「盤存單」和有關帳簿記錄，編制「帳存實存對比表」，格式如表7-2所示。該表只填列帳實不符的存貨，它是用來調整帳簿記錄的重要原始憑證，也是分析產生帳實差異的原因，明確經濟責任的重要依據。

表7-2　　　　　　　　　　帳 存 實 存 對 比 表
單位名稱：　　　　　　　　　年　月　日　　　　　　　　　單位：元

編號	名稱	規格	計量單位	單價	實存 數量	實存 金額	帳存 數量	帳存 金額	對比結果 盤盈 數量	盤盈 金額	盤虧 數量	盤虧 金額	備註

盤點人：　　　　　　　　保管人：　　　　　　　　負責人：

第四，對帳實不符的存貨，分析差異原因，做出相應的會計處理。

2. 固定資產的清查

固定資產的清查主要採用實地盤點法，一般按下列步驟進行：

第一，應查明固定資產的實物是否與帳面記錄相符，防止固定資產的丟失。

第二，要查明固定資產在保管、維護及核算上是否存在問題，確保企業固定資產核算的正確性。

第三，還要查清固定資產的使用情況，以便有關部門做出及時處理，保證固定資產的合理、有效使用。

對於盤盈或盤虧的固定資產應編制「固定資產盤盈盤虧報告單」，格式如表7-3所示。

表7-3　　　　　　　　　　　固定資產盤盈盤虧報告單
部門：　　　　　　　　　　　　年　月　日　　　　　　　　　　　單位：元

固定資產編號	固定資產名稱	固定資產規格及型號	盤盈			盤虧			毀損			原因
			數量	重置價值	累計折舊	數量	原始價值	已提折舊	數量	原始價值	已提折舊	

處理意見	審批部門	清查小組	使用保管部門

盤點：　　　　　　　　　記帳：　　　　　　　　　負責人：

(二) 貨幣資金的清查

貨幣資產是指企業所擁有的在週轉過程中處於貨幣形態的資本，主要包括庫存現金、銀行存款等項目。因此，對於貨幣資產的清查一般分為庫存現金的清查和銀行存款的清查兩大類。

1. 庫存現金的清查

庫存現金的清查是通過清點庫存現金的實有額，再與現金日記帳進行核對，以便查明帳實是否相符，一般採用實地盤點法。在進行庫存現金的盤點時，清查人員與出納必須同時在場。庫存現金清查一般按下列步驟進行：

第一，盤點前，應由出納人員將現金收付憑證全部登記入帳，並結出餘額。

第二，盤點時，出納人員必須在場，盤點後如發現盤盈、盤虧，必須會同出納人員核實清楚。

第三，盤點結束後，應根據盤點的結果，及時填制「庫存現金盤點報告表」（格式如表7-4所示），由盤點人員、出納人員及有關負責人在表上簽字蓋章，並據以調整帳簿記錄。

表7-4　　　　　　　　　　　庫存現金盤點報告表
單位名稱：　　　　　　　　　　年　月　日　　　　　　　　　　　單位：元

實存數額	帳存數額	實存帳存對比結果		備註
		盤盈	盤虧	

盤點：　　　　　　　　　出納：　　　　　　　　　負責人：

永續盤存制的優點是核算手續嚴密，其不僅對財產物資的收發都有逐筆記錄，且有原始憑證為依據，容易追查差錯的來龍去脈，也容易控制差錯、防止非法行為的發生。同時，這一方法還可以通過帳簿記錄隨時瞭解各種財產物資的增減變動和結存情況，便於管理。其缺點是核算的工作量較大。但是，在各單位對管理的要求越來越高的情況下，永續盤存制更能適應管理的要求。因此，除一些特殊的財產物資外，都應該採用這種制度。

2. 銀行存款的清查

銀行存款的清查主要採用核對法，通過將本企業的銀行存款日記帳與開戶銀行所出具的銀行存款對帳單進行逐筆核對，以查明帳實是否相符。銀行存款清查一般按下列步驟進行：

第一，核對前，記帳人員應詳細檢查銀行存款日記帳的正確性與完整性，確保將已有的銀行存款收付憑證全部登記入帳，並結出餘額。

第二，核對時，應將銀行存款日記帳與銀行對帳單進行逐步核對，查明未達帳項。

第三，核對結束後，應編制「銀行存款餘額調節表」（格式如表7-5所示），對未達帳項進行調整。

表 7-5　　　　　　　　　　銀行存款餘額調節表

年　月　日　　　　　　　　　　　　　　　　　　單位：元

項目	金額	項目	金額
企業銀行存款日記帳帳面餘額		銀行對帳單的存款餘額	
加：銀行已記增加，企業尚未記增加的款項		加：企業已記增加，銀行尚未記增加的款項	
減：銀行已記減少，企業尚未記減少的款項		減：企業已記減少，銀行尚未記減少的款項	
調整後的存款餘額		調整後的存款餘額	

所謂未達帳項是指企業與銀行雙方由於接收憑證的時間差造成一方已入帳而另一方尚未入帳的款項。企業與銀行之間的未達帳項，主要有以下四種情況：

（1）企業在收到款項或收取帳款憑據的同時，已作企業存款增加入帳，而銀行還未取得入帳的依據，尚未入帳。

（2）企業在開出支票或其他支款憑據的同時，已作企業存款減少入帳，而銀行還未取得入帳的依據，尚未入帳。

（3）銀行已收到代企業收取的款項或支付給企業存款利息的同時，已作企業存款增加入帳，而企業還未取得入帳的依據，尚未入帳。

（4）銀行已支付代企業支付的款項或扣取企業貸款利息的同時，已作企業存款減少入帳，而企業還未取得入帳的依據，尚未入帳。

一般情況下，未達帳項調整後，企業的存款餘額應與銀行對帳單的存款餘額相符，如仍不符，應查明原因。

現舉例說明具體的編制方法。

[例7-1] 某企業20××年6月30日銀行存款日記帳帳面餘額為92,000元，銀行存款對帳單企業存款餘額為96,000元，經核對查明：

(1) 6月26日，本企業存入轉帳支票28,000元，銀行尚未入帳。

(2) 6月28日，本企業開出現金支票4,000元，持票人尚未到銀行辦理取款手續。

(3) 6月29日，委託代收帳款30,000元，銀行已收款入帳，但本企業尚未接到收款通知。

(4) 6月29日，銀行代付本月水電費2,000元，付款通知尚未送達本企業。

根據以上未達帳項，編制「銀行存款餘額調節表」，格式如表7-6所示。

表7-6　　　　　　　　　　銀行存款餘額調節表
20××年6月30日　　　　　　　　　　　　　單位：元

項目	金額	項目	金額
企業銀行存款日記帳帳面餘額	92,000	銀行對帳單的存款餘額	96,000
加：銀行已記增加，企業尚未記增加的款項	30,000	加：企業已記增加，銀行尚未記增加的款項	28,000
減：銀行已記減少，企業尚未記減少的款項	2,000	減：企業已記減少，銀行尚未記減少的款項	4,000
調整後的存款餘額	120,000	調整後的存款餘額	120,000

銀行存款餘額調節表的編制方法，是雙方在帳面餘額的基礎上各自補記對方已記帳、本單位未記帳的金額（包括增加金額和減少金額），經過調節以後的雙方帳面餘額應該相等。調節後的餘額，是企業實際可使用的存款數額。調節後雙方餘額相等，一般說明雙方記帳沒有差錯，否則，說明記帳有差錯，應進一步查明原因，加以更正。

需要注意的是，銀行存款雙方餘額調節相符後，對未達帳項一般暫不做帳務處理，對銀行已入帳而企業未入帳的各項經濟業務，不能根據銀行存款餘額調節表來編制會計分錄，不能將銀行存款餘額調節表作為記帳的依據，而必須在收到銀行轉來的有關原始憑證後方可入帳。因此說，「銀行存款餘額調節表」只是為核對銀行存款餘額而編制的一個工作底稿，不能作為實際記帳的憑證。它只是及時查明本企業和銀行雙方帳目記載有無差錯的一種清查方法，對未達帳項的登記，只有在取得銀行的有關結算原始憑證後才能入帳。對長期存在的未達帳項，應查明原因並及時處理。

(三) 往來款項的清查

往來款項的清查包括應收應付款項、預收預付款項的清查，其清查一般採用查詢核實法。應通過電函、信函或面詢等方式，核對各種應收、應付款項，確認往來帳款的時間、數量。往來款項清查一般按下列步驟進行：

第一，清查前，記帳人員應將各項應收、應付等往來款項全部登記入帳，並結出餘額。

第二，清查時，應逐戶編制對帳單，寄送對方單位進行核對，根據對方單位寄回

的對帳單，及時查明往來款項餘額不一致的原因。

第三，核對結束後，根據清查結果編制「往來款項核對登記表」，格式如表 7-7 所示。

表 7-7　　　　　　　　　　往來款項核對登記表
單位名稱：　　　　　　　　　　年　月　日　　　　　　　　　　單位：元

總分類帳戶	明細分類帳戶	帳面結餘	對方結餘	對比結果		差異原因	備註
				相符	不相符		

盤點：　　　　　　　　記帳：　　　　　　　　負責人：

第三節　財產清查的帳務處理

一、財產清查結果的處理程序

對於財產清查中所發現的各種問題，應按照國家有關的政策、法令和制度的規定，嚴肅認真地予以處理。具體包括以下幾方面的工作：

(一) 分析差異原因，提出處理意見

清查小組應根據財產清查中發現的問題和帳帳、帳實之間的差異認真地進行調查和分析，查明原因，分清責任，提出處理意見後報上級審批。凡是查出問題的，應按照審批權限的程序嚴肅處理。

(二) 積極處理積壓物資、認真清理債權債務

對清查中發現的多餘積壓物資，除應設法利用、改制外，還應積極推銷，力爭做到物盡其用，對於長期積欠未還的債權債務要指定專人負責查明原因，主動與對方單位協商解決。

(三) 認真總結經驗教訓，建立健全財產管理制度

通過財產清查，認真總結財產管理和會計核算等方面的經驗，同時結合財產清查中發現的各種問題，認真總結教訓。在此基礎上，提出改進工作的具體措施，建立和健全財產管理制度。進一步加強財產管理責任制，保護財產的安全和完整，提高經營管理水平。

(四) 調整帳面記錄，做到帳帳相符，帳實相符

對各項清查出的差異和損失應及時進行帳務調整，使帳簿記錄始終與實際情況保

持一致。

　　對於財產清查結果的帳務處理應分兩步進行：第一步，在審批前，將已經查明的財產物資盤盈、盤虧和毀損等，根據清查中取得的原始憑證（如實存帳存對比表等）編制記帳憑證，據以登記有關帳簿，使帳實相符。第二步，在審批後，按照差異發生的原因和報經批准的結果，根據有關的批覆文件（視為原始憑證）編制記帳憑證，據以登記入帳。

二、財產清查核算應設置的帳戶

　　為了核算和監督在財產清查中查明的各種財產物資的盤盈、盤虧和毀損及其處理情況，應設置「待處理財產損溢」帳戶。該帳戶屬於資產類帳戶，其借方登記發生的待處理財產物資的盤虧和毀損淨值以及經批准後轉銷的各種財產物資盤盈數額；貸方登記發生的待處理財產物資盤盈淨值以及經批准轉銷的財產物資的盤虧和毀損數。該帳戶處理前的借方餘額，反應企業尚未處理的各種財產的淨損失；處理前的貸方餘額，反應企業尚未處理的各種財產的淨溢餘。按照企業會計準則規定，企業清查的各種財產物資的損溢，應於期末前查明原因，並根據企業的管理權限，經股東大會、董事會或廠長會議等類似機構批准後，在期末結帳前處理完畢，處理後該帳戶應無餘額。為了分別反應和監督企業固定資產和流動資產的盈虧情況，本帳戶應設置「待處理流動資產損溢」和「待處理固定資產損溢」兩個明細帳進行明細分類核算。

　　「待處理財產損溢」帳戶的結構如圖7-1所示。

發生額： 各項財產發生的盤虧數或毀損數額 轉銷的盤盈數額	發生額： 各項財產發生的盤盈數額 轉銷的盤虧、毀損數額

圖7-1　待處理財產損溢

　　對於財產清查中所發現的各種問題，應按照國家有關的政策、法令和制度的規定，嚴肅認真地予以處理。

三、財產清查結果的帳務處理

(一) 存貨清查結果的處理

　1. 存貨盤盈的帳務處理

　　根據中國《企業會計準則》的規定，企業盤盈的各種材料、庫存商品等，先調整存貨的帳面記錄，借記「原材料」「庫存商品」等科目，貸記「待處理財產損溢」科目；報經批准後處理時，對於存貨的盤盈，衝減管理費用，借記「待處理財產損溢」科目，貸記「管理費用」科目。

　　[例7-2] 西城公司在財產清查中，盤盈某種材料一批，數量100千克，單價10元/千克。

　　①在報經批准前，根據「帳存實存對比表」確定的材料盤盈數，編制會計分錄如下：

借：原材料 1,000
　　貸：待處理財產損溢——待處理流動資產損溢 1,000
②在批准後，根據批准處理意見，轉銷材料盤盈的會計分錄如下：
借：待處理財產損溢——待處理流動資產損溢 1,000
　　貸：管理費用 1,000

2. 存貨盤虧的帳務處理

根據中國《企業會計準則》的相關規定，企業盤虧的各種材料、庫存商品等，借記「待處理財產損溢」科目，貸記「原材料」「庫存商品」等科目；盤虧存貨報經批准後處理時，應當先將其殘料價值、可以收回的保險賠償和過失人賠償，借記「原材料」「其他應收款」等科目；剩餘淨損失中，屬於非正常損失部分，列入營業外支出，借記「營業外支出」科目，貸記「待處理財產損溢」科目；屬於一般經營損失部分，借記「管理費用」科目，貸記「待處理財產損溢」科目。

[例7-3] 西城公司在財產清查中，盤虧A材料2,000元，屬於自然損耗。
①在報經批准前，根據「帳存實存對比表」確定的材料盤虧數，編制會計分錄如下：
借：待處理財產損溢——待處理流動資產損溢 2,000
　　貸：原材料——A材料 2,000
②在批准後，根據批准處理意見，轉銷材料盤虧的會計分錄如下：
借：管理費用 3,000
　　貸：待處理財產損溢——待處理流動資產損溢 3,000

[例7-4] 西城公司因發生火災進行財產清查，發現盤虧B材料10,000元（不考慮增值稅因素），屬於非正常損失。
①在報經批准前，根據「帳存實存對比表」確定的材料盤虧數，編制會計分錄如下：
借：待處理財產損溢——待處理流動資產損溢 10,000
　　貸：原材料——B材料 10,000
②在批准後，根據批准處理意見，轉銷材料盤虧的會計分錄如下：
借：營業外支出 10,000
　　貸：待處理財產損溢——待處理流動資產損溢 10,000

[例7-5] 西城公司財產清查中發現C材料短少2,500元（不考慮增值稅因素），經查明原因，屬於責任事故，由過失人賠償。
①在報經批准前，根據「帳存實存對比表」確定的材料盤虧數，編制會計分錄如下：
借：待處理財產損溢——待處理流動資產損溢 2,500
　　貸：原材料——C材料 2,500
②在批准後，根據批准處理意見，轉銷材料盤虧的會計分錄如下：
借：其他應收款 2,500
　　貸：待處理財產損溢——待處理流動資產損溢 2,500

(二) 固定資產清查結果的處理

　　1. 固定資產盤盈的帳務處理

　　根據中國《企業會計準則》的相關規定，企業在財產清查中盤盈的固定資產，作為前期差錯處理，按同類或類似固定資產的市場價格，減去按該資產新舊程度估計的價值損耗後的餘額，借記「固定資產」科目，貸記「以前年度損益調整」科目。

　　[例 7-6] 西城公司在財產清查中，發現一臺未入帳的設備，按同類商品市場價格為 60,000 元，五成新。根據《企業會計準則第 28 號——會計政策、會計估計變更和差錯更正》的規定，該盤盈固定資產作為前期差錯進行處理。假定該公司適用的所得稅稅率為 25%，按淨利潤的 10% 計提法定盈餘公積。該公司應做如下會計處理：

　　①盤盈固定資產時，根據「帳存實存對比表」確定的固定資產盤盈數，編制會計分錄如下：

借：固定資產　　　　　　　　　　30,000（60,000-60,000*50%）
　　貸：以前年度損益調整　　　　　　　　　　　　　　　　30,000

②確定應繳納的所得稅時：

借：以前年度損益調整　　　　　　7,500
　　貸：應交稅費——應交所得稅　　　　　　　　　　　　　7,500

③結轉為留存收益時：

借：以前年度損益調整　　　　　　22,500
　　貸：盈餘公積——法定盈餘公積　　　　　　　　　　　　2,250
　　　　利潤分配——未分配利潤　　　　　　　　　　　　　20,250

　　2. 固定資產盤虧的帳務處理

　　根據中國《企業會計準則》的相關規定，企業盤虧的固定資產，應借記「待處理財產損溢」科目、「累計折舊」科目，貸記「固定資產」科目；盤虧報經批准後處理時，借記「營業外支出」科目，貸記「待處理財產損溢」科目。

　　[例 7-7] 西城公司在財產清查中，發現短缺設備一臺，其原值為 20,000 元，已計提折舊 4,000 元。

　　①在報經批准前，根據「帳存實存對比表」確定的固定資產盤虧數，編制會計分錄如下：

借：待處理財產損溢——待處理固定資產損溢　　16,000
　　累計折舊　　　　　　　　　　　　　　　　 4,000
　　貸：固定資產　　　　　　　　　　　　　　　　　　　20,000

②在批准後，根據批准處理意見，轉銷固定資產盤虧的會計分錄下：

借：營業外支出　　　　　　　　　　　　　　　16,000
　　貸：待處理財產損溢——待處理固定資產損溢　　　　　16,000

(三) 庫存現金清查結果的處理

　　1. 庫存現金盤盈的帳務處理

　　根據中國《企業會計準則》的相關規定，在清查中，發生庫存現金溢餘，按溢餘

實際金額，借記「庫存現金」科目，貸記「待處理財產損溢——待處理流動資產損溢」科目；待查明原因後，轉入「營業外收入」帳戶。

[例 7-8] 西城公司在財產清查中，發現現金溢餘 100 元，無法查明溢餘原因。

①在報經批准前，根據「現金盤點報告表」確定的現金盤盈數，編制會計分錄如下：

借：庫存現金 100
　　貸：待處理財產損溢——待處理流動資產損溢 100

②在批准後，根據批准處理意見，轉銷現金盤盈的會計分錄如下：

借：待處理財產損溢——待處理流動資產損溢 100
　　貸：營業外收入 100

2. 庫存現金盤虧的帳務處理

根據中國《企業會計準則》的相關規定，在清查中，發生庫存現金短缺，按實際短缺金額，借記「待處理財產損溢——待處理流動資產損溢」科目，貸記「庫存現金」科目；待查明原因後，由過失人負責賠償，借記「其他應收款」科目，貸記「待處理財產損溢——待處理流動資產損溢」科目；若無法查明原因，損失記入管理費用，借記「管理費用」科目，貸記「待處理財產損溢——待處理流動資產損溢」科目。

[例 7-9] 西城公司在財產清查中，盤虧現金 500 元，應由出納員賠償。

①在報經批准前，根據「現金盤點報告表」確定的現金盤虧數，編制會計分錄如下：

借：待處理財產損溢——待處理流動資產損溢 500
　　貸：庫存現金 500

②在批准後，根據批准處理意見，轉銷現金盤虧的會計分錄如下：

借：其他應收款 500
　　貸：待處理財產損溢——待處理流動資產損溢 500

[例 7-10] 西城公司在財產清查中，盤虧現金 200 元，原因不明，記入管理費用。

①在報經批准前，根據「現金盤點報告表」確定的現金盤虧數，編制會計分錄如下：

借：待處理財產損溢——待處理流動資產損溢 200
　　貸：庫存現金 200

②在批准後，根據批准處理意見，轉銷現金盤虧的會計分錄如下：

借：管理費用 200
　　貸：待處理財產損溢——待處理流動資產損溢 200

(四) 往來款項清查結果的處理

在財產清查中，如果發現長期不清的往來款項，應當及時進行清理。對於經查明確實無法支付的應付款項和無法收回的應收款項，應按規定程序報經批准後，無法支付的應付款項直接轉作營業外收入，無法收回的應收帳款則列作壞帳損失，衝減已計提的壞帳準備。

[例7-11] 西城公司在財產清查中，查明應付盛天公司款 5,000 元，因對方單位已撤銷，確實無法支付，經批准列作營業外收入，做會計分錄如下：
　　借：應付帳款——盛天公司　　　　　　　　　　　　5,000
　　　貸：營業外收入　　　　　　　　　　　　　　　　　　　5,000

[例7-12] 西城公司在財產清查中，查明確實無法收回的應收帳款有 1,000 元，符合壞帳編制，報經批准後，做會計分錄如下：
　　借：壞帳準備　　　　　　　　　　　　　　　　　1,000
　　　貸：應收帳款　　　　　　　　　　　　　　　　　　　1,000

本章小結

為了保證會計資料的真實性，企業必須定期或不定期地對其所擁有的財產物資進行清查，將帳存數與實存數相互核對，以便在帳實發生差異時及時尋找原因、分清責任，並按規定的程序和方法調整帳面記錄，做到帳實一致。

財產清查按不同的標準可以分為不同的類別。財產清查按其清查範圍可分為全部清查和局部清查，按其清查時間可分為定期清查和不定期清查。全部清查和局部清查，既可以是定期清查，也可以是不定期清查。

對不同的財產物資應採用不同的方法行清查。對材料、產成品、固定資產等實物的清查主要採用實地盤點的方法來進行；對現金的清查要採用不通知，突擊盤點的方法來進行；對銀行存款的清查要採取與銀行核對帳目的方法來進行；對應收和應付等債券債務的清查主要通過詢證核對的方法來進行。

對清查的結果應填制相應的清查結果報告表，並查明原因，報請有關領導審批，進行相應的會計處理。對財產物資的盤盈、盤虧、毀損情況進行會計處理時，應設置「待處理財產損溢」帳戶，分報請批准以前和批准以後兩個步驟分別進行。

思考題

1. 什麼是財產清查？為什麼要進行財產清查？
2. 財產清查有何作用？
3. 財產清查有哪些類型？各自的適用對象是什麼？
4. 財產清查前要做好哪些準備工作？
5. 什麼是永續盤存制和實地盤存制？為什麼在一般情況下應採用永續盤存制？
6. 如何對現金、銀行存款、實物資產進行財產清查？
7. 什麼是未達帳項？未達帳項有哪幾種情況？怎樣編制銀行存款餘額調節表？
8. 財產清查的結果有幾種？如何進行相應的帳務處理？

第八章　財務報告

學習目標

1. 瞭解財務報告的概念和目標；
2. 掌握財務報告的構成和分類；
3. 瞭解資產負債表的概念和意義；
4. 掌握資產負債表的格式、編制的依據和方法；
5. 瞭解利潤表的概念和意義；
6. 掌握利潤表的格式、編制的依據和方法；
7. 瞭解現金流量表的概念和結構；
8. 掌握現金流量表的內容構成、編制程序和方法；
9. 瞭解所有者權益變動表的概念和結構；
10. 掌握所有者權益變動表的內容構成和編制方法；
11. 瞭解會計報表附註的內容。

案例：

2002年1月，生態農業（原藍田股份600709）的股票突然被停牌。僅從歷年資料判斷，藍田股份似乎是一支不折不扣的「老牌績優股」。資料顯示，藍田股份1996年的股本為9,696萬股，2000年底擴張到4.46億股，股本擴張了360%；主營業務收入從4.68億元大幅增長到18.4億元，淨利潤從0.593億元快速增長到令人難以置信的4.32億元。而且這些都建立在藍田股份只是一家主要從事水產品開發的農業企業的背景上。藍田有一個奇怪的財務組合。無論是按漁業還是食品飲料業，藍田股份的應收帳款回收期明顯低於同業平均水平，公司水產品收入異常高於漁業同行業平均水平，而短期償債能力在兩個行業中的同業企業中又都是最低的。從藍田的資產結構來看，從1997年開始，其資產拼命往上漲，與之相對應的流動資產卻逐年下降，這說明其整個資產規模是由固定資產來帶動的，公司在產品占存貨百分比和固定資產占資產百分比異常高於同業平均水平。根據分析，藍田股份的償債能力越來越惡化；扣除各項成本和費用後，藍田股份沒有淨收入來源；藍田股份不能創造足夠的現金流量以便維持正常的經營活動和保證按時償還銀行貸款的本金和利息，銀行應該立即停止對藍田股份發放貸款。對藍田股份得出這種結論，是因為分析了那些常用的多個財務指標報表。

第一節 財務報告概述

財務報告，是指企業對外提供的反應企業某一特定日期的財務狀況和某一會計期間的經營成果、現金流量等會計信息的文件。財務報告包括財務報表和其他應當在財務報告中披露的相關信息和資料。

一、財務報表及目標

財務報表是對企業財務狀況、經營成果和現金流量的結構性表述。一套完整的財務報表至少應當包括資產負債表、利潤表、現金流量表、所有者權益（股東權益，下同）變動表以及附註。

在日常的會計核算中，企業通過填制和審核會計憑證，登記會計帳簿，把各項經濟業務完整、連續、分類地登記在會計帳簿中，雖然比會計憑證反應的信息更加條理化、系統化，但就某一會計期間的經濟活動的整體而言，其所能提供的仍是分散的、部分的信息，不能通過其內在聯繫，集中揭示和反應該會計期間經營活動和財務收支的全貌。因此，每個會計期末，必須根據帳簿上記錄的資料，按照規定的報表格式、內容和編制方法，做進一步的歸集、加工和匯總，編制成相應的會計報表，全面、綜合地反應企業的財務狀況、經營成果和現金流動情況，為有關各方提供全面的信息。

企業編制財務報表的目標，是向財務報表使用者提供與企業財務狀況、經營成果和現金流量等有關的會計信息，反應企業管理層受託責任的履行情況，有助於財務報表使用者做出經濟決策。財務報表使用者通常包括投資者、債權人、政府及其有關部門和社會公眾等。

二、企業財務報表的組成及分類

（一）企業財務報表的組成

一套完整的財務報表至少應包括「四表一註」，即資產負債表、利潤表、現金流量表、所有者權益（或股東權益，下同）變動表以及附註。列報，是指交易和事項在報表中的列示和在附註中的披露。在財務報表的列報中，「列示」通常反應資產負債表、利潤表、現金流量表和所有者權益變動表等報表中的信息，「披露」通常反應附註中的信息。《企業會計準則第30號——財務報表列報》規範了財務報表的列報。

資產負債表、利潤表和現金流量表分別從不同角度反應了企業的財務狀況、經營成果和現金流量。資產負債表反應企業在某一特定日期所擁有的資產、需償還的債務、以及股東（投資者）擁有的淨資產情況；利潤表反應企業在一定會計期間的經營成果，即利潤或虧損的情況，表明企業運用所擁有的資產的獲利能力；現金流量表反應企業在一定會計期間現金和現金等價物流入和流出的情況。

所有者權益變動表反應企業所有者權益的各組成部分當期的增減變動情況。企業

的淨利潤及其分配情況是所有者企業變動的組成部分，相關信息已經在所有者權益變動表及其附註中反應，企業不需要再單獨編制利潤分配表。

附註是財務報表不可或缺的組成部分，是對在資產負債表、利潤表、現金流量表和所有者權益變動表等報表中列示項目的文字描述或提供的明細資料，以及對未能在這些報表中列示項目的說明等。

(二) 財務報表的分類

財務報表可以按照不同的標準進行分類。

1. 按財務報表編報期間的不同，可以分為中期財務報表和年度財務報表

中期財務報表是以短於一個完整會計年度的報告期間為基礎編制的財務報表，包括月報、季報和半年報等。中期財務報表至少應當包括資產負債表、利潤表、現金流量表和附註，其中，中期資產負債表、利潤表和現金流量表應當是完整報表，其格式和內容應當與年度財務報表相一致。與年度財務報表相比，中期財務報表中的附註披露可適當簡略。

年度結帳日為公歷年度每年的 12 月 31 日，半年度、季度、月度結帳日分別為公歷年度每半年、每季、每月的最後一天。

2. 按財務報表編報主體的不同，可以分為個別財務報表和合併財務報表

個別財務報表是由企業在自身會計核算基礎上對帳簿記錄進行加工而編制的財務報表，它主要用以反應企業自身的財務狀況、經營成果和現金流量情況。合併財務報表是以母公司和子公司組成的企業集團為會計主體，根據母公司和所屬子公司的財務報表，由母公司編制的綜合反應企業集團財務狀況、經營成果及現金流量的財務報表。

三、財務會計報表的編制要求

為了使財務報表能夠最大限度地滿足各有關方面的需要，實現編制財務報表的基本目的，充分發揮財務報表的作用，企業編制財務報表，應當根據真實的交易、事項以及完整、準確的帳簿記錄等資料，嚴格遵循國家會計準則或制度規定的編制基礎、編制依據、編制原則和編制方法。其編制的財務報表應當真實可靠、相關可比、全面完整、編報及時、便於理解。其基本要求如下：

(一) 依據各項會計準則確認和計量的結果編制財務報表

企業應當根據實際發生的交易和事項，遵循各項具體會計準則的規定進行確認和計量，並在此基礎上編制財務報表。企業應當在附註中對這一情況做出聲明，只有遵循了企業會計準則的所有規定，財務報表才應當被稱為「遵循了企業會計準則」。

企業不應以在附註中披露代替對交易和事項的確認和計量，也就是說，企業如果採用了不恰當的會計政策，不得通過在附註中披露等其他形式予以更正，企業應當對交易和事項進行正確的確認和計量。

(二) 以持續經營為列報基礎

持續經營是會計的基本前提，是會計確認、計量及編制財務報表的基礎。企業會

計準則規範的是持續經營條件下企業對所發生交易和事項確認、計量及報表列報；相反，如果企業出現了非持續經營，應當採用其他基礎編制財務報表。財務報表準則的規定是以持續經營為基礎的。

(三) 按重要性要求進行項目列報

所謂重要性是指如果財務報表某項目的省略或錯報會影響使用者據此做出經濟決策的，則該項目就具有重要性。企業在進行重要性判斷時，應當根據所處環境，從項目的性質和金額大小兩方面予以判斷：一方面，應當考慮該項目的性質是否屬於企業日常活動、是否對企業的財務狀況和經營成果具有較大影響等因素；另一方面，判斷項目金額大小的重要性，應當通過單項金額占資產總額、負債總額、所有者權益總額、營業收入總額、淨利潤等直接相關項目金額的比重加以確定。

(四) 列報的一致性

可比性是會計信息質量的一項重要質量要求，目的是使同一企業不同期間和同一期間不同企業的財務報表相互可比。為此，財務報表項目的列報應當在各個會計期間保持一致，不得隨意變更，這一要求不僅只針對財務報表中的項目名稱，還包括財務報表項目的分類、排列順序等方面。

(五) 財務報表項目金額間的相互抵銷

財務報表項目應當以總額列報，資產和負債、收入和費用不能相互抵銷，即不得以淨額列報，但企業會計準則另有規定的除外。這是因為，如果相互抵銷，所提供的信息就不完整，信息的可比性大為降低，難以在同一企業不同期間以及同一期間不同企業的財務報表之間實現相互可比，報表使用者難以據以做出判斷。比如，企業欠客戶的應付款不得與其他客戶欠本企業的應收款相抵銷，如果相互抵銷就掩蓋了交易的實質。再如，收入和費用反應了企業投入和產出之間的關係，是企業經營成果的兩個方面，為了更好地反應經濟交易的實質、考核企業經營管理水平以及預測企業未來現金流量，收入和費用不得相互抵銷。

(六) 比較信息的列報

企業在列報當期財務報表時，至少應當提供所有列報項目上一個可比會計期間的比較數據，以及與理解當期財務報表相關的說明，目的是向報表使用者提供對比數據，提高信息在會計期間的可比性，以反應企業財務狀況、經營成果和現金流量的發展趨勢，提高報表使用者的判斷與決策能力。

(七) 財務報表表首的列報要求

財務報表一般分為表首、正表兩部分，其中，在表首部分企業應當概括地說明下列基本信息：

(1) 編報企業的名稱，如企業名稱在所屬當期發生了變更的，還應明確標明；

(2) 對資產負債表應當列示資產負債表日、利潤表、現金流量表、所有者權益變動表應當列示涵蓋的會計期間；

(3) 企業應當以人民幣列報，並標明金額單位，如人民幣元、人民幣萬元等；
(4) 財務報表是合併財務報表的，應當予以標明。

(八) 報告期間

企業至少應當編制年度財務報表。根據《會計法》的規定，會計年度自公曆1月1日起至12月31日止。因此，在編制年度財務報表時，可能存在年度財務報表涵蓋的期間短於一年的情況，比如企業在年度中間（如6月1日）開始設立等，在這種情況下，企業應當披露年度財務報表的實際涵蓋期間及其短於一年的原因，並應當說明由此引起財務報表項目與比較數據不具可比性這一事實。

第二節 資產負債表

一、資產負債表概述

資產負債表是指反應企業在某一特定日期的財務狀況的報表。資產負債表主要反應資產、負債和所有者權益三方面的內容，並滿足「資產＝負債+所有者權益」平衡式。

(一) 資產負債表的概念和意義

1. 資產負債表的概念

資產負債表是反應企業某一特定日期（如月末、季末、年末等）財務狀況的會計報表。它是根據「資產＝負債+所有者權益」這一會計等式，依照一定的分類標準和順序，將企業在一定日期的全部資產、負債和所有者權益項目進行適當分類、匯總、排列後編制而成的。

資產負債表的內容主要反應以下三個方面：

(1) 資產

資產負債表中的資產反應由過去交易、事項形成並由企業在某一特定日期所擁有或控制的、預期會給企業帶來經濟利益的資源。資產一般按照流動資產、非流動資產分類並進一步分項列示。

流動資產是指預計在一個正常營業週期中變現、出售或耗用，或者主要為交易目的而持有，或者預計在資產負債表日起一年內（含一年）變現的資產，或者自資產負債表日起一年內交換其他資產或清償負債的能力不受限制的現金或現金等價物。

資產負債表中列示的流動資產項目通常包括：貨幣資金、以公允價值計量且其變動計入當期損益的金融資產、應收票據、應收帳款、預付款項、應收利息、應收股利、其他應收款、存貨和一年內到期的非流動資產等。

非流動資產是指流動資產以外的資產。資產負債表中列示的非流動資產項目包括：長期股權投資、固定資產、在建工程、工程物資、固定資產清理、無形資產、開發支出、長期待攤費用及其他非流動資產等。

(2) 負債

資產負債表中的負債反應企業在某一特定日期所承擔的、預期會導致經濟利益流出企業的現時義務。負債一般分為流動負債和非流動負債。

流動負債是指預計在一個正常營業週期中清償，或者主要為交易目的而持有，或者自資產負債表日起一年內（含一年）到期應予清償，或者企業無權自主地將清償推遲至資產負債表日後一年以上的債務。

資產負債表中列示的流動負債項目通常包括：短期借款、應付票據、應付帳款、預收款項、應付職工薪酬、應交稅費、應付利息、應付股利、其他應付款、一年內到期的非流動負債等。

非流動負債是指流動負債以外的負債。資產負債表中列示的非流動負債項目通常包括：長期借款、應付債券和其他非流動負債等。

(3) 所有者權益

資產負債表中的所有者權益是企業資產扣除負債後的剩餘權益，反應企業在某一特定日期股東（投資者）擁有的淨資產的總額，它一般按照實收資本、資本公積、其他綜合收益、盈餘公積和未分配利潤分項列示。

2. 資產負債表的意義

資產負債表可以反應企業資產、負債和所有者權益的全貌。通過編制資產負債表，可以反應企業資產的構成及其狀況，分析企業在某一日期所擁有的經濟資源及其分布情況；可以反應企業某一日期的負債總額及其結構，分析企業目前與未來需要支付的債務數額；可以反應企業所有者權益的情況，瞭解企業現有的投資者在企業資產總額中所占的份額。通過對資產負債表項目金額及其相關比率的分析，可以幫助報表使用者全面瞭解企業的資產狀況、盈利能力，分析企業的債務償還能力，從而為未來的經濟決策提供信息。例如，通過資產負債表可以計算流動比率、速動比率，可以瞭解企業的短期償債能力；又如，通過資產負債表可以計算資產負債率，可以瞭解企業償付到期長期債務的能力。

(二) 資產負債表的格式

資產負債表由表頭、表體組成。表頭部分應列明報表名稱、編表單位名稱、編制日期和金額計量單位；表體反應資產、負債和所有者權益的內容，是資產負債表的主體和核心。

資產負債表的格式主要有帳戶式和報告式兩種，中國企業的資產負債表採用帳戶式結構。帳戶式資產負債表分左右兩方，左方為資產項目，大體按資產的流動性大小排列；流動性大的資產如「貨幣資金」「以公允價值計量且其變動計入當期損益的金融資產」等排在前面，流動性小的資產如「長期股權投資」「固定資產」等排在後面；右方為負債及所有者權益項目，一般按要求清償時間的先後順序排列：「短期借款」「應付票據」等需要在一年以內或者長於一年的一個正常營業週期內償還的流動負債排在前面，「長期借款」等在一年以上或者長於一年的一個正常營業週期以上才需償還的非流動負債排在中間，在企業清算之前不需要償還的所有者權益項目排在後面。

帳戶式資產負債表中的資產各項目的合計等於負債和所有者權益各項目的合計，即資產負債表左方和右方平衡。因此，通過帳戶式資產負債表，可以反應資產、負債、所有者權益之間的內在關係，即「資產＝負債＋所有者權益」。資產負債表的基本格式如表8-1所示。

二、資產負債表的編制

通常，資產負債表的各項目均需填列「年初餘額」和「期末餘額」兩欄。

(一)「年初餘額」的填列方法

「年初餘額」欄內各項目數字，應根據上年末資產負債表相關項目的「期末餘額」欄內所列數字填列，且與上年末資產負債表「期末餘額」欄相一致。如果本年度資產負債表規定的各個項目的名稱和內容同上年度不相一致，應對上年年末資產負債表各項目的名稱和數字按本年度的規定進行調整，按調整後的數字填入本表「年初餘額」欄內。

(二)「期末餘額」的填列方法

資產負債表「期末餘額」欄一般應根據資產、負債和所有者權益類科目的期末餘額填列。

1. 根據總帳科目的餘額直接填列

例如，「固定資產清理」「長期待攤費用」「遞延所得稅資產」「短期借款」「應付票據」「應付職工薪酬」「應交稅費」「應付利息」「應付股利」「其他應付款」「遞延所得稅負債」「實收資本」「資本公積」「庫存股」「盈餘公積」等項目，應當根據相關總帳科目的餘額直接填列。

2. 根據總帳科目的餘額計算填列

有些項目則需根據幾個總帳科目的餘額計算填列。例如，「貨幣資金」項目，應當根據「庫存現金」「銀行存款」「其他貨幣資金」等科目期末餘額合計填列。

3. 根據有關明細科目的餘額計算填列

例如，「開發支出」項目，應根據「研發支出」科目中所屬的「資本化支出」明細科目期末餘額填列；「應付帳款」項目，應根據「應付帳款」和「預付帳款」科目所屬的相關明細科目的期末貸方餘額合計數填列；「一年內到期的非流動資產」「一年內到期的非流動負債」項目，應根據有關非流動資產或負債項目的明細科目餘額分析填列；「長期借款」「應付債券」項目，應分別根據「長期借款」「應付債券」科目的明細科目餘額分析填列。

4. 根據總帳科目和明細科目的餘額分析計算填列

例如，「長期應收款」項目，應當根據「長期應收款」總帳科目餘額，減去「未實現融資收益」總帳科目餘額，再減去所屬相關明細科目中將於一年內到期的部分填列；「長期借款」項目，應當根據「長期借款」總帳科目餘額扣除「長期借款」科目所屬明細科目中將於一年內到期的部分填列；「應付債券」項目，應當根據「應付債券」總帳科目餘額扣除「應付債券」科目所屬明細科目中將於一年內到期的部分填列；

「長期應付款」項目，應當根據「長期應付款」總帳科目餘額，減去「未確認融資費用」總帳科目餘額，再減去所屬相關明細科目中將於一年內到期的部分填列。

5. 根據總帳科目與其備抵科目抵銷後的淨額填列

「可供出售金融資產」「持有至到期投資」「長期股權投資」「在建工程」「商譽」等項目，應根據相關科目的期末餘額填列，已計提減值準備的，還應扣減相應的減值準備；「固定資產」「無形資產」「投資性房地產」「生產性生物資產」等項目，應根據相關科目的期末餘額扣減相關的累計折舊（或攤銷）填列，已計提減值準備的，還應扣減相應的減值準備；「長期應收款」項目，應根據「長期應收款」科目的期末餘額，減去相應的「未實現融資費用」科目和「壞帳準備」科目所屬相關明細科目期末餘額後的金額填列；「長期應付款」項目，應根據「長期應付款」科目的期末餘額，減去相應的「未確認融資費用」科目期末餘額後的金額填列。

6. 綜合運用上述填列方法分析填列

主要包括：「應收票據」「應收利息」「應收股利」「其他應收款」項目，應根據相關科目的期末餘額，減去「壞帳準備」科目中有關壞帳準備期末餘額後的金額填列；「應收帳款」項目，應根據「應收帳款」和「預收帳款」科目所屬各明細科目的期末借方餘額合計數，減去「壞帳準備」科目中有關應收帳款計提的壞帳準備期末餘額後的金額填列；「預付款項」項目，應根據「預付帳款」和「應付帳款」科目所屬各明細科目的期末借方餘額合計數，減去「壞帳準備」科目中有關預付款項計提的壞帳準備期末餘額後的金額填列；「存貨」項目，應根據「材料採購」「原材料」「發出商品」「庫存商品」「週轉材料」「委託加工物資」「生產成本」「受託代銷商品」等科目的期末餘額合計，減去「受託代銷商品款」「存貨跌價準備」科目期末餘額後的金額填列，材料採用計劃成本核算，以及庫存商品採用計劃成本核算或售價核算的企業，還應按加或減材料成本差異、商品進銷差價後的金額填列。

三、資產負債表編制示例

[例8-1] 桂鑫股份有限公司 2×16 年 12 月 31 日的資產負債表（年初餘額略）及 2×17 年 12 月 31 日的科目餘額表分別如表 8-1 和表 8-2 所示。

表 8-1　　　　　　　　　　　　　　資產負債表　　　　　　　　　　　　　　會企 01 表
編製單位：桂鑫股份有限公司　　　　　2×16 年 12 月 31 日　　　　　　　　　　單位：元

資　產	期末餘額	年初餘額	負債和股東權益	期末餘額	年初餘額
流動資產：			流動負債：		
貨幣資金	2,812,600		短期借款	600,000	
以公允價值計量且其變動計入當期損益的金融資產	30,000		以公允價值計量且其變動計入當期損益的金融負債	0	
應收票據	492,000		應付票據	400,000	
應收帳款	598,200		應付帳款	1,907,600	

表8-1(續)

資　產	期末餘額	年初餘額	負債和股東權益	期末餘額	年初餘額
預付款項	200,000		預收款項	0	
應收利息	0		應付職工薪酬	220,000	
應收股利	0		應交稅費	73,200	
其他應收款	10,000		應付利息	2,000	
存貨	5,160,000		應付股利	0	
一年內到期的非流動資產	0		其他應付款	100,000	
其他流動資產	200,000		一年內到期的非流動負債	2,000,000	
流動資產合計	9,502,800		其他流動負債	0	
非流動資產：			流動負債合計	5,302,800	
可供出售金融資產	0		非流動負債：		
持有至到期投資	0		長期借款	1,200,000	
長期應收款	0		應付債券	0	
長期股權投資	500,000		長期應付款	0	
投資性房地產	0		專項應付款	0	
固定資產	2,200,000		預計負債	0	
在建工程	3,000,000		遞延所得稅負債	0	
工程物資	0		其他非流動負債	0	
固定資產清理	0		非流動負債合計	1,200,000	
生產性生物資產	0		負債合計	6,502,800	
油氣資產	0		股東權益：		
無形資產	1,200,000		實收資本（或股本）	10,000,000	
開發支出	0		資本公積	0	
商譽	0		減：庫存股	0	
長期待攤費用	0		其他綜合收益		
遞延所得稅資產	0		盈餘公積	200,000	
其他非流動資產	400,000		未分配利潤	100,000	
非流動資產合計	7,300,000		股東權益合計	10,300,000	
資產總計	16,802,800		負債和股東權益總計	16,802,800	

表 8-2　　　　　　　　　　　　科目餘額表

2×17 年 12 月 31 日　　　　　　　　　　　　　　單位：元

科目名稱	借方餘額	科目名稱	貸方餘額
庫存現金	4,000	短期借款	100,000
銀行存款	1,611,662	應付票據	200,000

表8-2(續)

科目名稱	借方餘額	科目名稱	貸方餘額
其他貨幣資金	14,600	應付帳款	1,907,600
交易性金融資產	0	其他應付款	100,000
應收票據	132,000	應付職工薪酬	360,000
應收帳款	1,200,000	應交稅費	453,462
壞帳準備	-3,600	應付利息	0
預付帳款	200,000	應付股利	64,431.70
其他應收款	10,000	一年內到期的長期負債	0
材料採購	550,000	長期借款	2,320,000
原材料	90,000	股本	10,000,000
週轉材料	76,100	盈餘公積	249,540.80
庫存商品	4,244,800	利潤分配（未分配利潤）	436,027.50
材料成本差異	8,500		
其他流動資產	200,000		
長期股權投資	500,000		
固定資產	4,802,000		
累計折舊	-340,000		
固定資產減值準備	-60,000		
工程物資	600,000		
在建工程	856,000		
無形資產	1,200,000		
累計攤銷	-120,000		
遞延所得稅資產	15,000		
其他長期資產	400,000		
合計	16,191,062	合計	16,191,062

根據上述資料，編制桂鑫股份有限公司2×17年12月31日的資產負債表，如表8-3所示。

表8-3　　　　　　　　　　　　資產負債表　　　　　　　　　　　會企01表
編製單位：桂鑫股份有限公司　　2×17年12月31日　　　　　　　　單位：元

資　產	期末餘額	年初餘額	負債和股東權益	期末餘額	年初餘額
流動資產：			流動負債：		
貨幣資金	1,630,262	2,812,600	短期借款	100,000	600,000
以公允價值計量且其變動計入當期損益的金融資產	0	30,000	以公允價值計量且其變動計入當期損益的金融負債	0	0

表8-3(續)

資　產	期末餘額	年初餘額	負債和股東權益	期末餘額	年初餘額
應收票據	132,000	492,000	應付票據	200,000	400,000
應收帳款	1,196,400	598,200	應付帳款	1,907,600	1,907,600
預付款項	200,000	200,000	預收款項	0	0
應收利息	0	0	應付職工薪酬	360,000	220,000
應收股利	0	0	應交稅費	453,462	73,200
其他應收款	10,000	10,000	應付利息	0	2,000
存貨	4,969,400	5,160,000	應付股利	64,431.70	0
一年內到期的非流動資產	0	0	其他應付款	100,000	100,000
其他流動資產	200,000	200,000	一年內到期的非流動負債	0	2,000,000
流動資產合計	8,338,062	9,502,800	其他流動負債	0	0
非流動資產：			流動負債合計	3,185,493.70	5,302,800
可供出售金融資產	0	0	非流動負債：		
持有至到期投資	0	0	長期借款	2,320,000	1,200,000
長期應收款	0	0	應付債券	0	0
長期股權投資	500,000	500,000	長期應付款	0	0
投資性房地產	0	0	專項應付款	0	0
固定資產	4,402,000	2,200,000	預計負債	0	0
在建工程	856,000	3,000,000	遞延所得稅負債	0	0
工程物資	600,000	0	其他非流動負債	0	0
固定資產清理	0	0	非流動負債合計	2,320,000	1,200,000
生產性生物資產	0	0	負債合計	5,505,493.70	6,502,800
油氣資產	0	0	所有者權益		
無形資產	1,080,000	1,200,000	實收資本（或股本）	10,000,000	10,000,000
開發支出	0	0	資本公積	0	0
商譽	0	0	減：庫存股	0	0
長期待攤費用	0	0	其他綜合收益	0	0
遞延所得稅資產	15,000	0	盈餘公積	249,540.80	200,000
其他非流動資產	400,000	400,000	未分配利潤	436,027.50	100,000
非流動資產合計	7,853,000	7,300,000	所有者權益合計	10,685,568.30	10,300,000
資產總計	16,191,062	16,802,800	負債和所有者權益總計	16,191,062	16,802,800

第三節 利潤表

一、利潤表的概念和意義

1. 利潤表的概念

利潤表是反應企業在一定會計期間經營成果的報表。利潤表根據會計核算的配比原則，把一定時期內的收入和相對應的成本費用配比，從而計算出企業一定時期的各項利潤指標。

2. 利潤表的意義

通過利潤表，可以反應企業一定會計期間的收入實現情況，如實現的營業收入有多少、實現的投資收益有多少、實現的營業外收入有多少等；可以反應一定會計期間的費用耗費情況，如耗費的營業成本有多少、營業稅費有多少、銷售費用、管理費用、財務費用各有多少、營業外支出有多少等；可以反應企業生產經營活動的成果，即淨利潤的實現情況，據以判斷資本保值、增值情況。將利潤表中的信息與資產負債表中的信息相結合，還可以提供進行財務分析的基本資料，如將賒銷收入淨額與應收帳款平均餘額進行比較，計算出應收帳款週轉率；將銷貨成本與存貨平均餘額進行比較，計算出存貨週轉率；將淨利潤與資產總額進行比較，計算出資產收益率等，可以表現企業資金週轉情況以及企業的盈利能力和水平，便於報表使用者判斷企業未來的發展趨勢，做出經濟決策。因此，利潤表是會計報表中的一張基本報表。

二、利潤表的格式

利潤表由表頭、表身和表尾等部分組成。表頭部分應列明報表名稱、編表單位名稱、編制期間和金額計量單位；表身部分反應利潤的構成內容；表尾部分為補充說明。其中，表身部分為利潤表的主體和核心。此外，為了使報表使用者通過比較不同期間利潤的實現情況，判斷企業經營成果的未來發展趨勢，企業需要提供比較利潤表，利潤表還就各項目再分為「本期金額」和「上期金額」兩欄分別填列。

利潤表的格式主要有多步式利潤表和單步式利潤表兩種，中國企業的利潤表採用多步式，如表 8-5 所示。

三、利潤表的編制

中國企業利潤表的主要編制步驟和內容如下：

第一步，以營業收入為基礎，減去營業成本、營業稅金及附加、銷售費用、管理費用、財務費用、資產減值損失，加上公允價值變動收益（減去公允價值變動損失）和投資收益（減去投資損失），計算出營業利潤；

第二步，以營業利潤為基礎，加上營業外收入，減去營業外支出，計算出利潤總額；

第三步，以利潤總額為基礎，減去所得稅費用，計算出淨利潤（或虧損）。

普通股或潛在普通股已公開交易的企業，以及正處於公開發行普通股或潛在普通股過程中的企業，還應當在利潤表中列示每股收益信息。

利潤表各項目均需填列「本期金額」和「上期金額」兩欄。其中「上期金額」欄內各項數字，應根據上年該期利潤表的「本期金額」欄所列數字填列。「本期金額」欄內各期數字，除「基本每股收益」和「稀釋每股收益」項目外，應當按照相關科目的發生額分析填列。如「營業收入」項目，根據「主營業務收入」「其他業務收入」科目的發生額分析計算填列；「營業成本」項目，根據「主營業務成本」「其他業務成本」科目的發生額分析計算填列。其他項目均按照各該科目的發生額分析填列。

四、利潤表編制示例

[例8-2] 桂鑫股份有限公司2×17年度有關損益類科目本年累計發生淨額如表8-4所示。

表8-4　　　　　　　　　2×17年度損益類科目本年累計發生額　　　　　　　單位：元

科目名稱	借方發生額	貸方發生額	科目名稱	借方發生額	貸方發生額
主營業務收入		6,250,000	資產減值損失	154,500	
主營業務成本	3,750,000		投資收益		7,500
稅金及附加	10,000		營業外收入		250,000
銷售費用	100,000		營業外支出	110,200	
管理費用	485,500		所得稅費用	436,825	
財務費用	150,000				

根據資料，編制利潤表如8-5。

表8-5　　　　　　　　　　　　利　潤　表　　　　　　　　　　　　會企02表
編製單位：桂鑫股份有限公司　　　　　2×17年　　　　　　　　　　　單位：元

項目	本期金額	上期金額(略)
一、營業收入	6,250,000	
減：營業成本	3,750,000	
稅金及附加	10,000	
銷售費用	100,000	
管理費用	485,500	
財務費用	150,000	
資產減值損失	154,500	
加：公允價值變動收益（損失以「-」號填列）		
投資收益（損失以「-」號填列）	7,500	
其中：對聯營企業和合營企業的投資收益		

表8-5(續)

項目	本期金額	上期金額(略)
二、營業利潤（虧損以「-」號填列）	1,607,500	
加：營業外收入	250,000	
減：營業外支出	110,200	
其中：非流動資產處置損失		
三、利潤總額（虧損總額以「-」號填列）	1,747,300	
減：所得稅費用	436,825	
四、淨利潤（淨虧損以「-」號填列）	1,310,475	
五、其他綜合收益	（略）	
（一）以後會計期間不能重分類進損益的其他綜合收益		
（二）以後會計期間在滿足規定條件時將重分類進損益的其他綜合收益		
六、其他綜合收益稅額淨額	（略）	
（一）以後會計期間不能重分類進損益的其他綜合收益稅後淨額		
其中：①重新計量設定受益計劃淨負債或淨資產導致的變動的稅後淨額		
②按照權益法核算的在被投資單位以後會計期間不能重分類進損益的其他綜合收益中所享有的份額稅後淨額		
（二）以後會計期間在滿足規定條件時將重分類進損益的其他綜合收益稅後淨額		
其中：①按照權益法核算的在被投資單位以後會計期間在滿足規定條件時重分類進損益的其他綜合收益中所享有的份額稅後淨額		
②可供出售金融資產公允價值變動形成的利得（損失以「-」號填列）的稅後淨額		
③持有至到期投資重分類為可供出售金額資產形成的利得（損失以「-」號填列）的稅後淨額		
④現金流量套期工具產生的利得（損失以「-」號填列）的稅後淨額		
⑤外幣財務報表折算差額的稅後淨額		
七、綜合收益總額	（略）	
八、每股收益：	（略）	
（一）基本每股收益		
（二）稀釋每股收益		

第四節　現金流量表

一、現金流量表概述

現金流量表是反應企業在一定會計期間現金和現金等價物流入和流出的報表。

從編制原則上看，現金流量表按照收付實現制原則編制，將權責發生制下的盈利信息調整為收付實現制下的現金流量信息，便於信息使用者瞭解企業淨利潤的質量。從內容上看，現金流量表被劃分為經營活動、投資活動和籌資活動三個部分，每類活動又分為各具體項目，這些項目從不同角度反應企業業務活動的現金流入與流出，彌補了資產負債表和利潤表提供信息的不足。通過現金流量表，報表使用者能夠瞭解現金流量的影響因素，評價企業的支付能力、償債能力和週轉能力，預測企業未來現金流量，為其決策提供有力依據。

現金流量是指一定會計期間內企業現金和現金等價物的流入和流出。企業從銀行提取現金、用現金購買短期到期的國庫券等現金和現金等價物之間的轉換不屬於現金流量。

現金是指企業庫存現金以及可以隨時用於支付的存款，包括庫存現金、銀行存款和其他貨幣資金（如外埠存款、銀行匯票存款、銀行本票存款）等。不能隨時用於支付的存款不屬於現金。

現金等價物是指企業持有的期限短、流動性強、易於轉換為已知金額現金、價值變動風險很小的投資。期限短一般是指從購買日起三個月內到期。現金等價物通常包括三個月內到期的債券投資等。權益性投資變現的金額通常不確定，因而不屬於現金等價物。企業應當根據具體情況，確定現金等價物的範圍，一經確定不得隨意變更。

企業的現金流量分為三大類：

(一) 經營活動產生的現金流量

經營活動是指企業投資活動和籌資活動以外的所有交易事項。經營活動產生的現金流量主要包括銷售商品或提供勞務、購買商品、接受勞務、支付工資和繳納稅款等流入和流出的現金和現金等價物。

(二) 投資活動產生的現金流量

投資活動是指企業長期資產的購建和不包括在現金等價物範圍內的投資及其處置活動。投資活動產生的現金流量主要包括購建固定資產、處置子公司及其他營業單位等流入和流出的現金和現金等價物。

(三) 籌資活動產生的現金流量

籌資活動是指導致企業資本及負債規模或構成發生變化的活動。籌資活動產生的現金流量主要包括吸收投資、發行股票、分配利潤、發行債券、償還債務等流入和流出的現金和現金等價物。償還應付帳款、應付票據等應付款項屬於經營活動，不屬於

籌資活動。

二、現金流量表的結構

中國企業現金流量表採用報告式結構，分類反應經營活動產生的現金流量、投資活動產生的現金流量和籌資活動產生的現金流量，最後匯總反應企業某一期間現金及現金等價物的淨增加額。

中國企業現金流量表的格式如表8-6所示，現金流量表補充資料如表8-7所示。

表8-6　　　　　　　　　　　　　　現金流量表　　　　　　　　　　　　　　會企03表
編製單位：　　　　　　　　　　　　　年　月　　　　　　　　　　　　　　　　單位：元

項目	本期金額	上期金額
一、經營活動產生的現金流量：		
銷售商品、提供勞務收到的現金		
收到的稅費返還		
收到其他與經營活動有關的現金		
經營活動現金流入小計		
購買商品、接受勞務支付的現金		
支付給職工以及為職工支付的現金		
支付的各項稅費		
支付其他與經營活動有關的現金		
經營活動現金流出小計		
經營活動產生的現金流量淨額		
二、投資活動產生的現金流量：		
收回投資收到的現金		
取得投資收益收到的現金		
處置固定資產、無形資產和其他長期資產收回的現金淨額		
處置子公司及其他營業單位收到的現金淨額		
收到其他與投資活動有關的現金		
投資活動現金流入小計		
購建固定資產、無形資產和其他長期資產支付的現金		
投資支付的現金		
取得子公司及其他營業單位支付的現金淨額		
支付其他與投資活動有關的現金		
投資活動現金流出小計		
投資活動產生的現金流量淨額		
三、籌資活動產生的現金流量：		
吸收投資收到的現金		
取得借款收到的現金		

表8-6(續)

項目	本期金額	上期金額
收到其他與籌資活動有關的現金		
籌資活動現金流入小計		
償還債務支付的現金		
分配股利、利潤或償付利息支付的現金		
支付其他與籌資活動有關的現金		
籌資活動現金流出小計		
籌資活動產生的現金流量淨額		
四、匯率變動對現金及現金等價物的影響		
五、現金及現金等價物淨增加額		
加：期初現金及現金等價物餘額		
六、期末現金及現金等價物餘額		

表 8-7　　　　　　　　　現金流量表補充資料

補充資料	本期金額	上期金額
1. 將淨利潤調節為經營活動現金流量：		
淨利潤		
加：資產減值準備		
固定資產折舊、油氣資產折耗、生產性生物資產折舊		
無形資產攤銷		
長期待攤費用攤銷		
處置固定資產、無形資產和其他長期資產的損失（收益以「-」號填列）		
固定資產報廢損失（收益以「-」號填列）		
公允價值變動損失（收益以「-」號填列）		
財務費用（收益以「-」號填列）		
投資損失（收益以「-」號填列）		
遞延所得稅資產減少（增加以「-」號填列）		
遞延所得稅負債增加（減少以「-」號填列）		
存貨的減少（增加以「-」號填列）		
經營性應收項目的減少（增加以「-」號填列）		
經營性應付項目的增加（減少以「-」號填列）		
其他		
經營活動產生的現金流量淨額		
2. 不涉及現金收支的重大投資和籌資活動：		
債務轉為資本		

表8-7(續)

補充資料	本期金額	上期金額
一年內到期的可轉換公司債券		
融資租入固定資產		
3. 現金及現金等價物淨變動情況：		
現金的期末餘額		
減：現金的期初餘額		
加：現金等價物的期末餘額		
減：現金等價物的期初餘額		
現金及現金等價物淨增加額		

三、現金流量表的編制方法及程序

(一) 直接法和間接法

編制現金流量表時，列報經營活動現金流量的方法有兩種，一是直接法，一是間接法。在直接法下，一般以利潤表中的營業收入為起算點，調節與經營活動有關的項目的增減變動，然後計算出經營活動產生的現金流量。在間接法下，將淨利潤調節為經營活動現金流量，實際上就是將按權責發生制原則確定的淨利潤調整為現金淨流入，並剔除投資活動和籌資活動對現金流量的影響。

採用直接法編報的現金流量表，便於分析企業經營活動產生的現金流量的來源和用途，預測企業現金流量的未來前景；採用間接法編報現金流量表，便於將淨利潤與經營活動產生的現金流量淨額進行比較，瞭解淨利潤與經營活動產生的現金流量差異的原因，從現金流量的角度分析淨利潤的質量。所以，中國《企業會計準則》規定企業應當採用直接法編報現金流量表，同時要求在附註中提供以淨利潤為基礎調節到經營活動現金流量的信息。

(二) 工作底稿法、T型帳戶法和分析填列法

在具體編制現金流量表時，可以採用工作底稿法或T型帳戶法，也可以根據有關科目記錄分析填列。

1. 工作底稿法

採用工作底稿法編制現金流量表，是以工作底稿為手段，以資產負債表和利潤表的數據為基礎，對每一個項目進行分析並編制調整分錄，從而編制現金流量表。工作底稿法的程序是：

第一步，將資產負債表的期初數和期末數過入工作底稿的期初數欄和期末數欄。

第二步，對當期業務進行分析並編制調整分錄。編制調整分錄時，要以利潤表項目為基礎，從「營業收入」開始，結合資產負債表項目逐一進行分析。在調整分錄中，有關現金和現金等價物的事項，並不直接借記或貸記現金，而是分別計入「經營活動產生的現金流量」「投資活動產生的現金流量」「籌資活動產生的現金流量」有關項

目，借記表示現金流入，貸記表示現金流出。

第三步，將調整分錄過入工作底稿中的相應部分。

第四步，核對調整分錄，借方、貸方合計數均已經相等，資產負債表項目期初數加減調整分錄中的借貸金額以後，也等於期末數。

第五步，根據工作底稿中的現金流量表項目部分編制正式的現金流量表。

2. T型帳戶法

採用T型帳戶法編制現金流量表，是以T型帳戶為手段，以資產負債表和利潤表數據為基礎，對每一項目進行分析並編制調整分錄，從而編制現金流量表。T型帳戶法的程序是：

第一步，為所有的非現金項目（包括資產負債表項目和利潤表項目）分別開設T型帳戶，並將各自的期末期初變動數過入各該帳戶。如果項目的期末數大於期初數，則將差額過入和項目餘額相同的方向；反之，過入相反的方向。

第二步，開設一個大的「現金及現金等價物」T型帳戶，每邊分為經營活動、投資活動和籌資活動三個部分，左邊記現金流入，右邊記現金流出。與其他帳戶一樣，過入期末期初變動數。

第三步，以利潤表項目為基礎，結合資產負債表分析每一個非現金項目的增減變動，並據此編制調整分錄。

第四步，將調整分錄過入各T型帳戶，並進行核對，該帳戶借貸相抵後的餘額與原先過入的期末期初變動數應當一致。

第五步，根據大的「現金及現金等價物」T型帳戶編制正式的現金流量表。

3. 分析填列法

分析填列法是直接根據資產負債表、利潤表和有關會計科目明細帳的記錄，分析計算出現金流量表各項目的金額，並據以編制現金流量表的一種方法。

第五節 所有者權益變動表

一、所有者權益變動表的內容及結構

(一) 所有者權益變動表的內容

所有者權益變動表是指反應構成所有者權益各組成部分當期增減變動情況的報表。所有者權益變動表應當全面反應一定時期所有者權益變動的情況，不僅包括所有者權益總量的增減變動，還包括所有者權益增減變動的重要結構性信息，特別是要反應直接計入所有者權益的利得和損失，讓報表使用者準確理解所有者權益增減變動的根源。

在所有者權益變動表中，企業至少應當單獨列示反應下列信息的項目：①淨利潤；②直接記入所有者權益的利得和損失項目及其總額；③會計政策變更和差錯更正的累積影響金額；④所有者投入資本和向所有者分配利潤等；⑤提取的盈餘公積；⑥實收資本或股本、資本公積、盈餘公積、未分配利潤的期初和期末餘額及其調節情況。

(二) 所有者權益變動表的結構

為了清楚地表明構成所有者權益的各組成部分當期的增減變動情況，所有者權益變動表應當以矩陣的形式列示：一方面，列示導致所有者權益變動的交易或事項，改變了以往僅僅按照所有者權益的各組成部分反應所有者權益變動情況，而是從所有者權益變動的來源對一定時期所有者權益變動情況進行全面反應；另一方面，按照所有者權益各組成部分（包括實收資本、資本公積、盈餘公積、未分配利潤和庫存股）及其總額列示交易或事項對所有者權益的影響。此外，企業還需要提供比較所有者權益變動表，所有者權益變動表還就各項目再分為「本年金額」和「上年金額」兩欄分別填列。所有者權益變動表的具體格式如表 8-8 所示。

二、所有者權益變動表的填列方法

(一) 上年金額欄的填列方法

所有者權益變動表「上年金額」欄內各項數字，應根據上年度所有者權益變動表「本年金額」欄內所列數字填列。如果上年度所有者權益變動表規定的各個項目的名稱和內容同本年度不相一致，應對上年度所有者權益變動表各項目的名稱和數字按本年度的規定進行調整，填入所有者權益變動表「上年金額」欄內。

(二) 本年金額欄的填列方法

所有者權益變動表「本年金額」欄內各項數字一般應根據「實收資本（或股本）」「資本公積」「盈餘公積」「利潤分配」「庫存股」「以前年度損益調整」科目的發生額分析填列。

三、所有者權益變動表格式

所有者權益變動表的格式如表 8-8 所示。

表 8-8　　　　　　　　　　　所有者權益變動表　　　　　　　　　　會企 04 表

編製單位：　　　　　　　　　　　＿＿＿年度　　　　　　　　　　　　單位：元

項目	本年金額							上年金額						
	實收資本（或股本）	資本公積	減：庫存股	其他綜合收益	盈餘公積	未分配利潤	所有者權益合計	實收資本（或股本）	資本公積	減：庫存股	其他綜合收益	盈餘公積	未分配利潤	所有者權益合計
一、上年年末餘額														
加：會計政策變更														
前期差錯更正														
二、本年年初餘額														
三、本年增減變動金額（減少以「-」號填列）														
(一) 綜合收益總額														
(二) 所有者投入和減少資本														

表8-8(續)

項目	本年金額							上年金額						
	實收資本(或股本)	資本公積	減：庫存股	其他綜合收益	盈餘公積	未分配利潤	所有者權益合計	實收資本(或股本)	資本公積	減：庫存股	其他綜合收益	盈餘公積	未分配利潤	所有者權益合計
1. 所有者投入資本														
2. 股份支付計入所有者權益的金額														
3. 其他														
(三) 利潤分配														
1. 提取盈餘公積														
2. 對所有者(或股東)的分配														
3. 其他														
(四) 所有者權益內部結轉														
1. 資本公積轉增資本(或股本)														
2. 盈餘公積轉增資本(或股本)														
3. 盈餘公積彌補虧損														
4. 其他														
四、本年年末餘額														

第六節　附註

一、會計報表附註概念

附註是財務報表的重要組成部分。會計報表附註是為便於會計報表使用者理解會計報表的內容而對會計報表的編制基礎、編制依據、編制原則和方法及主要項目等所做的解釋。會計報表附註是對會計報表及其相關附表的補充與說明，也是企業財務會計報告的重要組成部分。由於會計報表格式和填寫要求的限制，會計報表所能提供的信息也有一定限制，因此，需要通過會計報表附註對會計報表的部分項目做更詳細的補充說明。

二、會計報表附註內容

附註應當按照如下順序披露有關內容：

(一) 企業的基本情況

企業的基本情況包括：

(1) 企業註冊地、組織形式和總部地址。

(2) 企業的業務性質和主要經營活動。

(3) 母公司以及集團最終母公司的名稱。
(4) 財務報告的批准報出者和財務報告批准報出日。

(二) 財務報表的編制基礎

財務報表的編制基礎是指財務報表是在持續經營基礎上還是非持續經營基礎上編制的。企業一般是在持續經營基礎上編制財務報表，清算、破產屬於非持續經營基礎。

(三) 遵循企業會計準則的聲明

企業應當明確說明編制的財務報表符合企業會計準則的要求，真實、公允地反應了企業的財務狀況、經營成果和現金流量等有關信息，以此明確企業編制財務報表所依據的制度基礎。

如果企業編制的財務報表只是部分地遵循了企業會計準則，附註中不得做出這種表述。

(四) 重要會計政策和會計估計

企業應當披露採用的重要會計政策和會計估計，不重要的會計政策和會計估計可以不披露。

1. 重要會計政策的說明

由於企業經濟業務的複雜性和多樣化，某些經濟業務可以有多種會計處理方法，也即存在不止一種可供選擇的會計政策。企業在發生某項經濟業務時，必須從允許的會計處理方法中選擇適合本企業特點的會計政策，企業選擇不同的會計處理方法，可能極大地影響企業的財務狀況和經營成果，進而編制出不同的財務報表。為了有助於使用者理解，有必要對這些會計政策加以披露。

2. 重要會計估計的說明

企業應當披露會計估計中所採用的關鍵假設和不確定因素的確定依據，這些關鍵假設和不確定因素在下一會計期間內很可能導致資產、負債帳面價值進行重大調整。在確定報表中確認的資產和負債的帳面金額過程中，企業有時需要對不確定的未來事項在資產負債表日對這些資產和負債的影響加以估計。

(五) 會計政策和會計估計變更以及差錯更正的說明

企業應當按照《企業會計準則第28號——會計政策、會計估計變更和差錯更正》及其應用指南的規定，披露會計政策和會計估計變更以及差錯更正的有關情況。

(六) 重要報表項目的說明

企業應當以文字和數字描述相結合的形式並盡可能以列表形式披露重要報表項目的構成或當期增減變動情況，並與報表項目相互參照。在披露順序上，一般應當按照資產負債表、利潤表、現金流量表、所有者權益變動表的順序及其報表項目列示的順序。

(七) 其他需要說明的重要事項

這主要包括承諾事項、資產負債表日後非調整事項、關聯方關係及其交易等。

本章小結

　　企業編制財務會計報告的目的，是向財務報表使用者提供與企業財務狀況、經營成果和現金流量等有關的會計信息，反應企業管理層受託責任的履行情況，有助於財務報表使用者做出經濟決策。財務會計報告的使用者通常包括投資者、債權人、政府及其有關部門和社會公眾等。

　　根據中國《企業會計準則》規定，財務報表至少應當包括資產負債表、利潤表、現金流量表、所有權權益（或股東權益）變動表和附註（簡稱四表加一註）。資產負債表反應企業某一特定日期財務狀況的會計報表。它反應企業所擁有的資產、需償還的債務，以及投資者所擁有的淨資產的情況。它是靜態的時點報表。利潤表是反應企業一定期間生產經營成果的會計報表。它表明企業運用所擁有的資產的獲利能力。它是動態的時期報表，主要目的是在於解釋由於主體的經營活動而引起所有者權益增加的原因。它描述了在該段時期內由於經營活動而引起的淨資產的變化情況，用來反應兩個資產負債表日期間的情況。現金流量表是以現金為基礎編制的財務狀況變動表。它反應企業一定期間內現金的流入和流出，表明企業獲得現金的現金等價物的能力。它是動態報表的時期報表，是對損益表和資產負債表的重要補充。企業不可能利用權責發生制下的淨利潤來購買商品，而只能用現金。所有者權益變動表是指反應構成所有者權益各組成部分當期增減變動情況的報表。所有者權益變動表全面反應一定時期所有者權益變動的情況，不僅包括所有者權益總量的增減變動，還包括所有者權益增減變動的重要結構性信息，特別是要反應直接計入所有者權益的利得和損失，讓報表使用者準確理解所有者權益增減變動的根源。

思考題

1. 什麼是財務報告？財務報告有何作用？
2. 簡述財務報告的內容、分類及其編制要求。
3. 簡述資產負債表的定義、作用、內容和結構。
4. 資產負債表的格式如何？表中各項目如何填列？
5. 簡述利潤表的定義、作用、內容和結構。
6. 利潤表的格式如何？表中各項目如何填列？

第九章　會計工作組織與管理

學習目標

1. 瞭解會計工作組織的概念和意義；
2. 掌握會計工作組織的內容和要求；
3. 瞭解會計機構設置的基本規定；
4. 掌握會計機構設置應考慮的因素和組織形式；
5. 瞭解會計人員的任職資格和配備的要求；
6. 瞭解會計法律制度的概念；
7. 掌握中國會計法律制度體系構成；
8. 瞭解會計職業道德的概念；
9. 掌握會計職業道德規範的內容；
10. 瞭解會計檔案的概念；
11. 掌握會計檔案的內容構成和會計檔案的保管。

案例：

　　華遠公司會計李某調離會計工作崗位至負責會計檔案保管崗位，離崗前與接替者王某在財務科長的監交下辦妥了會計工作交接手續。李某負責會計檔案工作後，公司檔案管理部門會同財務科將已到期會計資料編造清冊，報請公司負責人批准後，由李某自行銷毀。年底，財政部門對該公司進行檢查時，發現該公司原會計李某所記的帳目中有會計作假行為，而接替者王某在會計交接時並未發現這一問題。財政部門在調查時，原會計李某說，已經辦理會計交接手續，現任會計王某和財務科長均在移交清冊上簽了字，自己不再承擔任何責任。根據現行會計法律制度的有關規定，公司銷毀檔案是否符合規定？公司負責人是否對會計作假行為承擔責任？原會計李某的說法是否正確？

　　會計機構和會計人員是會計工作系統正常運行的必要條件。任何單位都應當根據本單位經濟業務的性質、規模、組織結構和經營管理的要求，在符合《會計法》《會計基礎工作規範》等法規制度的要求下，設置與本單位實際情況相適應的會計機構，並配備相應的會計人員；不具備條件設置的，應當委託經批准設立從事會計代理記帳業務的仲介機構代理記帳。本章主要介紹了會計機構的設置、會計人員的配備、會計法律規範、會計職業道德以及會計檔案管理等問題。

第一節　會計工作組織與管理概述

一、會計工作組織的概念及意義

所謂會計工作組織，是指如何安排、協調和管理好企業的會計工作。一個企業要順利開展會計工作，會計機構的設置和會計人員的配備是會計工作系統運行的必要條件，而會計法規是保證會計工作系統正常運行的必要的約束機制，因此，會計工作組織主要研究如何根據會計工作的特點，設置會計機構、配備會計人員、制定會計規章制度等，以保證合理、有效地開展會計工作。科學地組織會計工作對於完成會計職能，實現會計的目標，發揮會計在經濟管理中的作用，具有十分重要的意義，具體表現在以下四個方面。

(一) 為會計工作的開展與有效進行提供前提條件和基本依據與規範

會計工作的開展必須要有會計機構和人員，即使不具備設置會計機構條件的單位，也必須配備專職的會計人員，以保證對單位財務進行反應與監督，對單位開展的經濟活動進行資金支持；會計組織工作的內容有會計政策和制度的設計，政策與制度的基本內容是會計的原則、程序和方法，有了這些才使得會計工作對問題的處理有了基本依據和規範。

(二) 有利於保證會計工作的質量，提高會計工作的效率

會計工作是一項複雜、細緻而又嚴密的工作。會計所反應和監督的經濟活動錯綜複雜，想要對這些錯綜複雜的經濟活動進行合理、正確、全面的反應監督，只有嚴格按照會計工作制度、會計工作程序和會計工作方法，科學、合理地組織會計工作，才能保證會計工作有條不紊地進行，不斷提高會計工作的效率和會計工作的質量。

(三) 有利於確保會計工作與其他經濟管理工作協調一致

會計工作是一項綜合性的經濟管理工作，作為企業管理工作的組成部分，它既有其獨立的職能，又與企業其他的管理工作有著相互促進、相互制約的千絲萬縷的聯繫。只有通過合理地組織會計工作，科學地協調各職能部門的管理工作，才能做到與計劃、統計、決策、管理等部門之間口徑一致，相得益彰；才能與國家宏觀的財政、稅務、金融等政策相互協調，使會計工作有效地為國家宏觀調控和管理服務。

(四) 有利於貫徹國家的方針、政策、法令、制度，維護財經紀律

會計工作是一項錯綜複雜的系統工作，政策性很強，必須通過核算如實地反應各單位的經濟活動和財務收支，通過監督來貫徹執行國家的有關政策、方針、法令和制度。因此，科學地組織好會計工作，可以促使各單位更好地貫徹實施各項方針政策，維護好財經紀律，為建立良好的社會經濟秩序打下基礎。

二、會計工作組織的內容

會計工作組織的內容，從廣義上說，凡是與組織會計工作有關的一切事務都屬於會計工作組織的內容；從狹義的角度看，會計組織工作的內容主要包括會計機構的設置和會計人員的配備、會計法律規範的制定與執行、會計職業道德的制定與執行以及會計檔案管理等。

（1）會計機構是指直接組織領導和從事會計工作的職能部門。建立健全會計機構，是保證會計工作順利進行的重要條件。

（2）會計人員是指專門從事會計工作的專業技術工作者。任何企業、事業單位都應根據實際需要配備具有一定專業技術水平的會計人員，這是做好會計工作的關鍵。

（3）會計法律規範是會計法律、會計法規、會計制度等的總稱。它是組織和從事會計工作必須遵守的規範。

（4）會計職業道德是指在會計職業活動中應遵循的、體現會計職業特徵的、調整會計職業關係的職業行為準則和規範。

（5）會計檔案管理是指每個企業都必須建立一整套制度，保證會計檔案的安全完整。

三、組織會計工作的要求

科學地組織會計工作，能使會計工作同其他經濟管理工作更加協調，共同完成經濟管理任務。因此，科學地組織會計工作，要遵循以下幾項要求。

（一）統一性要求

組織會計工作必須按《會計法》和《企業會計準則》等國家規定的法令制度進行。只有按國家對會計工作的統一要求來組織會計工作，才能使會計提供的信息，既滿足國家宏觀管理的需要，也滿足企業內部管理者、債權人、投資者及其他有關方面的需要。

（二）適應性要求

會計工作必須適應本單位經營管理的特點，在遵循《會計法》和《企業會計準則》等國家規定法令制度的前提下，結合自身的管理特點，制定出相應的具體辦法，採用不同的帳簿組織、記帳方法和程序處理相應的經濟業務。

（三）效益性要求

在保證會計工作質量的前提下，應講求經濟效益，節約人力和物力，提高會計工作效率。會計工作十分繁雜，如果組織不好，就會造成重複勞動、浪費人力和物力。所以對會計管理程序的規定，會計憑證、帳簿、報表的設計，會計機構的設置以及會計人員的配備等，都應避免繁瑣，力求精簡，引入會計電算化，從工藝上改進會計操作技術，提高工作效率。應防止機構過於龐大、重疊、人浮於事和形式主義而影響會計工作的效率和質量。

(四) 內部控制責任要求

在組織會計工作時，要遵循內部控制原則，在保證貫徹執行全單位責任制的同時，建立和完善如內部會計管理體系、會計人員崗位責任制度、帳務處理程序制度、內部牽制制度、稽核制度、原始記錄管理制度、定額管理制度、計量驗收制度、財產清查制度、財務收支審批制度、成本核算制度、財務會計分析制度等內部牽制機制，對會計工作進行分工。

第二節　會計機構與會計人員

一、會計機構

會計機構是各單位辦理會計事務的職能機構，會計人員是直接從事會計工作的人員。各單位應建立健全會計機構，配備數量和素質相當的、具備從業資格的會計人員，這是各單位做好會計工作，充分發揮會計職能作用的重要保證。因此，《會計法》對會計機構的設置和會計人員的配備做出了具體的規定。

(一) 會計機構的設置

《會計法》對設置會計機構問題做出如下規定：各單位應當根據會計業務的需要，設置會計機構，或者在有關機構中設置會計人員並指定會計主管人員；不具備設置條件的，應當委託經批准設立從事會計代理記帳業務的仲介機構代理記帳。

1. 根據業務需要設置會計機構

各單位是否設置會計機構，應當根據會計業務的需要來決定，即各單位可以根據本單位會計業務的繁簡情況決定是否設置會計機構。一個單位是否需要設置會計機構，一般取決於以下幾個方面的因素：

（1）單位規模的大小。從有效發揮會計職能作用的角度看，實行企業化管理的事業單位、大、中型企業應當設置會計機構；業務較多的行政單位、社會團體和其他組織也應設置會計機構。而對那些規模很小的企業、業務和人員都不多的行政單位等，可以不單獨設置會計機構，將會計業務並入其他職能部門，或者委託代理記帳。

（2）經濟業務和財務收支的繁簡。大、中型單位的經濟業務複雜多樣，在會計機構和會計人員的設置上應考慮全面、合理、有效的原則，但是也不能忽視單位經濟業務的性質和財務收支的繁簡問題。有些單位的規模相對較小，但其經濟業務複雜多樣，財務收支頻繁，也要設置相應的會計機構和會計人員。

（3）經營管理的要求。經營管理上對會計機構和會計人員的設置要求是最基本的。如果沒有經營管理上對會計機構和會計人員的要求，也就不存在單位對會計的要求了。單位設置會計機構和會計人員的目的，就是為了適應單位在經營管理上的需要。隨著科學技術的進步，對會計機構和會計人員的要求與手工會計核算相比有了很大的不同。數據的及時性、準確性、全面性比其他任何時候對會計機構和會計人員的要求都高。

因此，如何設置會計機構和會計人員是單位會計設置中的重要課題。

2. 不設置會計機構的應設置會計人員並指定會計主管人員

會計主管人員是負責組織管理會計事務、行使會計機構負責人職權的負責人。他不同於通常所說的「會計主管」「主管會計」「主辦會計」。一個單位如何配備會計機構負責人，主要應考慮單位的實際需要，不能使用「一刀切」的做法要求完全統一標準。實際上，凡是設置了會計機構的單位，都配備了會計機構負責人。《會計法》規定應在會計人員中指定會計主管人員，目的是強化責任制度，防止出現會計工作無人負責的局面。

(二) 企業會計機構的組織形式

會計組織機構是開展和組織會計工作的職能部門，由會計人員組成。建立健全會計組織機構並擁有一定數量和素質的會計人員，是保證企業會計工作正常進行，充分發揮會計職能、實現會計目標的重要條件。會計組織機構中各級的財會主管和財務會計人員是內部控制體系的主體，在會計信息的提供過程中發揮著重要的作用。通過設計科學的會計組織機構能使內部控制在企業組織機構中真正發揮作用，並有利於加強內部控制與監督，促使企業各項經濟活動合法化、合規化和合理化，以達到經濟性、效率性和效益性。會計組織機構和崗位職責的設計是由科學會計機構設置、合理會計人員分工協作、明確會計工作崗位責任、完善的會計工作制度等有機組成的。與企業生產經營規模、特點和管理要求相適應，保證企業會計信息的生成、加工和傳遞真實可靠、及時有效。小企業業務量小，會計機構應相應小些，會計人員相應少些，機構內的分工也應粗些。大中型企業經營規模大，業務量繁多，應單獨設置會計機構，以便及時組織本單位各項經濟活動和財務收支的核算，實行有效的會計監督。還要設立企業內部崗位責任制，考核各責任中心的業績。機構應設大些，人員多些，內部分工也應細一些。

會計工作的組織形式是由企業的規模和它所擔負的任務決定的，一般可分為會計與財務合併設置形式和會計與財務分別設置形式。

1. 會計與財務合併設置形式

這是將會計對資金運動的核算、監督職能與財務管理對資金的籌集、調度與分配職能統一由一個部門來履行的一種機構設置形式，一般適用於中小型企業。這些企業經營規模和範圍較小，經營過程、企業的組織形式和管理要求較簡單，業務量不大，通常將會計與財務合併設置為一個部門或成為某部門下屬的一個子部門。當業務量大時，單獨設置會計部門，並在會計部門內部進行簡單分工，財會機構一般設置為科或室。崗位有主管、出納、明細帳、總帳會計等。

2. 會計與財務分別設置形式

這是將會計對資金運動的反應、監督職能與財務管理對資金的籌集、調度與分配職能分別由會計部門和財務部門來履行的一種機構設置形式，一般適用於大中型企業。

二、會計人員

(一) 會計機構負責人（會計主管人員）的任職資格

1. 會計機構負責人（會計主管人員）的概念

在一個單位內部，不論是設置會計機構或者在有關機構中設置會計人員，總要有一位負責人。在設置會計機構的情況下，該負責人為會計機構負責人；而在有關機構中設置會計人員的情況下，被指定為會計主管人員的人就是負責人。會計機構負責人（會計主管人員）是在一個單位內具體負責會計工作的中層領導人員，在單位會計工作中承擔著重要角色。在單位負責人的領導下，會計機構負責人（會計主管人員）負有組織、管理本單位所有會計工作的責任，其工作水平的高低直接關係到整個單位會計工作的水平和質量。

2. 會計機構負責人（會計主管人員）的任職資格

會計機構負責人（會計主管人員）是在一個單位內部具體負責會計工作的中層領導人員，在單位負責人的領導下，負責組織、管理本單位所有會計工作，其工作水平的高低、質量的好壞，直接關係到整個單位會計工作的水平和質量。因此其任職資格除要求具備一般會計人員應具備的條件外，還應具備專業技術資格、工作經歷等條件。《會計法》規定：「擔任單位會計機構負責人（會計主管人員）的，除取得會計從業資格證書外，還應當具備會計師以上專業技術職務資格或者從事會計工作3年以上經歷。」這是對單位會計機構負責人（會計主管人員）任職資格做出的特別規定。

(二) 會計人員的配備

《會計基礎工作規範》中，對會計人員配備、會計崗位設置的原則做出規定，如規定「會計工作崗位，可以一人一崗、一人多崗或者一崗多人」等。

會計工作崗位，是指一個單位會計機構內部根據業務分工而設置的職能崗位。對於會計工作崗位的設置，《會計基礎工作規範》提出了以下示範性的要求：

（1）根據本單位會計業務的需要設置會計工作崗位。

（2）符合內部牽制制度的要求。根據規定，會計工作崗位可以一人一崗、一人多崗或者一崗多人，但出納人員不得兼任稽核、會計檔案保管和收入、支出費用、債權債務帳目的登記工作。

（3）對會計人員的工作崗位要有計劃地進行輪崗，以促進會計人員全面熟悉業務和不斷提高業務素質。

（4）要建立崗位責任制。根據《會計基礎工作規範》和有關制度的規定，會計工作崗位一般分為：總會計師（或行使總會計師職權）崗位；會計機構負責人（會計主管人員）崗位；出納崗位；稽核崗位；資本、基金核算崗位；收入、支出、債權債務核算崗位；工資核算、成本核算、財務成果核算崗位；財產物資的收發、增減核算崗位；總帳崗位；對外財務會計報表編制崗位；會計電算化崗位；會計檔案管理崗位。

（5）會計人員迴避制度。迴避制度是指為了保證執法或者執業的公正性，對可能影響其公正性的執法或者執業的人員實行職務迴避和業務迴避的一種制度。迴避制度

已成為中國人事管理的一項重要制度。在會計工作中，由於親情關係而通同作弊和違法違紀的案件時有發生，因此，在會計人員中實行迴避制度十分必要。《會計基礎工作規範》從會計工作的特殊性出發，對會計人員的迴避問題做出了規定，即國家機關、國有企業、事業單位任用會計人員應當實行迴避制度；單位負責人的直系親屬不得擔任本單位的會計機構負責人、會計主管人員，會計機構負責人、會計主管人員的直系親屬不得在本單位會計機構中擔任出納工作。直系親屬包括夫妻關係、直系血親關係、三代以內旁系血親以及近姻親關係。

第三節　會計法律規範

會計法律規範是指組織和從事會計工作必須遵循的行為規範，是會計法律、法令、條件、規則、章程、制度等規範性文件的總稱。為了使會計工作有組織、有秩序地進行，為了實現為決策者提供有用的信息和幫助管理者報告其受託責任的會計目標，必須規定會計工作應當做什麼、不應當做什麼，應當怎麼做、不應當怎麼做。會計法律法規的制定和實施是實現會計核算標準化的必然要求。

中國現行的會計法律規範體系由會計法律、會計行政法規、會計部門規章、地方政府和行業主管部門的會計規章四個部分組成。

一、會計法律

會計法律，是指由全國人民代表大會及其常務委員會經過一定立法程序制定的、調整中國經濟生活中會計行為關係的法律規範的總稱。目前，現行的《會計法》是中國唯一的一部會計法律。《會計法》於1985年1月21日經第六屆全國人民代表大會常務委員會第九次會議通過，自1985年5月1日起施行；1993年12月29日，第八屆全國人民代表大會常務委員會第五次會議通過了《關於修改中華人民共和國會計法的決定》，自公布之日起施行；1999年10月31日，第九屆全國人民代表大會常務委員會第十二次會議通過，自2000年7月1日起施行。

《會計法》主要規定了會計工作的基本目的、會計管理權限、會計責任主體、會計核算和會計監督的基本要求、會計人員和會計機構的職責權限，並對會計法律責任做出詳細的規定。《會計法》是會計法律規範體系中層次最高、最具有法律效力的法律規範，是會計工作的根本大法，是制定其他會計法律法規、會計規章制度的依據，也是指導中國會計工作的最高準則，其他任何會計法律法規都不得與之相違背。

二、會計行政法規

會計行政法規是指由國務院制定並發布，或者國務院有關部門擬訂並經國務院批准發布，調整經濟生活中某些方面會計關係的法律規範。它是根據《會計法》制定的，內容上多數是會計法律的具體化，是對會計法律的具體化或某個方面的補充。中國會計行政法規是由國務院制定並頒布的，其法律效力僅次於會計法律。在中國現行的屬

於會計行政法規的有兩個：一是國務院於 1990 年 12 月 31 日發布的《總會計師條例》，該條例主要對總會計師的職責、權限、任免與獎懲等做出了明確規定；二是於 2000 年 6 月 21 日發布的《企業財務會計報告條例》，該條例主要規定了企業財務會計報告的構成、編制和對外提供的要求、法律責任等，它是對《會計法》中有關財務會計報告的規定的細化。

三、會計部門規章

會計部門規章，是指由國務院主管全國會計工作的行政部門——財政部，對會計工作制定的規範性文件。會計部門規章是負責全國會計、審計、財務等工作的主管部門財政部制定的，其法律效力處於第三層次。

屬於會計部門規章的主要有《企業會計準則》《企業會計制度》《金融企業會計制度》《小企業會計制度》《民間非營利組織會計制度》《會計基礎工作規範》《內部會計控制規範》《會計檔案管理辦法》《會計從業資格管理辦法》等。由於該層次涉及的內容最多，法規數量所占比例最大，不可能在此一一詳細闡述，但基於《企業會計準則》是這個層次中最為重要的規章制度，它直接指導中國會計主體進行會計核算工作，因此，有必要對會計準則做簡單介紹。

2006 年 2 月 15 日，財政部發布了企業會計準則體系，包括 1 項基本準則和 38 項具體準則及其應用指南，並規定自 2007 年 1 月 1 日起在上市公司範圍內施行，鼓勵其他行業執行；2014 年財政部又發布了《企業會計準則第 39 號——公允價值計量》《企業會計準則第 40 號——合營安排》和《企業會計準則第 41 號——在其他主體中權益的披露》等 3 個具體準則，至此，企業會計準則體系中具體準則達到 41 個。此外，財政部於 2014 年修訂了《企業會計準則第 2 號——長期股權投資》《企業會計準則第 9 號——職工薪酬》《企業會計準則第 30 號——財務報表列報》《企業會計準則第 33 號——合併財務報表》《企業會計準則第 37 號——金融工具列報》，以及《企業會計準則——基本準則》。同時，財政部針對具體準則先後印發了企業會計準則解釋公告第 1~8 號。

中國現行企業會計準則體系由基本準則、具體準則、應用指南和解釋公告組成。

（一）基本準則

基本準則在企業會計準則體系中扮演著概念框架的作用，居於統馭地位。中國基本準則主要規範了以下內容：①財務報告目標；②會計基本假設；③會計基礎；④會計信息質量要求；⑤會計要素分類及其確認、計量原則；⑥財務報告。

基本準則在企業會計準則體系中具有重要地位，其主要作用如下：①統馭具體準則的制定。基本準則規範了包括財務報告目標、會計基本假設、會計信息質量要求、會計要素的概念及其確認、計量原則、財務報告等在內的基本問題，是制定具體準則的基礎，對各具體準則的制定起著統馭作用，可以確保各具體準則的內在一致性。②為具體準則中尚未規範的新業務提供會計處理依據。在會計實務中，由於經濟交易事項的不斷發展、創新，一些新的交易或者事項在具體準則中尚未規範但又急需處理，

這時，企業應當以基本準則為依據，對新的交易或者事項進行及時的會計處理。

(二) 具體準則

具體準則是在基本準則的指導下，對企業各項資產、負債、所有者權益、收入、費用、利潤及相關交易事項的確認、計量和報告進行規範的會計準則。中國現行企業會計具體準則有：①會計要素類準則，包括存貨、長期股權投資、投資性房地產、固定資產、無形資產、收入、建造合同等準則；②特殊業務類準則，包括非貨幣性資產交換、職工薪酬、企業年金基金、股份支付、債務重組、或有事項、政府補助、借款費用、所得稅、外幣折算、租賃、資產減值、企業合併、會計政策會計估計變更和差錯更正、資產負債表日後事項、合營安排等準則；③金融工具類準則，包括金融工具確認和計量、金融資產轉移、套期保值、金融工具列報等準則；④特殊行業準則，包括原保險合同、再保險合同、石油天然氣開採等準則；⑤財務報告類準則，包括財務報表列報、現金流量表、中期財務報告、合併財務報表、每股收益、分部報告、關聯方披露、在其他主體中權益的披露等準則；⑥計量類準則，包括公允價值計量等準則；⑦過渡性要求準則，包括首次執行企業會計準則。

(三) 應用指南

應用指南是對具體準則相關條款的細化和對有關重點問題提供的相應操作性指南，以利於會計準則的貫徹落實和指導實務操作。特別是其中的「會計科目和主要帳務處理」，它涵蓋了各類企業的各種交易或事項，是以會計準則中確認、計量原則及其解釋為依據所做的規定，其中對商業銀行、保險公司和證券公司的專用科目做了特別說明。

(四) 解釋公告

解釋公告是對具體準則實施過程中出現的問題、具體準則條款規定不清楚或者尚未規定的問題做出的補充說明。

四、地方政府和行業主管部門的會計規章

地方政府和行業主管部門的會計規章屬於中國會計法規體系的最後一個層次，是各省、自治區、直轄市的人民代表大會及其常務委員會或行業主管部門在與會計法律、會計行政法規不相抵觸的前提下制定的地方性或行業性會計法規。該法規只在本轄區內或本行業內指導會計工作，但也是中國會計法規體系的重要組成部分。

第四節　會計職業道德

會計職業道德是指會計人員從事會計職業工作時所應遵循的基本道德規範。它是調整會計人員與國家、會計人員與不同利益和會計人員相互之間的社會關係及社會道德規範的總和，是基本道德規範在會計工作中的具體體現。它既是會計工作要遵守的行為規範和行為準則，也是衡量一個會計工作者工作好壞的標準。會計職業道德主要

包括以下八個方面的內容：

一、愛崗敬業

愛崗敬業是指忠於職守的事業精神，這是會計職業道德的基礎。愛崗就是會計人員應該熱愛自己的本職工作，安心於本職崗位；敬業就是會計人員應該充分認識本職工作在社會經濟活動中的地位和作用，認識本職工作的社會意義和道德價值，具有會計職業的榮譽感和自豪感，在職業活動中具有高度的勞動熱情和創造性，以強烈的事業心、責任感，從事會計工作。愛崗敬業要求會計人員熱愛會計工作，安心本職崗位，忠於職守，盡心盡力，盡職盡責。

二、誠實守信

誠實守信是指言行和內心思想一致。誠實就是不弄虛作假，不欺上瞞下，做老實人，說老實話，辦老實事；守信就是遵守自己所做出的承諾，講信用、重信用，信守諾言，保守秘密。

三、廉潔自律

廉潔自律是中華民族的傳統美德，也是會計職業道德的重要內容。廉潔就是不貪污錢財，不收受賄賂，保持清白；自律是指自律主體按照一定的標準，自己約束自己、自己控制自己的言行和思想的過程。廉潔自律要求會計人員公私分明、不貪不占、遵紀守法、清正廉潔。

四、客觀公正

對於會計職業活動而言，客觀主要包括兩層含義：一是真實性，即以實際發生的經濟活動為依據，對會計事項進行確認、計量、記錄和報告；二是可靠性，即會計核算要準確，記錄要可靠，憑證要合法。公正就是要求各企、事業單位管理層和會計人員不僅應當具備誠實的品質，而且應公正地開展會計核算和會計監督工作，即在履行會計職能時，摒棄單位、個人私利，公平公正，不偏不倚地對待相關利益各方。客觀公正要求會計人員端正態度，依法辦事，實事求是，不偏不倚，保持應有的獨立性。

五、堅持準則

堅持準則是指會計人員在處理業務過程中，要嚴格按照會計法律制度辦事，不為主觀或他人意志左右。這裡所說的「準則」不僅指會計準則，還包括會計法律、法規、國家統一的會計制度以及與會計工作相關的法律制度。堅持準則要求會計人員熟悉國家法律、法規和國家統一的會計制度，始終堅持按照法律、法規和國家統一的會計制度的要求進行會計核算，實施會計監督。

六、提高技能

會計工作是專業性和技術性很強的工作，只有具有一定的專業知識和技能，才能

勝任會計工作。提高技能就是指會計人員通過學習、培訓和實踐等途徑，持續提高職業技能，以達到和維持足夠的專業勝任能力的活動。提高技能要求會計人員增強提高專業技能的自覺性和緊迫感，勤學苦練，刻苦鑽研，不斷進取，提高業務水平。

七、參與管理

參與管理簡單地講就是參加管理活動，為管理者當參謀，為管理活動服務。參與管理要求會計人員在做好本職工作的同時，努力鑽研相關業務，全面熟悉本單位經營活動和業務流程，主動提出合理化建議，協助領導做出決策，積極參與管理。

八、強化服務

強化服務就是要求會計人員具有文明的服務態度、強烈的服務意識和優良的服務質量。強化服務要求會計人員樹立服務意識，提高服務質量，努力維護和提升會計職業的良好社會形象。

第五節　會計檔案管理

一、會計檔案的概念及內容

(一) 會計檔案的概念

會計檔案是指單位在進行會計核算等過程中接收或形成的，記錄和反應單位經濟業務事項的，具有保存價值的文字、圖表等各種形式的會計資料，包括通過計算機等電子設備形成、傳輸和存儲的電子會計檔案。會計檔案是國家經濟檔案的重要組成部分，是各單位的重要檔案之一。它是各單位會計事項的歷史記錄，是總結經驗，進行決策所需要的主要資料，也是進行會計財務檢查、審計檢查的重要資料。因此各單位的會計部門必須對會計檔案高度重視，嚴格保管。大中型單位應當建立會計檔案室，小型單位應有會計檔案櫃並指定專人負責保管。各單位對會計檔案應建立嚴格的保管制度，妥善管理，不得丟失、損壞、抽換或者任意銷毀。

《會計檔案管理辦法》由財政部、國家檔案局負責解釋，自 2016 年 1 月 1 日起施行。1998 年 8 月 21 日財政部、國家檔案局發布的《會計檔案管理辦法》（財會字〔1998〕32 號）同時廢止。

(二) 會計檔案的內容

根據《會計檔案管理辦法》第六條的規定，下列會計資料應當進行歸檔：
(1) 會計憑證，包括原始憑證、記帳憑證；
(2) 會計帳簿，包括總帳、明細帳、日記帳、固定資產卡片及其他輔助性帳簿；
(3) 財務會計報告，包括月度、季度、半年度、年度財務會計報告；
(4) 其他會計資料，包括銀行存款餘額調節表、銀行對帳單、納稅申報表、會計

檔案移交清冊、會計檔案保管清冊、會計檔案銷毀清冊、會計檔案鑒定意見書及其他具有保存價值的會計資料。

單位可以利用計算機、網路通信等信息技術手段管理會計檔案。同時滿足下列條件的，單位內部形成的屬於歸檔範圍的電子會計資料可僅以電子形式保存，形成電子會計檔案：①形成的電子會計資料來源真實有效，由計算機等電子設備形成和傳輸；②使用的會計核算系統能夠準確、完整、有效地接收和讀取電子會計資料，能夠輸出符合國家標準歸檔格式的會計憑證、會計帳簿、財務會計報表等會計資料，設定了經辦、審核、審批等必要的審簽程序；③使用的電子檔案管理系統能夠有效接收、管理、利用電子會計檔案，符合電子檔案的長期保管要求，並建立了電子會計檔案與相關聯的其他紙質會計檔案的檢索關係；④採取有效措施，防止電子會計檔案被篡改；⑤建立電子會計檔案備份制度，能夠有效防範自然災害、意外事故和人為破壞的影響；⑥形成的電子會計資料不屬於具有永久保存價值或者其他重要保存價值的會計檔案。

另外，電子會計資料滿足上述規定條件，單位從外部接收的電子會計資料附有符合《中華人民共和國電子簽名法》規定的電子簽名的，可僅以電子形式歸檔保存，形成電子會計檔案。

二、會計檔案的管理

(一) 會計檔案的形成

當年形成的會計檔案，在會計年度終了後，可由單位會計管理機構臨時保管一年，再移交單位檔案管理機構保管。因工作需要確需推遲移交的，應當經單位檔案管理機構同意。

單位會計管理機構臨時保管會計檔案最長不超過三年。臨時保管期間，會計檔案的保管應當符合國家檔案管理的有關規定，且出納人員不得兼管會計檔案。

(二) 會計檔案的保管

會計檔案的保管期限分為永久、定期兩類。定期保管期限一般分為 10 年和 30 年。會計檔案的保管期限，從會計年度終了後的第一天算起。會計檔案保管期限為最低保管期限。各類會計檔案具體保管期限如表 9-1、表 9-2 所示。

表 9-1　　　　　　　　企業和其他組織會計檔案保管期限表

序號	檔案名稱	保管期限	備註
一	**會計憑證**		
1	原始憑證	30 年	
2	記帳憑證	30 年	
二	**會計帳簿**		
3	總帳	30 年	
4	明細帳	30 年	

表9-1(續)

序號	檔案名稱	保管期限	備註
5	日記帳	30 年	
6	固定資產卡片		固定資產報廢清理後保管 5 年
7	其他輔助性帳簿	30 年	
三	**財務會計報告**		
8	月度、季度、半年度財務會計報告	10 年	
9	年度財務會計報告	永久	
四	**其他會計資料**		
10	銀行存款餘額調節表	10 年	
11	銀行對帳單	10 年	
12	納稅申報表	10 年	
13	會計檔案移交清冊	30 年	
14	會計檔案保管清冊	永久	
15	會計檔案銷毀清冊	永久	
16	會計檔案鑒定意見書	永久	

表 9-2　財政總預算、行政單位、事業單位和稅收會計檔案保管期限表

序號	檔案名稱	保管期限 財政總預算	保管期限 行政單位 事業單位	保管期限 稅收會計	備註
一	**會計憑證**				
1	國家金庫編送的各種報表及繳庫退庫憑證	10 年		10 年	
2	各收入機關編送的報表	10 年			
3	行政單位和事業單位的各種會計憑證		30 年		包括：原始憑證、記帳憑證和傳票匯總表
4	財政總預算撥款憑證和其他會計憑證	30 年			包括：撥款憑證和其他會計憑證
二	**會計帳簿**				
5	日記帳		30 年	30 年	
6	總帳	30 年	30 年	30 年	
7	稅收日記帳（總帳）			30 年	
8	明細分類、分戶帳或登記簿	30 年	30 年	30 年	
9	行政單位和事業單位固定資產卡片				固定資產報廢清理後保管 5 年
三	**財務會計報告**				

表9-2(續)

序號	檔案名稱	保管期限			備註
		財政總預算	行政單位事業單位	稅收會計	
10	政府綜合財務報告	永久			下級財政、本級部門和單位報送的保管2年
11	部門財務報告		永久		所屬單位報送的保管2年
12	財政總決算	永久			下級財政、本級部門和單位報送的保管2年
13	部門決算		永久		所屬單位報送的保管2年
14	稅收年報（決算）			永久	
15	國家金庫年報（決算）	10年			
16	基本建設撥、貸款年報（決算）	10年			
17	行政單位和事業單位會計月、季度報表		10年		所屬單位報送的保管2年
18	稅收會計報表			10年	所屬稅務機關報送的保管2年
四	**其他會計資料**				
19	銀行存款餘額調節表	10年	10年		
20	銀行對帳單	10年	10年	10年	
21	會計檔案移交清冊	30年	30年	30年	
22	會計檔案保管清冊	永久	永久	永久	
23	會計檔案銷毀清冊	永久	永久	永久	
24	會計檔案鑑定意見書	永久	永久	永久	

註：稅務機關的稅務經費會計檔案保管期限，按行政單位會計檔案保管期限規定辦理。

(三) 會計檔案的調閱

單位應當嚴格按照相關制度利用會計檔案，在進行會計檔案查閱、複製、借出時履行登記手續，嚴禁篡改和損壞。單位保存的會計檔案一般不得對外借出，確因工作需要且根據國家有關規定必須借出的，應當嚴格按照規定辦理相關手續。會計檔案借用單位應當妥善保管和利用借入的會計檔案，確保借入會計檔案的安全完整，並在規定時間內歸還。

單位的會計檔案及其複製件需要攜帶、寄運或者傳輸至境外的，應當按照國家有關規定執行。

(四) 會計檔案的移交

單位會計管理機構在辦理會計檔案移交時，應當編制會計檔案移交清冊，並按照國家檔案管理的有關規定辦理移交手續。

紙質會計檔案移交時應當保持原卷的封裝。電子會計檔案移交時應當將電子會計檔案及其原數據一併移交，且文件格式應當符合國家檔案管理的有關規定。特殊格式

的電子會計檔案應當與其讀取平臺一併移交。

單位檔案管理機構接收電子會計檔案時,應當對電子會計檔案的準確性、完整性、可用性、安全性進行檢測,符合要求的才能接收。

(五) 會計檔案的銷毀

單位應當定期對已到保管期限的會計檔案進行鑒定,並形成會計檔案鑒定意見書。經鑒定,仍需繼續保存的會計檔案,應當重新劃定保管期限;對保管期滿、確無保存價值的會計檔案,可以銷毀。會計檔案鑒定工作應當由單位檔案管理機構牽頭,組織單位會計、審計、紀檢監察等機構或人員共同進行。

經鑒定可以銷毀的會計檔案,應當按照以下程序銷毀:①單位檔案管理機構編制會計檔案銷毀清冊,列明擬銷毀會計檔案的名稱、卷號、冊數、起止年度、檔案編號、應保管期限、已保管期限和銷毀時間等內容。②單位負責人、檔案管理機構負責人、會計管理機構負責人、檔案管理機構經辦人、會計管理機構經辦人在會計檔案銷毀清冊上簽署意見。③單位檔案管理機構負責組織會計檔案銷毀工作,並與會計管理機構共同派員監銷。監銷人在會計檔案銷毀前,應當按照會計檔案銷毀清冊所列內容進行清點核對;在會計檔案銷毀後,應當在會計檔案銷毀清冊上簽名或蓋章。

電子會計檔案的銷毀還應當符合國家有關電子檔案的規定,並由單位檔案管理機構、會計管理機構和信息系統管理機構共同派員監銷。

保管期滿但未結清的債權債務會計憑證和涉及其他未了事項的會計憑證不得銷毀,紙質會計檔案應當單獨抽出立卷,電子會計檔案單獨轉存,保管到未了事項完結時為止。單獨抽出立卷或轉存的會計檔案,應當在會計檔案鑒定意見書、會計檔案銷毀清冊和會計檔案保管清冊中列明。

本章小結

廣義的會計法律制度,是指國家權力機關和行政機關制定的各種會計規範性文件的總稱,包括會計法律、會計行政法規、國家統一的會計制度、會計地方性法規等。

一個單位是否需要設置會計機構,一般取決於以下幾個方面的因素:第一,單位規模的大小;第二,經濟業務和財務收支的繁簡;第三,經營管理的要求。經營管理上對會計機構和會計人員的設置要求是最基本的。會計機構負責人(會計主管人員),是一個單位內具體負責會計工作的中層領導人員,在單位負責人的領導下,負責組織、管理本單位所有會計工作。第四,任職資格。《會計法》規定:擔任單位會計機構負責人(會計主管人員)除取得會計從業資格證書外,還應當具備會計師以上專業技術職務資格或者從事會計工作3年以上的經歷。

會計檔案是指單位在進行會計核算等過程中接收或形成的、記錄和反應單位經濟業務事項的、具有保存價值的文字、圖表等各種形式的會計資料,包括通過計算機等電子設備形成、傳輸和存儲的電子會計檔案。1998年8月21日財政部、國家檔案局發

布的《會計檔案管理辦法》（財會字〔1998〕32 號）廢止。新《會計檔案管理辦法》由財政部、國家檔案局負責解釋，自 2016 年 1 月 1 日起施行。單位應當加強會計檔案管理工作，建立和完善會計檔案的收集、整理、保管、利用和鑒定銷毀等管理制度，採取可靠的安全防護技術和措施，保證會計檔案的真實、完整、可用、安全。

思考題

1. 什麼是會計機構？設置會計機構的要求有哪些？
2. 簡述會計人員的職責、權限和各類會計人員的任職條件。
3. 會計專業技術職務有哪些？各級職務的任職條件是什麼？
4. 會計人員應遵循的職業道德有哪些？
5. 新《會計檔案管理辦法》要求單位從哪些方面加強會計檔案管理？
6. 屬於歸檔範圍的電子會計資料可僅以電子形式保存，形成電子會計檔案要滿足哪些條件？

國家圖書館出版品預行編目(CIP)資料

會計學基礎 / 石雄飛 主編. -- 第一版.
-- 臺北市：崧燁文化，2018.08
　面；　公分
ISBN 978-957-681-599-7(平裝)
1. 會計學
495.1 107014517

書　名：會計學基礎
作　者：石雄飛 主編
發行人：黃振庭
出版者：崧博出版事業有限公司
發行者：崧燁文化事業有限公司
E-mail：sonbookservice@gmail.com
粉絲頁　　　　　網　址：
地　址：台北市中正區重慶南路一段六十一號八樓815室
8F.-815, No.61, Sec. 1, Chongqing S. Rd., Zhongzheng Dist., Taipei City 100, Taiwan (R.O.C.)
電　話：(02)2370-3310　傳　真：(02) 2370-3210
總經銷：紅螞蟻圖書有限公司
地　址：台北市內湖區舊宗路二段121巷19號
電　話：02-2795-3656　傳真：02-2795-4100　網址：
印　刷：京峯彩色印刷有限公司（京峰數位）

　　本書版權為西南財經大學出版社所有授權崧博出版事業有限公司獨家發行電子書繁體字版。若有其他相關權利及授權需求請與本公司聯繫。

定價：400 元
發行日期：2018 年 8 月第一版

◎ 本書以POD印製發行